数据科学与大数据技术专业核心教材体系建设——建议使用时间

四年级上				自然语言处理 信息检索导论
三年级下	计算理论导论	分布式系统 与云计算	非结构化大数据分析	模式识别与计算机视觉 智能优化与进化计算
三年级上	数据结构 与算法 II	编译原理 计算机网络	大数据计算智能 数据库系统概论	网络群体与市场 人工智能导论
二年级下	离散数学	并行与分布式 计算		
二年级上	数据结构 与算法 I	计算机系统 基础 II	数据科学导论	
一年级下	程序设计 II	计算机系统 基础 I		
一年级上	程序设计 I			信息内容安全 密码技术及安全 程序设计安全

面向新工科专业建设计算机系列教材

Spark 大数据分析技术
（Python 版·微课版）

曹　洁◎编著

清华大学出版社
北京

内 容 简 介

本书系统介绍 Spark 大数据处理框架。全书共 8 章,内容包括大数据技术概述、Spark 大数据处理框架、Spark RDD 编程、Spark SQL 结构化数据处理、HBase 分布式数据库、Spark Streaming 流计算、Spark MLlib 机器学习、数据可视化。

本书可作为高等院校计算机科学与技术、信息管理与信息系统、软件工程、数据科学与大数据技术、人工智能等专业的大数据课程教材,也可供从事大数据开发和研究工作的工程师和科技工作者参考。

图书在版编目(CIP)数据

Spark 大数据分析技术:Python 版:微课版/曹洁编著. —北京:清华大学出版社,2023.1(2024.7重印)
面向新工科专业建设计算机系列教材
ISBN 978-7-302-62552-0

Ⅰ.①S… Ⅱ.①曹… Ⅲ.①数据处理软件－高等学校－教材 Ⅳ.①TP274

中国国家版本馆 CIP 数据核字(2023)第 016411 号

责任编辑:白立军 战晓雷
封面设计:刘 乾
责任校对:焦丽丽
责任印制:曹婉颖

出版发行:清华大学出版社
    网 址:https://www.tup.com.cn,https://www.wqxuetang.com
    地 址:北京清华大学学研大厦 A 座 **邮 编:**100084
    社 总 机:010-83470000 **邮 购:**010-62786544
    投稿与读者服务:010-62776969,c-service@tup.tsinghua.edu.cn
    质量反馈:010-62772015,zhiliang@tup.tsinghua.edu.cn
    课件下载:https://www.tup.com.cn,010-83470236
印 装 者:三河市龙大印装有限公司
经 销:全国新华书店
开 本:185mm×260mm **印 张:**17.5 **插 页:**1 **字 数:**406 千字
版 次:2023 年 3 月第 1 版 **印 次:**2024 年 7 月第 3 次印刷
定 价:59.00 元

产品编号:090361-01

出版说明

一、系列教材背景

人类已经进入智能时代,云计算、大数据、物联网、人工智能、机器人、量子计算等是这个时代最重要的技术热点。为了适应和满足时代发展对人才培养的需要,2017 年 2 月以来,教育部积极推进新工科建设,先后形成了"复旦共识""天大行动"和"北京指南",并发布了《教育部高等教育司关于开展新工科研究与实践的通知》《教育部办公厅关于推荐新工科研究与实践项目的通知》,全力探索形成领跑全球工程教育的中国模式、中国经验,助力高等教育强国建设。新工科有两个内涵:一是新的工科专业;二是传统工科专业的新需求。新工科建设将促进一批新专业的发展,这批新专业有的是依托于现有计算机类专业派生、扩展而成的,有的是多个专业有机整合而成的。由计算机类专业派生、扩展形成的新工科专业有计算机科学与技术、软件工程、网络工程、物联网工程、信息管理与信息系统、数据科学与大数据技术等。由计算机类学科交叉融合形成的新工科专业有网络空间安全、人工智能、机器人工程、数字媒体技术、智能科学与技术等。

在新工科建设的"九个一批"中,明确提出"建设一批体现产业和技术最新发展的新课程""建设一批产业急需的新兴工科专业"。新课程和新专业的持续建设,都需要以适应新工科教育的教材作为支撑。由于各个专业之间的课程相互交叉,但是又不能相互包含,所以在选题方向上,既考虑由计算机类专业派生、扩展形成的新工科专业的选题,又考虑由计算机类专业交叉融合形成的新工科专业的选题,特别是网络空间安全专业、智能科学与技术专业的选题。基于此,清华大学出版社计划出版"面向新工科专业建设计算机系列教材"。

二、教材定位

教材使用对象为"211 工程"高校或同等水平及以上高校计算机类专业及相关专业学生。

三、教材编写原则

(1) 借鉴 *Computer Science Curricula* 2013(以下简称 CS2013)。CS2013 的核心知识领域包括算法与复杂度、体系结构与组织、计算科学、离散结构、图形学与可视化、人机交互、信息保障与安全、信息管理、智能系统、网络与通信、操作系统、基于平台的开发、并行与分布式计算、程序设计语言、软件开发基础、软件工程、系统基础、社会问题与专业实践等内容。

(2) 处理好理论与技能培养的关系,注重理论与实践相结合,加强对学生思维方式的训练和计算思维的培养。计算机专业学生能力的培养特别强调理论学习、计算思维培养和实践训练。本系列教材以"重视理论,加强计算思维培养,突出案例和实践应用"为主要目标。

(3) 为便于教学,在纸质教材的基础上,融合多种形式的教学辅助材料。每本教材可以有主教材、教师用书、习题解答、实验指导等。特别是在数字资源建设方面,可以结合当前出版融合的趋势,做好立体化教材建设,可考虑加上微课、微视频、二维码、MOOC 等扩展资源。

四、教材特点

1. 满足新工科专业建设的需要

系列教材涵盖计算机科学与技术、软件工程、物联网工程、数据科学与大数据技术、网络空间安全、人工智能等专业的课程。

2. 案例体现传统工科专业的新需求

编写时,以案例驱动,任务引导,特别是有一些新应用场景的案例。

3. 循序渐进,内容全面

讲解基础知识和实用案例时,由简单到复杂,循序渐进,系统讲解。

4. 资源丰富,立体化建设

除了教学课件外,还可以提供教学大纲、教学计划、微视频等扩展资源,以方便教学。

五、优先出版

1. 精品课程配套教材

主要包括国家级或省级的精品课程和精品资源共享课的配套教材。

2. 传统优秀改版教材

对于已经出版、得到市场认可的优秀教材,由于新技术的发展,计划给图书配上新的教学形式、教学资源的改版教材。

3. 前沿技术与热点教材

反映计算机前沿和当前热点的相关教材,例如云计算、大数据、人工智能、物联网、网络空间安全等方面的教材。

六、联系方式

联系人:白立军

联系电话:010-83470179

联系和投稿邮箱:bailj@tup.tsinghua.edu.cn

面向新工科专业建设计算机系列教材编委会

2019 年 6 月

FOREWORD

前言

随着数字经济在全球加速推进以及 5G、人工智能、自动驾驶、物联网、社交媒体等相关技术的快速发展,大数据已成为国家基础性战略资源,正日益对全球生产、流通、分配、消费活动,以及经济运行机制、社会生活方式和国家治理能力产生重要影响。2020 年 4 月 9 日,中共中央、国务院发布的《关于构建更加完善的要素市场化配置体制机制的意见》将数据与土地、劳动力、资本、技术并称为五种要素。海量数据隐含的价值得以发掘的关键是处理大数据的大数据技术,大数据技术涉及的知识点非常多,本书从高校各专业对大数据技术需求的实际情况出发,详解阐述最流行的 Spark 大数据处理框架。

1. 本书编写特色

内容系统全面:全面介绍 Spark 3.2.0 的生态组件。

原理浅显易懂:理论实践结合,案例丰富,注释详尽。

大数据可视化:介绍了可视化工具 WordCloud、PyeCharts、Plotly。

算法代码实现:使用 Python 实现书中所有算法。

配套资源丰富:配有教学课件、数据集和源代码。

2. 本书内容组织

第 1 章是大数据技术概述,主要包括大数据的基本概念、代表性大数据技术、大数据编程语言。

第 2 章是 Spark 大数据处理框架,主要包括 Spark 概述,Spark 运行机制,在 VirtualBox 上安装 Linux 集群,Hadoop 的安装与配置,Spark 的安装及配置,使用 PySpark 编写 Python 代码,安装 pip 工具和一些常用的数据分析库,安装 Anaconda 和配置 Jupyter Notebook。

第 3 章是 Spark RDD 编程,主要包括 RDD 的创建方式,RDD 转换操作,RDD 行动操作,RDD 之间的依赖关系,RDD 的持久化,案例实战——Spark RDD 实现词频统计,最后给出 RDD 编程实验。

第 4 章是 Spark SQL 结构化数据处理,主要包括 Spark SQL 概述,创建 DataFrame 对象的方式,将 DataFrame 保存为不同格式文件的方式,

DataFrame 的常用操作,使用 Spark SQL 读写 MySQL 数据库,最后给出 SQL 编程实验。

第 5 章是 HBase 分布式数据库,主要包括 HBase 概述、HBase 系统架构和数据访问流程,HBase 数据表,HBase 安装与配置,HBase 的 Shell 操作,HBase 的 Java API 操作,HBase 案例实战和利用 Python 操作 HBase。

第 6 章是 Spark Streaming 流计算,主要包括流计算概述,Spark Streaming 工作原理,Spark Streaming 编程模型,创建 DStream 和 DStream 操作。

第 7 章是 Spark MLlib 机器学习,主要包括 MLlib 机器学习库,MLlib 基本数据类型,机器学习流水线,基本统计,特征提取、特征转换和选择,分类算法,回归算法,聚类算法和协同过滤推荐算法,最后给出 Spark 机器学习实验。

第 8 章是数据可视化,主要包括 WordCloud、PyeCharts 和 Plotly 3 个数据可视化工具。

3. 本书适用范围

本书可作为高等院校计算机科学与技术、信息管理与信息系统、软件工程、数据科学与大数据技术、人工智能等相关专业的大数据课程教材,也可供从事大数据开发和研究工作的工程师和科技工作者参考。

本书在编写和出版过程中得到了郑州轻工业大学、清华大学出版社的大力支持和帮助,编者在此表示感谢。

本书在编写过程中参考了大量专业书籍和网络资料,在此向这些作者表示感谢。

限于时间和编者水平,书中难免有不足之处,热切期望得到专家和读者的批评指正。您如果遇到任何问题或有意见、建议,请发送邮件至编者的邮箱 1685601418@qq.com。

编　者
2023 年 1 月于郑州

CONTENTS

目录

大数据技术概述

  大数据是以容量大、类型多、存取速度快、应用价值高为主要特征的数据集合,正快速发展为对数量巨大、来源分散、格式多样的数据进行采集、存储和关联分析,从中发现新知识、创造新价值、提升新能力的新一代信息技术和服务业态。本章主要介绍大数据的基本概念、代表性大数据技术和大数据编程语言。

1.1 大数据的基本概念

1.1.1 大数据的定义

  对于大数据,目前尚未有统一定义。正所谓"仁者见仁,智者见智"。

  维基百科给出的大数据定义是:大数据是指无法使用传统和常用的软件技术和工具在一定时间内完成获取、管理和处理的数据集。

  麦肯锡全球研究所给出的大数据定义是:一种规模大到在获取、存储、管理、分析方面大大超出了传统软件工具能力范围的数据集合,具有海量的数据规模、快速的数据流转、多样的数据类型和价值密度低四大特征。

  研究机构 Gartner 给出了这样的大数据定义:大数据是需要新处理模式才能具有更强的决策力、洞察发现力和流程优化能力以适应海量、高增长率和多样化的信息资产。

1.1.2 大数据的特征

  大数据有 4 个特征,简称 4V。

  (1) 数据量大(用 Volume 表示)。数据量大是指采集、存储和计算的量都非常大。大数据的计量单位往往是 PB(2^{10} TB)、EB(2^{20} TB)或 ZB(2^{30} TB)。根据国际数据公司(International Data Corporation,IDC)发布的报告 *DATA AGE 2025* 所提供的数据,2011 年全球创建和复制的数据规模为 1.8ZB,2018 年为 33ZB,预计到 2025 年将达到惊人的 175ZB。

  (2) 数据类型多(用 Variety 表示)。数据类型多是指种类和来源多样化,包括结构化、半结构化和非结构化数据。结构化数据是指由二维表结构表达和实现的数据,严格地遵循数据格式与长度规范,主要通过关系型数据库进行存储和管理。半结构化数据是结构化数据的一种形式,虽不符合以关系型数据库或其他数据表的形式关联起来的数据模型结构,但包含相关标记,用来分隔语义元素以及对记录和字段进行分层,因此,也被称为自描述的结构化数据。常见的半结构化数据有 XML 数据和JSON 数据。非结构化数据是指数据结构不规则或不完整,没有预定义的数据模型,不方便用数据库二维表表现的数据,包括办公文档、文本、图片、HTML 文件、各类报表、图像和音视频信息等。

(3) 价值密度低(用 Value 表示)。在大数据时代,很多有价值的信息都是分散在海量数据中的。传统数据基本上都是结构化数据,每个字段都是有用的,价值密度非常高。在大数据时代,越来越多的数据是半结构化和非结构化数据。例如,网站访问日志中的大量内容都是没价值的,真正有价值的比较少。再如,监控视频平时可能没有什么作用,但当发生盗窃事件时,只有记录了案发时刻的那一段视频是有用的。

(4) 速度快(用 Velocity 表示)。速度快是指数据的增长速度快、数据的处理速度快。速度快是大数据处理技术和传统数据挖掘技术最大的区别。有的数据是爆发式增长,例如欧洲核子研究组织的大型强子对撞机在工作状态下每秒产生 PB 级的数据;有的数据是涓涓细流式增长,但是由于用户众多,短时间内产生的数据量依然非常庞大,例如点击流、日志、射频识别数据、GPS(全球定位系统)位置信息。在数据处理速度方面,有一个著名的"一秒定律",即要在秒级时间范围内给出数据分析结果,超过这个时间,数据就失去价值。正如 IBM 公司在一则广告中所讲的那样:一秒能发现得克萨斯州的电力中断,避免电网瘫痪;一秒能帮助一家全球性金融公司锁定行业欺诈,保障客户利益。

1.1.3 大数据思维

每个行业都有其特有的思维方式:每种思维方式都是从相应行业的实践中总结出来的,是行之有效的方法论。大数据思维包括 3 方面:全样思维、相关思维和容错思维。

1. 全样思维

随机采样就是等概率地从总体中采集样本,它强调的是随机性。例如,将分析对象全体分成若干部分,随机地选取几部分,就是随机采样。在分析实践中,把根据采样分析作出相应结论所依据的目标对象称为目标总体,而把实际被采集的对象称为母总体。但是这两者很少一致,随机采样就是尽可能缩小这一差别的一种手段。

大数据与传统数据的根本区别在于大数据采用全样思维方式,人们可以采集和分析更多的数据,有时候甚至可以处理和某个特别现象相关的所有数据,而不再受制于随机采样。

2. 相关思维

在大数据时代,人们不再热衷于找因果关系,而是寻找事物之间的相关关系。所谓相关关系,就是当一个或几个相互联系的变量取一定的数值时,与之相对应的另一变量的值虽然不确定,但它仍按某种规律在一定的范围内变化。蚂蚁搬家、燕子低飞等现象通常都被认为是即将下雨的先兆,它是民间经过长期观察得出的结论。显然,下雨不是蚂蚁搬家、燕子低飞引起的，这些现象与下雨不是因果关系。相关关系也许不能准确地告诉人们某件事情为何会发生，但是它会提醒人们这件事情即将发生或正在发生。

3. 容错思维

在传统数据时代，人们习惯了抽样。由于抽样从理论上讲结论就是不稳定的。一般来说，全样的样本数量比抽样样本数量多很多倍，为保证抽样得出的结论相对可靠，人们对抽样的数据精确度要求比较高。

在大数据时代，随着数据规模的扩大，和内容分析研究相关的数据非常多，对精确度的要求减弱。人们不再需要对一个现象刨根问底，只要掌握了大体的发展方向即可，适当忽略微观层面上的精确度，会让人们在宏观层面更好地把握事物的发展方向。

1.2　代表性大数据技术

Hadoop

1.2.1　Hadoop

Hadoop 是基于 Java 语言开发的，可以部署在廉价的计算机集群上的开源、可靠、可扩展的分布式并行计算框架，具有很好的跨平台特性。Hadoop 的核心是 HDFS(Hadoop Distributed File System，Hadoop 分布式文件系统)和 MapReduce(分布式并行计算编程模型)。MapReduce 的主要思想是 Map(映射)和 Reduce(归约)。MapReduce 并行计算编程模型能自动完成计算任务的并行化处理，自动划分计算数据和计算任务，在集群节点上自动分配和执行任务以及收集计算结果。MapReduce 模型将数据分布存储、数据通信、容错处理等并行计算涉及的很多系统底层的复杂细节交由系统负责处理，大大减轻了软件开发人员的负担。

1. HDFS

HDFS 是建立在一组分布式服务器节点的本地文件系统之上的分布式文件系统。HDFS 采用主/从(master/slave)架构存储数据，这种架构主要由 4 部分组成，分别为客户端(Client)、名称节点(NameNode，是管理节点)、数据节点(DataNode)和第二名称节点(SecondaryNameNode)。一个 HDFS 集群是由一个名称节点和一定数目的数据节点组成的。HDFS 存储架构如图 1-1 所示。名称节点是一个中心服务器，负责管理文件系统的名字空间(NameSpace)及客户端对文件的访问。一个数据节点运行一个数据节点进程，负责管理它所在节点上的数据存储。名称节点和数据节点协作完成分布式的文件存储服务。

HDFS 设计成以数据块序列的形式存储文件，文件中除了最后一个数据块，其他数据块都有相同的大小。使用数据块存储数据文件的好处是：一个文件的大小可以大于网络中任意一个磁盘的容量，文件的所有数据块不需要存储在同一个磁盘上，可以利用集群上的任意一个磁盘进行存储；数据块更适合用于数据备份，进而提供数据容错能力和提高可用性。

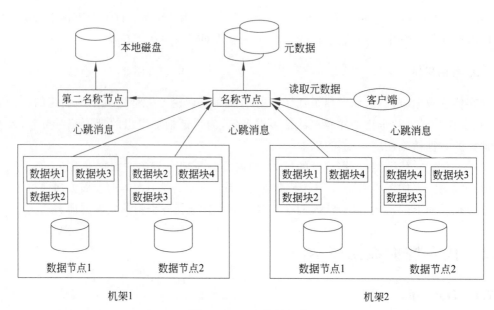

图 1-1　HDFS 存储架构

2. MapReduce

　　MapReduce 的执行流程如图 1-2 所示,将一个大数据文件通过一定的数据划分方法划分成多个较小的具有同样计算过程的数据块,数据块以＜key，value＞(键值对)的形式表示,数据块之间不存在依赖关系,将这些数据块分给不同的 Map 任务(执行 map()函数)进行处理,每个 Map 任务通常运行在存储数据的节点上,这样计算和数据在一个节点上,不需要额外的数据传输开销。当 Map 任务结束后,会生成以键值对形式表示的许多中间结果(保存在本地存储中,如本地磁盘)。然后,这些中间结果会划分成和 Reduce 任务数相等的多个分区,不同的分区被分发给不同的 Reduce 任务(执行 reduce()函数)进行处理,具有相同键的键值对会被发送到同一个 Reduce 任务那里,Reduce 任务对中间结果进行汇总计算,得到新的键值对作为最终结果,并输出到分布式文件系统中。

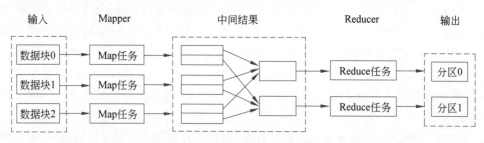

图 1-2　MapReduce 的执行流程

　　需要指出的是,不同的 Map 任务之间不会进行通信,不同的 Reduce 任务之间也不会发生任何信息交换,用户不能显式地从一个计算节点向另一个计算节点发送消息,所有的数据交换都是通过 MapReduce 框架自身实现的。

1.2.2　Spark

Spark 是专为大规模数据处理而设计的快速、通用的计算引擎。Spark 是 UC Berkeley AMP lab（加州大学伯克利分校 AMP 实验室）开源的类 Hadoop MapReduce 的通用并行框架，Spark 拥有 Hadoop MapReduce 的优点；但不同于 MapReduce 的是——Job 中间输出结果可以保存在内存中，从而不再需要读写 HDFS，因此 Spark 能更好地适用于数据挖掘与机器学习等需要迭代的 MapReduce 的算法。

Spark 是一种与 Hadoop 相似的开源集群计算环境，但是两者之间还存在一些不同之处，这些有用的不同之处使 Spark 在某些工作负载方面表现得更加优越。换句话说，Spark 启用了内存分布数据集，除了能够提供交互式查询外，还可以优化迭代工作负载。

1.2.3　Flink

Flink 是一个框架和分布式处理引擎，用于在无界和有界数据流上进行有状态计算。Flink 被设计为在通用集群环境中运行，以内存速度执行任意规模的计算。

流处理指的是：当一条数据被处理完成后，序列化到缓存中，然后立刻通过网络传输到下一个节点，由下一个节点继续处理。批处理指的是：当一条数据被处理完成后，序列化到缓存中，并不会立刻通过网络传输到下一个节点，而是当缓存写满后持久化到本地硬盘上，当所有数据都被处理完成后，才开始将处理后的数据通过网络传输到下一个节点。

因此，流处理的优势是低延迟，批处理的优势是高吞吐。而 Flink 可以通过调整缓存块的超时阈值，灵活地权衡系统延迟和吞吐量。

1.3　大数据编程语言

Spark 大数据处理框架支持 Scala、Python、Java 3 种语言进行应用程序开发。首选的编程语言是 Scala，因为 Spark 本身就是用 Scala 语言开发的，用 Scala 语言编写 Spark 应用程序，可以获得最好的性能；其次是 Python；最后才是 Java。

Spark 也提供了支持 Python 编程的编程模型 PySpark，使得 Python 可以作为 Spark 开发语言之一。尽管现在 PySpark 还不能支持所有的 Spark API，但是以后的支持度会越来越高。

Java 也可以作为 Spark 的开发语言之一，但是相对于前两者而言，目前没有太大优势。

1.4　在线资源

本书网站（http://www.bdlab.net.cn）提供了全部配套的在线浏览和下载方式，包括源代码、讲义 PPT、大数据软件、数据集等。

1.5　拓展阅读——三次信息化浪潮的启示

　　信息化时代就是信息产生价值的时代。信息化是当今时代发展的大趋势，代表着先进生产力。IT 领域每隔十几年就会迎来一次重大变革。

　　1981 年，全球第一台 PC（个人计算机）诞生，这标志着第一次信息化浪潮，也就是以数字化为主要特征的自动化阶段的开始。在这个阶段要解决的问题是信息处理。信息处理开始应用到人们的工作里，人们不再使用各种费时费力的纸质审批手续，而是采用电子化的方式进行业务处理。信息化可以记录所有环节、各个节点的数据，能做到随时可查、可追溯、可管理。

　　到了 1992 年，美国提出了"信息高速公路"，这标志着第二次信息化浪潮，也就是以互联网应用为主要特征的网络化阶段的开始。在这个阶段，大量的信息互相连接，互相交互，要解决的问题是信息传输，因此涌现了海量的数据。到了 2006 年，云计算出现，这标志着海量数据的存储和处理速度得到大大提升。

　　第三次信息化浪潮——以数据驱动的智能应用阶段，也被称为数据智能化阶段，也就是现在所处的阶段。在这个阶段，信息技术的不断低成本化，互联网及其延伸所带来的无处不在的信息技术应用，宽带移动泛在互联驱动的人、机、物广泛连接，云计算模式驱动的数据大规模汇聚，导致了数据类型的多样性和规模的指数级增长，积累了规模巨大的多源异构数据资源，产生了大数据现象。大数据现象的出现以及数据应用需求的激增，使大数据成为全球关注的热点和各国政府的战略选择，大数据蕴藏的巨大潜力被广泛认知，正引发新一轮信息化建设热潮。

　　我们国家紧紧抓住信息革命的历史机遇，将建设数字中国作为新时代国家信息化发展的总体战略，有力推进数字经济、数字社会、数字政府建设，深入开展数字领域国际合作，充分利用数字技术抗击新冠疫情、助力脱贫攻坚、保障社会运行，让人民群众在信息化发展中有更多的获得感、幸福感和安全感，为实现脱贫攻坚圆满收官、开启全面建设社会主义现代化国家新征程、向第二个百年奋斗目标进军提供强大数字动力。

1.6　习题

　　1. 简述 Hadoop 的 MapReduce 的设计思想。

　　2. 简述大数据思维。

　　3. 简述 HDFS 存储架构。

Spark 大数据处理框架

Hadoop MapReduce 基于磁盘计算,在计算的过程中需要不断对磁盘进行存取数据操作,计算模型延迟高,无法胜任实时任务。而 Spark 吸取了 Hadoop MapReduce 的教训,采取了基于内存计算,中间计算结果也存于内存当中,计算效率大大提升。本章主要内容包括:Spark 概述,Spark 运行机制,在 VirtualBox 上安装 Linux 集群,Hadoop 的安装与配置,Spark 的安装及配置,使用 PySpark 编写 Python 代码,安装 pip 工具和一些常用的数据分析库,安装 Anaconda 和配置 Jupyter Notebook。

2.1 Spark 概述

Spark 概述

Spark 最初是由美国加州大学伯克利分校 AMP 实验室开发的基于内存计算的大数据并行计算框架。Spark 在 2013 年 6 月进入 Apache,成为孵化项目,8 个月后成为 Apache 顶级项目。Spark 以其先进的设计理念,迅速成为社区的热门项目。Spark 生态圈包含 Spark SQL、Spark Streaming、GraphX 和 MLlib 等组件,这些组件可以相互调用,可以非常容易地组成处理大数据的完整流程。Spark 的这种特性大大减轻了原先需要对各种平台分别管理、维护依赖关系的负担。

2.1.1 Spark 的产生背景

在大数据处理领域,已经广泛使用分布式编程模型在众多计算机搭建的集群上处理日益增长的数据,典型的批处理模型是 Hadoop 中的 MapReduce 框架。但该框架存在以下局限性:

(1)仅支持 Map 和 Reduce 两种操作。数据处理流程中的每一步都需要一个 Map 阶段和一个 Reduce 阶段。如果要利用这一解决方案,需要将所有用例都转换成 MapReduce 模式。

(2)处理效率低效。Map 任务的中间结果写入磁盘,Reduce 任务的中间结果写入 HDFS,多个 Map 任务和 Reduce 任务之间通过 HDFS 交换数据,任务调度和启动开销大。开销具体表现在以下两点:一是客户端需要把应用程序提交给 ResourcesManager,ResourcesManager 再选择节点去运行;二是当 Map 任务和 Reduce 任务被 ResourcesManager 调度时，会先启动一个 container 进程，然后让任务运行起来，每一个任务都要经历 Java 虚拟机的启动、销毁等流程。

（3）Map 任务和 Reduce 任务均需要排序，但是有的任务处理完全不需要排序（例如求最大值或最小值等），所以就造成了性能的下降。

（4）不适合做迭代计算（如机器学习、图计算等），交互式处理（如数据挖掘）和流式处理（如日志分析）。

而 Spark 既可以基于内存，也可以基于磁盘做迭代计算。Spark 处理的数据可以来自任何一种存储介质，如关系数据库、本地文件系统、分布式存储等。Spark 装载需要处理的数据至内存，并将这些数据集抽象为弹性分布数据集（Resilient Distributed Dataset，RDD）对象。然后采用一系列 RDD 操作处理 RDD，并将处理好的结果以 RDD 的形式输出到内存，以数据流的方式持久化写入其他存储介质。

2.1.2　Spark 的优点

Spark 计算框架处理数据时，所有的中间数据都保存在内存中，从而减少了磁盘读写操作，提高了框架计算效率。Spark 具有以下几个显著优点。

1. 运行速度快

根据 Apache Spark 官方描述，Spark 基于磁盘做迭代计算比基于磁盘做迭代计算的 MapReduce 快十余倍，Spark 基于内存做迭代计算则比基于磁盘做迭代计算的 MapReduce 快百倍以上。Spark 实现了高效的 DAG 执行引擎，可以通过内存计算高效地处理数据流。

2. 易用性好

Spark 支持 Java、Python、Scala 等语言进行编程，支持交互式的 Python 和 Scala 的 Shell。

3. 通用性强

Spark 提供了统一的大数据处理解决方案。Spark 可用于批处理、交互式查询（通过 Spark SQL 组件）、实时流处理（通过 Spark Streaming 组件）、机器学习（通过 Spark MLlib 组件）和图计算（通过 Spark GrapbX 组件），这些不同类型的处理都可以在同一个应用中无缝使用。

4. 兼容性好

Spark 可以非常方便地与其他的开源大数据处理产品进行融合，例如 Spark 可以使用 Hadoop 的 YARN 作为它的资源管理和调度器。Spark 也可以不依赖第三方的资源管理和调度器，它实现了 Standalone 作为其内置的资源管理和调度框架。能够读取 HDFS、Cassandra、HBase、S3 和 Tachyon 中的数据。

2.1.3　Spark 的应用场景

Spark 的应用场景主要有以下几个：

（1）Spark 是基于内存的迭代计算框架，适用于需要多次操作特定数据集的应用场景。需要反复操作的次数越多，所需读取的数据量越大，受益越大；在数据量小但是计算密集度较高的场景，受益相对较小。

（2）由于 RDD 的特性，Spark 不适用于那种异步细粒度更新状态的应用场景，例如 Web 服务的存储或者增量的 Web 爬虫和索引。

（3）数据量不是特别大，但是要求实时统计分析需求的应用场景。

2.1.4　Spark 的生态系统

Spark 是一个大数据并行计算框架，是对广泛使用的 MapReduce 计算模型的扩展。Spark 有自己的生态系统，如图 2-1 所示，但同时兼容 HDFS、Hive 等分布式存储系统，可以完美融入 Hadoop 的生态圈中，代替 MapReduce 执行更为高效的分布式计算。Spark 的生态系统以 Spark Core 为核心，能够从 HDFS、Amazon S3 和 HBase 等持久层读取数据，以 Mesos、YARN 和 Spark 自身携带的 Standalone 为资源管理器调度作业（job）完成 Spark 应用程序的计算。这些应用程序可以来自不同的组件，如 Spark Streaming 的实时处理应用、Spark SQL 的交互式查询、Spark MLlib 的机器学习、Spark GraphX 的图处理和 SparkR 的数学计算等。

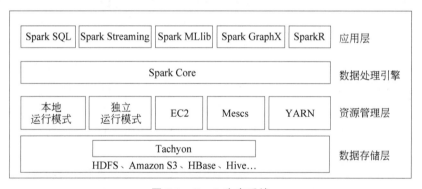

图 2-1　Spark 生态系统

下面对 Spark 的生态组件进行简要介绍。

（1）Spark Core。Spark 生态系统的核心组件，是一个分布式大数据处理框架。它主要包含两部分功能：一是负责任务调度、内存管理、错误恢复、与存储系统交互等；二是对 RDD 的 API 定义，RDD 是一个只读的分区记录集合，可被并行操作，每个分区就是一个数据集片段。

（2）Spark SQL。用来操作结构化数据的核心组件，能够统一处理关系表和 RDD。通过 Spark SQL 可以直接查询 Hive、HBase 等多种外部数据源中的数据。Spark SQL 还支持将 SQL 语句融入 Spark 应用程序开发过程中，使用户可以在单个应用中同时进行

SQL 查询和复杂的数据分析。

(3) Spark Streaming。Spark 提供的用于处理流式数据的计算框架,具有可伸缩、高吞吐量、容错能力力强等特点。Spark Streaming 可以从 Kafka、Flume、Kinesis、Twitter、TCP Sockets 等多个数据源中获取数据。Spark Streaming 的核心原理是将流数据分解成一系列短小的批处理作业,每个短小的批处理作业都可以使用 Spark Core 进行快速处理。处理的结果既可以可保存在文件系统和数据库中,也可以进行实时展示。

(4) Spark MLlib。MLlib(Machine Learning Library)是 Spark 提供的可扩展的机器学习库。MLlib 中包含了一些通用的学习算法和工具,包括分类、回归、聚类、协同过滤算法等,还提供了降维、模型评估、数据导入等额外的功能。

(5) Spark GraphX。Spark 提供的分布式图处理框架,拥有图计算和图挖掘算法的简洁易用的 API,极大地方便了人们对分布式图处理的需求,能在海量数据上运行复杂的图算法。GraphX 通过扩展 RDD 引入了图抽象数据结构——RDPG(Resilient Distributed Property Graph,弹性分布式属性图),它是一种顶点和边都带属性的有向多重图。

2.2 Spark 运行机制

2.2.1 Spark 基本概念

具体讲解 Spark 运行架构之前,首先介绍几个重要的概念。

1. 弹性分布式数据集(RDD)

RDD 是只读分区记录的集合,是 Spark 对其所处理的数据的基本抽象。Spark 中的计算可以简单抽象为对 RDD 的创建、转换和返回操作结果的过程。

通过加载外部物理存储(如 HDFS)中的数据集,或 Spark 应用中定义的对象集合(如 List)创建 RDD。RDD 在创建后不可被改变,只可以对其执行下面的转换操作和行动操作。

(1) 转换(transformation)操作。对已有的 RDD 中的数据执行转换操作产生新的 RDD,在这个过程中有时会产生中间 RDD。Spark 对转换操作采用惰性计算机制,遇到转换操作时并不会立即转换,而是要等到遇到行动操作时才一起执行。

(2) 行动(action)操作。对已有的 RDD 中的数据执行计算,产生结果,将结果返回驱动程序或写入外部物理存储。在行动操作过程中同样有可能生成中间 RDD。

2. 分区

Spark RDD 是一种分布式的数据集,由于数据量很大,因此要把它切分成多个分区(partition),分别存储在不同的节点上。对 RDD 进行操作时,对每个分区分别启动一个任务进行处理,增加处理数据的并行度,加快数据处理。

在分布式系统中,通信的代价是巨大的,Spark 程序可以通过控制 RDD 分区方式减少网络通信的开销。

3. Spark 应用

Spark 应用(application)指的是用户使用 Spark API 编写的应用程序。Spark 应用的 main 函数为应用程序的入口。Spark 应用通过 Spark API 创建 RDD,对 RDD 进行操作。

4. 驱动程序和执行器

Spark 在执行每个 Spark 应用的过程中会启动驱动程序(driver)和执行器(executor)两种 JVM 进程。

驱动程序运行 Spark 应用中的 main 函数,创建 SparkContext(应用上下文,控制整个生命周期),准备 Spark 应用的运行环境,划分 RDD 并生成有向无环图(Directed Acyclic Graph,DAG),如图 2-2 所示。驱动程序也负责提交作业,并将作业转化为任务,在各个执行器进程间协调任务的调度。

执行器是 Spark 应用运行在 Worker 节点上的一个进程,如图 2-3 所示,该进程负责运行某些任务,并将结果返回给驱动程序,同时为需要缓存的 RDD 提供存储功能。每个 Spark 应用都有各自独立的一批执行器。

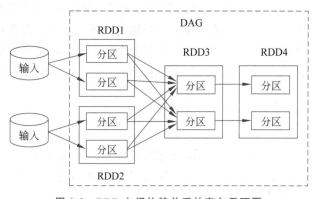

图 2-2　RDD 之间依赖关系的有向无环图

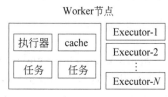

图 2-3　执行器

5. 作业

在一个 Spark 应用中,每个行动操作都触发生成一个作业。Spark 对 RDD 采用惰性求解机制,对 RDD 的创建和转换并不会立即执行,只有在遇到行动操作时才会生成一个作业,然后统一调度执行。一个作业包含 n 个转换操作和一个行动操作。一个作业会被拆分为多组任务,任务被称为阶段(stage)或任务集(taskset)。

6. 洗牌

有一部分转换操作或行动操作会让 RDD 产生宽依赖,这样 RDD 的操作过程就像是将父 RDD 中所有分区的记录(record)进行了洗牌(shuffle),数据被打散重组。例如,转换操作的 join 和行动操作的 reduce 等都会产生洗牌。

7. 阶段

用户提交的应用程序的计算过程表示为一个由 RDD 构成的 DAG,如果 RDD 在转换的时候需要洗牌,那么这个洗牌的过程就将这个 DAG 分为不同的阶段。由于洗牌的存在,不同的阶段是不能并行计算的,因为后面阶段的计算需要前面阶段的洗牌的结果。在对作业中的所有操作划分阶段时,一般会按照倒序进行,即从行动操作开始,在遇到窄依赖操作时,则划分到同一个执行阶段,在遇到宽依赖操作时,则划分一个新的执行阶段,且新的阶段为之前阶段的父阶段,然后依此类推,递归执行。阶段之间根据依赖关系构成了一个大粒度的 DAG。

8. 任务

一个作业在每个阶段内都会按照 RDD 的分区数量创建多个任务。每个阶段内多个并发的任务执行逻辑完全相同,只是作用于不同的分区。任务是运行在执行器上的工作单元,是单个分区数据集上的最小处理流程单元。

9. 工作节点

Spark 的工作节点(WorkerNode)用于执行提交的作业。在 YARN 部署模式下 Worker 由 NodeManager 代替。工作节点的作用有 3 个:一是通过注册机制向集群管理器(cluster manager)汇报自身的 CPU 和内存等资源;二是在主节点的指示下创建并启动执行器,将资源和任务分配给执行器,由执行器负责运行某些任务;三是同步资源信息、执行器状态信息给集群管理节点(cluster master)。

10. 资源管理器

Spark 以自带的 Standalone、Hadoop 的 YARN 等为资源管理器以调度作业,完成 Spark 应用的计算。Standalone 是 Spark 原生的资源管理器,由主节点负责资源的分配。而在 YARN 中,由 ResearchManager 负责资源的分配。

2.2.2 Spark 运行架构

Spark 运行架构如图 2-4 所示,主要包括集群管理器、运行作业任务的工作节点、Spark 应用的驱动程序和每个工作节点上负责具体任务的执行器。

驱动程序负责执行 Spark 应用中的 main()函数,准备 Spark 应用的运行环境,创建 SparkContext 对象,进而用它创建 RDD,提交作业,并将作业转化为多组任务,在各个执行器进程间协调任务的调度执行。此外,SparkContext 对象还负责和集群管理器进行通信、资源申请、任务分配和运行监控等。

集群管理器负责申请和管理在 Worker 节点上运行应用所需的资源,集群管理器的具体实现方式包括 Spark 自带的集群管理器、Mesos 的集群管理器和 Hadoop YARN 的集群管理器。

Executor 是 Spark 应用运行在 Worker 节点上的一个进程,负责运行 Spark 应用的

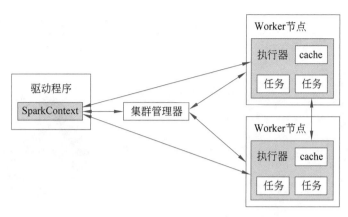

图 2-4　Spark 运行架构

某些任务,并将结果返回给 Driver,同时为需要缓存的 RDD 提供存储功能。每个 Spark 应用都有各自独立的一批执行器。

Worker 节点上的不同执行器服务于不同的 Spark 应用,它们之间是不共享数据的。与 MapReduce 计算框架相比,Spark 采用执行器具有如下两大优势。

(1)执行器利用多线程来执行具体任务,相比 MapReduce 的进程模型,使用的资源和启动开销要小很多。

(2)执行器中有一个 BlockManager 存储模块,BlockManager 会将内存和磁盘共同作为存储设备。当需要多轮迭代计算时,可以将中间结果存储到这个存储模块中,供下次需要时直接使用,而不需要从磁盘中读取,从而有效减少 I/O 开销。在交互式查询场景下,可以预先将数据缓存到 BlockManager 存储模块中,从而提高读写性能。

2.3　在 VirtualBox 上安装 Linux 集群

2.3.1　Master 节点的安装

VirtualBox 是一款免费、开源的虚拟机软件。本书下载的 VirtualBox 软件的版本为 VirtualBox-6.1.26,在 Windows 操作系统中安装 VirtualBox,持续单击"下一步"按钮即可完成安装。在 VirtualBox 里可以创建多个虚拟机(这些虚拟机的操作系统可以是 Windows,也可以是 Linux),这些虚拟机共用物理机的 CPU、内存等。本节介绍如何在 VirtualBox 上安装 Linux 操作系统。

1. 为 VirtualBox 设置存储文件夹

创建虚拟电脑时,VirtualBox 会创建一个文件夹,用于存储这个虚拟电脑的所有数据。VirtualBox 启动后的界面如图 2-5 所示。

在菜单栏中选择"管理"→"全局设定"→"常规"命令,修改默认虚拟电脑位置为自己想要存储虚拟电脑的位置,这里设置为 E 盘 VirtualBox 文件夹,如图 2-6 所示,单击 OK 按钮确认。

图 2-5　VirtualBox 启动后的界面

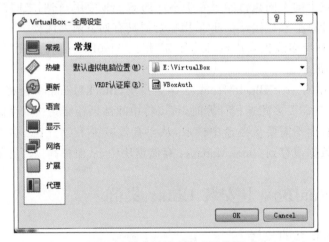

图 2-6　修改默认虚拟电脑位置

2. 在 VirtualBox 中创建虚拟机

在 VirtualBox 启动界面单击"新建"按钮，打开新建虚拟电脑向导，如图 2-7 所示，在"名称"后面的文本框中输入虚拟电脑名称 Master，在"类型"后面的下拉列表中选择 Linux，在"版本"后面的下拉列表中选择要安装的 Linux 系统版本，本书选择安装的是 64 位 Ubuntu 系统。

单击"下一步"按钮，设置虚拟电脑的内存大小。根据个人计算机的配置为虚拟电脑设置内存大小，一般情况下保留默认设置即可。这里将虚拟电脑的内存大小设置为 2GB（2048MB），如图 2-8 所示。

单击"下一步"按钮，设置虚拟硬盘，如图 2-9 所示，这里选择"现在创建虚拟硬盘"单选按钮。

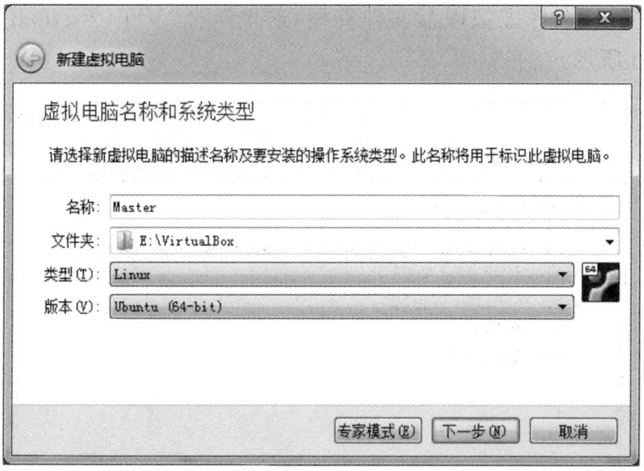

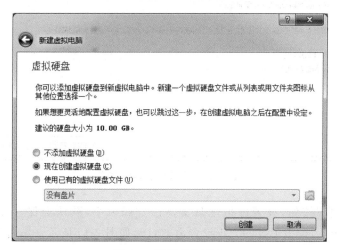

图 2-7　设置虚拟电脑的名称和操作系统类型

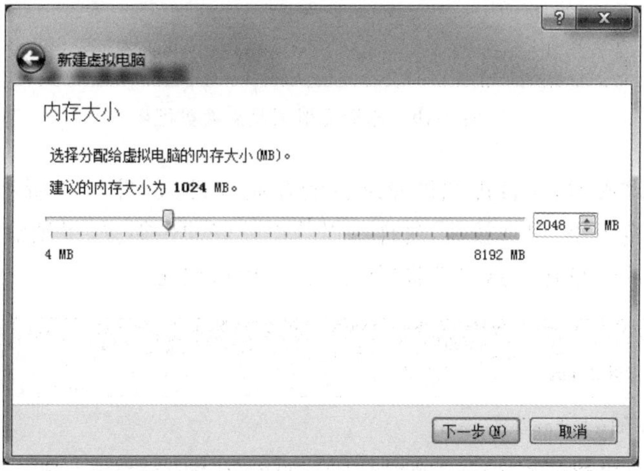

图 2-8　设置新建虚拟电脑内存大小

图 2-9　设置虚拟硬盘

单击"创建"按钮,选择虚拟硬盘文件类型,这里选择"VDI(VirtualBox 磁盘映像)"单选按钮,如图 2-10 所示。

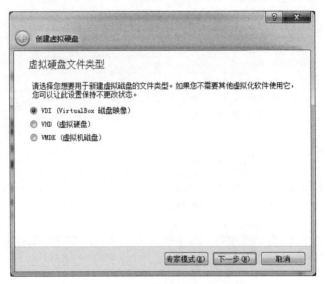

图 2-10　选择虚拟硬盘文件类型

单击"下一步"按钮,设置虚拟硬盘文件的存储方式,如图 2-11 所示。如果磁盘空间较大,就选择"固定大小"单选按钮,这样可以获得较好的性能;如果硬盘空间比较紧张,就选择"动态分配"单选按钮。这里选择"固定大小"单选按钮。

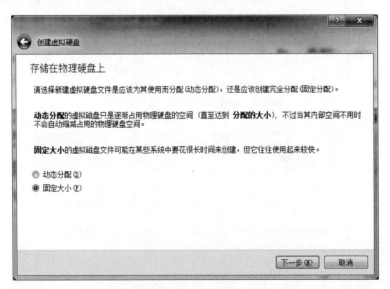

图 2-11　选择磁盘存储方式

单击"下一步"按钮,设置虚拟硬盘文件位置和大小,默认会保存在之前配置过的 VirtualBox 目录下,虚拟硬盘的大小设置为 20GB,如图 2-12 所示。单击文件位置文本框

右侧的浏览按钮,选择一个容量充足的硬盘存放文件。最后,单击"创建"按钮,完成虚拟
电脑的创建,然后就可以在这个新建的虚拟电脑上安装 Linux 系统了。

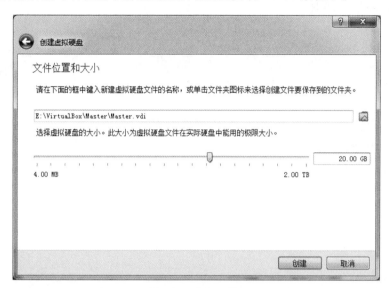

图 2-12　选择虚拟硬盘文件位置和大小

3. 在虚拟电脑上安装 Linux 系统

按照上面的步骤完成虚拟电脑的创建以后,会返回图 2-13 所示的界面。

图 2-13　虚拟电脑创建完成以后的界面

这时请勿直接单击"启动"按钮,否则有可能导致安装失败。选择刚刚创建的虚拟电
脑,然后单击上方的"设置"按钮,打开图 2-14 所示的"Master - 设置"对话框。

单击左侧的"存储"按钮,打开存储设置页面,然后单击"没有盘片",单击右侧的小光

图 2-14　"Master - 设置"对话框

盘图标，单击"选择虚拟盘…"，选择之前下载的 Ubuntu 系统安装文件，本书使用的
Ubuntu 系统安装文件的版本是 ubuntu-16.04.4-desktop-amd64.iso，如图 2-15 所示。

图 2-15　选择 Ubuntu 系统安装文件

单击 OK 按钮，在弹出的界面中选择刚创建的虚拟电脑 Master，单击"启动"按钮。
启动后会看到 Ubuntu 安装欢迎界面，如图 2-16 所示，安装语言选择"中文（简体）"。

图 2-16　Ubuntu 安装欢迎界面

单击"安装 Ubuntu"按钮，在出现的图 2-17 所示的"键盘布局"界面中选择 English（UK）。

图 2-17　"键盘布局"界面

单击"继续"按钮，在弹出的"更新和其他软件"界面中进行设置，如图 2-18 所示。

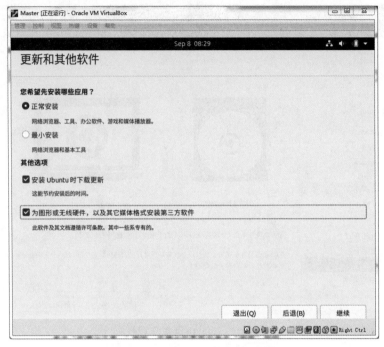

图 2-18 "更新和其他软件"界面

单击"继续"按钮，在弹出的"安装类型"界面中确认安装类型，这里选择"其他选项"单选按钮，如图 2-19 所示。

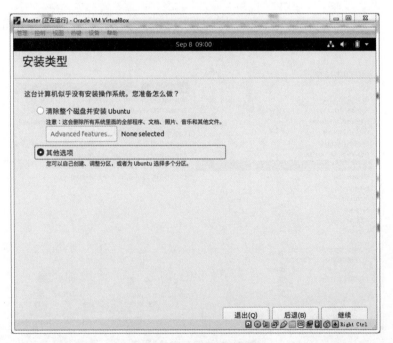

图 2-19 "安装类型"界面

　　单击"继续"按钮,在出现的界面中单击"新建分区表..."按钮,在弹出的界面中单击"继续"按钮,在弹出的如图 2-20 所示的界面中选择"空闲"复选框。

图 2-20　选中"空闲"

　　单击"＋"按钮,弹出"创建分区"对话框,设置分区的大小为 512MB,如图 2-21 所示。

　　单击 OK 按钮,在弹出的界面中选择"空闲"复选框,然后单击"＋"按钮,在弹出的"创建分区"对话框中创建根目录,如图 2-22 所示。

图 2-21　创建主分区

图 2-22　创建根目录

　　单击 OK 按钮,在出现的界面中单击"现在安装"按钮,在弹出的界面中单击"继续"按钮,在出现的"您在什么地方?"界面中采用默认值 shanghai 即可。单击"继续"按钮,直到出现"您是谁?"界面,如图 2-23 所示。

　　在图 2-23 所示的界面中设置用户名和密码,然后单击"继续"按钮,安装过程正式开始。在安装的过程中不要单击 Skip 按钮,一定要等待自动安装完成。

图 2-23　"您是谁？"界面

2.3.2　虚拟机克隆安装 Slave1 节点

在 VirtualBox 系统中，可将已经安装配置好的虚拟机实例像复制文件那样复制得到相同的虚拟机系统，称为虚拟机克隆，具体实现步骤如下。

（1）打开 VirtualBox，在 VirtualBox 界面中选择要导出的虚拟机实例，这里选择的是 Slave1，如图 2-24 所示，然后在"管理"菜单中选择"导出虚拟电脑"命令，如图 2-25 所示。在弹出的"导出虚拟电脑"向导中单击"下一步"按钮，如图 2-26 所示。

图 2-24　选择 Slave1

图 2-25　选择"管理"菜单中的"导出虚拟电脑"命令

图 2-26　"导出虚拟电脑"向导

（2）在弹出的界面中选择导出的文件，如图 2-27 所示，然后单击"下一步"按钮，在弹出的界面中单击"导出"按钮，如图 2-28 所示。

（3）此时即正式开始导出操作，如图 2-29 所示。导出结束后得到 Slave1.ova 文件。

（4）选择"管理"→"全局设定"→"常规"命令，修改默认虚拟电脑位置，以存储导入的虚拟电脑，如图 2-30 所示，这里设置为 E 盘。单击 OK 按钮确认。

（5）在"管理"菜单中选择"导入虚拟电脑"命令，如图 2-31 所示，在弹出的界面中选择前面得到的 Slave1.ova 文件，如图 2-32 所示，然后单击"下一步"按钮，在弹出的界面中勾选下面的"重新初始化所有网卡的 MAC 地址"复选框，如图 2-33 所示，最后单击"导入"按钮即可创建一个新的虚拟机实例。

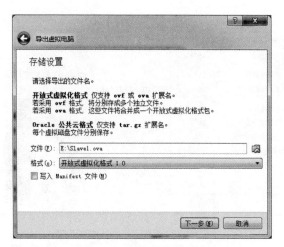

图 2-27 选择导出的文件

图 2-28 单击"导出"按钮

图 2-29 导出操作

图 2-30　修改默认虚拟电脑位置

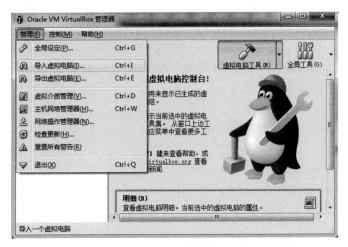

图 2-31　在"管理"菜单中选择"导入虚拟电脑"命令

图 2-32　选择 Slave1.ova 文件

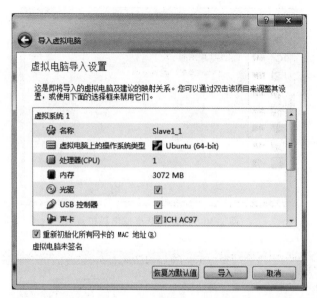

图 2-33 勾选"重新初始化所有网卡的 MAC 地址"复选框

2.4 Hadoop 安装前的准备工作

本书使用在虚拟机下安装的 Ubuntu 16.04 64 位作为安装 Hadoop 的 Linux 系统环境,安装的 Hadoop 版本号是 2.7.7。在安装 Hadoop 之前,需要做一些准备工作:创建 hadoop 用户、更新 APT、安装 SSH、配置 SSH 无密码登录和安装 Java 环境等。

2.4.1 创建 hadoop 用户和更新 APT

1. 创建 hadoop 用户

如果在安装 Ubuntu 的时候用的不是 hadoop 用户,那么需要增加一个名为 hadoop 的用户,这样做是为了方便后续软件的安装。

首先打开一个终端(可以使用快捷键 Ctrl + Alt + T),输入如下命令创建 hadoop 用户:

```
$ sudo useradd -m hadoop -s /bin/bash
```

这条命令创建了可以登录的 hadoop 用户,-m 表示自动创建用户的家目录,-s 指定 /bin/bash 作为用户登录后使用的 Shell。

sudo 是 Linux 系统管理命令,是系统管理员用来让普通用户执行一些或者全部 root 命令(如 halt、reboot 等)的一个工具。这样不仅减少了 root 用户的登录和管理时间,而且提高了安全性。当使用 sudo 命令时,需要输入当前用户的密码。

接着使用如下命令为 hadoop 用户设置登录密码,可简单地将密码设置为 hadoop,以方便记忆。

```
$ sudo passwd hadoop
```

然后按提示输入两次密码。

　　可为 hadoop 用户增加管理员权限,以方便部署,避免一些对新手来说比较棘手的权限问题,命令如下:

```
$ sudo adduser hadoop sudo
```

　　最后使用 su hadoop 切换到 hadoop 用户,或者注销当前用户,选择 hadoop 登录。
　　Ubuntu 系统安装好之后,用户可以更改计算机的名称,只需要改 hostname 和 hosts 两个文件即可,具体过程如下。

```
$ sudo gedit /etc/hosts            #使用 gedit 编辑器修改 hosts 文件
```

　　将 hosts 文件中的 bigdata-pc 改成 Master,然后保存并关闭文件。

```
$ sudo gedit /etc/hostname         #修改 hostname 文件
```

　　将 hostname 文件里面的 bigdata-pc 改成 Master,然后保存并关闭文件。
　　重启后就可以看到更改后的计算机名称。
　　Linux 系统基本上都会自带 gedit 文本编辑器,可以把它当成一个集成开发环境(Integrated Development Environment,IDE)使用,它会根据不同的语言高亮显示关键字和标识符。

2. 更新 APT

　　切换到 hadoop 用户后,先更新 APT 软件,后续会使用 APT 安装软件。如果不更新 APT,可能有一些软件安装不了。执行如下命令更新 APT:

```
$ sudo apt-get update
```

2.4.2　安装 SSH、配置 SSH 无密码登录

　　SSH 为 Secure Shell 的缩写,由 IETF 的网络小组(Network Working Group)制定,是建立在应用层基础上的安全协议。SSH 是目前专为远程登录会话和其他网络服务提供安全性的较可靠的协议。利用 SSH 可以有效防止远程管理过程中的信息泄露问题。SSH 由客户端和服务器端组成,客户端包含 ssh 程序以及 scp(远程复制)、slogin(远程登录)、sftp(安全文件传输)等应用程序。SSH 的工作机制是本地的客户端发送一个连接请求到远程的服务器端,服务器端检查请求包和 IP 地址,再发送密钥给 SSH 的客户端,客户端再将密钥发回给服务器端,自此连接建立。
　　Hadoop 的名称节点(NameNode)需要通过 SSH 启动 Slave 列表中各台主机的守护

进程。由于 SSH 需要用户密码登录,但 Hadoop 并没有提供 SSH 输入密码登录的形式,因此,为了能够在系统运行中完成节点的无密码登录和访问,需要将 Slave 列表中各台主机配置为名称节点无密码登录。配置 SSH 的主要工作是创建一个认证文件,使得用户以 public key 方式登录,而不用手工输入密码。Ubuntu 默认已安装了 SSH 客户端,还需要安装 SSH 服务器端:

```
$ sudo apt-get install openssh-server
```

安装完成后,可以使用如下命令登录本机:

```
$ ssh localhost
```

此时会有登录提示,要求用户输入 yes 以便确认进行连接。输入 yes,然后按提示输入 hadoop 用户登录密码,这样就可以登录到本机,但这样登录需要每次输入密码。下面将其配置成 SSH 无密码登录,配置步骤如下:

(1) 执行如下命令生成密钥对:

```
cd ~/.ssh/                          #若没有该目录,需先执行 ssh localhost
ssh-keygen -t rsa                   #生成密钥对,会有提示,都按 Enter 键即可
```

(2) 加入授权:

```
cat ./id_rsa.pub >> ./authorized_keys        #加入授权
```

此时,再执行 ssh localhost 命令,不用输入密码就可以直接登录了。

2.4.3　安装 Java 环境

安装 Java 环境的步骤如下:

(1) 下载 JDK 到"/home/hadoop/下载"目录下,压缩包文件名为 jdk-8u181-linux-x64.tar.gz。

(2) 将 JDK 解压到/opt/jvm/目录下。

```
$ sudo mkdir /opt/jvm                         #创建目录
$ sudo tar -zxvf /home/hadoop/下载/jdk-8u181-linux-x64.tar.gz -C /opt/jvm
```

(3) 配置 JDK 的环境变量。打开/etc/profile 文件(命令为 sudo vim /etc/profile),在文件末尾添加以下语句:

```
export JAVA_HOME=/opt/jvm/jdk1.8.0_181
export JRE_HOME=${JAVA_HOME}/jre
export CLASSPATH=.:${JAVA_HOME}/lib:${JRE_HOME}/lib
export PATH=${JAVA_HOME}/bin:$PATH
```

保存文件后退出,执行如下命令使其立即生效:

```
$ source /etc/profile
```

最后查看 JDK 是否安装成功。在终端执行 java -version 命令,若出现如图 2-34 所示的界面,说明 JDK 安装成功。

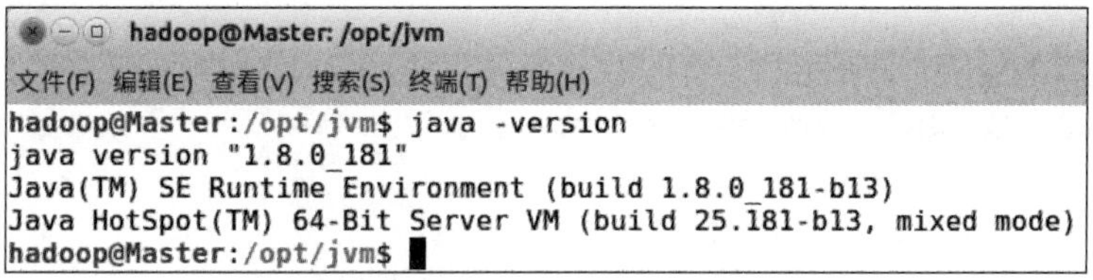

图 2-34　执行 java -version 的结果

2.4.4　Linux 系统下 Scala 版本的 Eclipse 的安装与配置

Eclipse 是一个开放源代码的基于 Java 的可扩展开发平台。Eclipse 官方版是一个集成开发环境(IDE),可以通过安装不同的插件实现利用其他计算机语言(如 C++、Python、Scala 等)进行编辑开发。如果要使用 Eclipse 开发 Scala 程序,就需要为 Eclipse 安装 Scala 插件、Maven 插件。安装这些插件的过程十分烦琐,因此,为了后续章节学习 Scala 编程,本节安装 Scala 版本的 Eclipse,其压缩包文件名是 eclipse-SDK-4.7.0-linux. gtk.x86_64.tar.gz,其中集成了 Eclipse、Scala 插件和 Maven 插件。事实上,2.4.3 节安装的 JDK 也可用于开发 Java 程序。

1. 下载 Eclipse 压缩包

这里下载的 Scala 版本的 Eclipse 的压缩包文件名是 eclipse-SDK-4.7.0-linux.gtk. x86_64.tar.gz。

注意:如果 Ubuntu 系统是 64 位的,需要下载 64 位的压缩包。

2. 安装 Eclipse

将 eclipse-SDK-4.7.0-linux.gtk.x86_64.tar.gz 解压到/opt/jvm 目录中,命令如下:

```
$ sudo tar -zxvf ~/下载/eclipse-SDK-4.7.0-linux.gtk.x86_64.tar.gz -C /opt/jvm
```

3. 创建 Eclipse 桌面快捷方式图标

首先创建并打开 Eclipse 桌面文件,命令如下:

```
$ sudo gedit /usr/share/applications/eclipse.desktop
```

在弹出的文本编辑器中输入以下内容:

```
[Desktop Entry]
Encoding=UTF-8
Name=Eclipse
Comment=Eclipse IDE
Exec=/opt/jvm/eclipse/eclipse
Icon=/opt/jvm/eclipse/icon.xpm
Terminal=false
StartupNotify=true
Type=Application
Categories=Application;Development;
```

然后，保存 eclipse.desktop 文件。

打开文件系统，在/usr/share/applications/目录下找到 Eclipse 图标，右击该图标，利用快捷菜单将其复制到桌面，此时 Eclipse 图标就出现在桌面上。然后，右击该图标，在快捷菜单中选择"允许启动"命令，至此，Eclipse 的桌面快捷方式就创建完毕了。

2.4.5　Eclipse 环境下 Java 程序开发实例

1. 运行 Eclipse

双击桌面上的 Eclipse 图标打开软件，如图 2-35 所示，首次启动 Eclipse 时会出现提示用户为 Eclipse 选择一个工作空间的界面。所谓工作空间，是 Eclipse 存放源代码的目录，本书采用默认值/home/hadoop/workspace，今后创建的 Java 源程序就存放在该目录。勾选 Use this as the default and do not ask again 复选框，则今后使用 Eclipse 时不会再弹出该对话框。

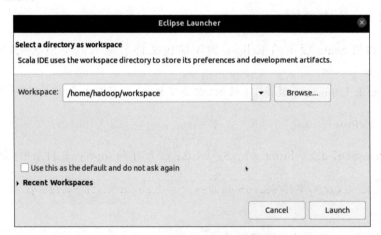

图 2-35　Eclipse 启动后的界面

2. 新建 Java 工程

若要在 Eclipse 中编写 Java 代码，必须首先新建一个 Java 工程。选择菜单项 File，然后依次选择 New→Other→Java→Java Project 命令，就会弹出新建 Java 工程对话框，如

图 2-36 所示,然后输入工程名称,这里输入的工程名称为 MainClassStructureProject,单击 Finish 按钮,就会在工作空间中新建一个名为 MainClassStructureProject 的 Java 工程。

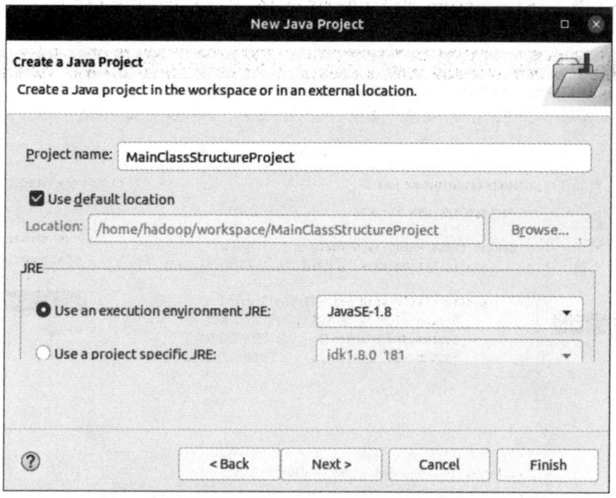

图 2-36　新建 Java 工程对话框

3. 新建 Java 类

找到 MainClassStructureProject 下的 src,右击 src 并在弹出的快捷菜单中选择 New →Class 命令,出现如图 2-37 所示的新建 Java 类对话框,在对话框中输入新建的 Java 类的包名 myclass.struct、类名 MainClassStructure 等信息,选择下面的 public static void main(String[]args)复选框,然后单击 Finish 按钮,就可以完成新建 Java 类的操作。

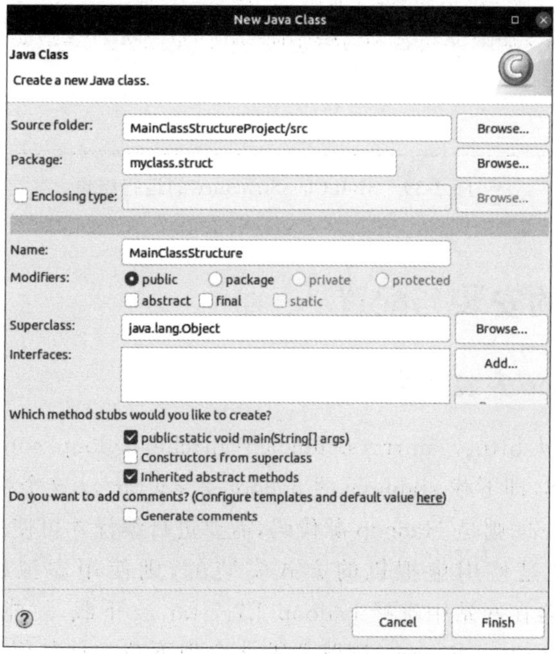

图 2-37　新建 Java 类对话框

4. 运行 Java 程序

在新建的 MainClassStructure 类中编辑如图 2-38 所示的代码。

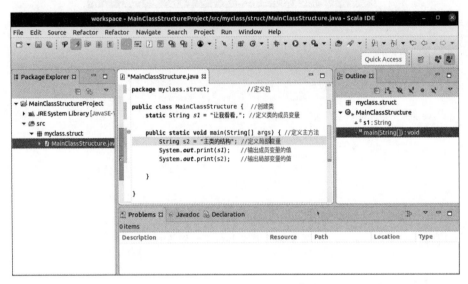

图 2-38　编辑 MainClassStructure 类的代码

选中 MainClassStructure 类，右击该类，在快捷菜单中选择 Run As→Java Application 命令，即可运行 MainClassStructure 程序，在底部的 Console（控制台）窗格中会看到程序运行的结果，如图 2-39 所示。

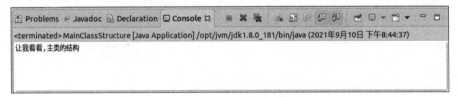

图 2-39　MainClassStructure 的运行结果

2.5　Hadoop 的安装与配置

2.5.1　下载 Hadoop 安装文件

Hadoop 2 可以从 http://mirrors.cnnic.cn/apache/hadoop/common/下载，一般选择下载最新的稳定版本，即下载 stable 下的 hadoop-2.x.y.tar.gz 这个格式的文件，这是编译好的，另一个包含 src 的则是 Hadoop 源代码，需要进行编译才可使用。

若 Ubuntu 系统是使用虚拟机的方式安装的，则使用虚拟机上 Ubuntu 自带的 Firefox（火狐）浏览器在网站中选择 hadoop-2.7.7.tar.gz 下载，就能把 Hadoop 文件下载到虚拟机上的 Ubuntu 中。Firefox 浏览器默认会把下载文件都保存到当前用户的下载目录,即保存到"/home/当前登录用户名/下载/"目录下。

　　下载安装文件之后,需要对安装文件进行解压。按照 Linux 系统的默认使用规范,用户安装的软件一般都存放在/usr/local 目录下。使用 hadoop 用户登录 Linux 系统,打开一个终端,执行如下命令:

```
$ sudo tar -zxf ~/下载/hadoop-2.7.7.tar.gz -C /usr/local
                                            #解压到/usr/local 目录中
$ cd /usr/local/
$ sudo mv ./hadoop-2.7.7 ./hadoop          #将文件夹名改为 hadoop
$ sudo chown -R hadoop ./hadoop            #修改文件权限
```

其中"~/"表示的是/home/hadoop/这个目录。

　　Hadoop 解压后即可使用。输入如下命令检查 Hadoop 是否可用,若成功则会显示 Hadoop 版本信息:

```
$ cd /usr/local/hadoop
$ ./bin/hadoop version                      #显示 Hadoop 版本信息
Hadoop 2.7.7
Subversion Unknown -r c1aad84bd27cd79c3d1a7dd58202a8c3ee1ed3ac
Compiled by stevel on 2018-07-18T22:47Z
Compiled with protoc 2.5.0
From source with checksum 792e15d20b12c74bd6f19a1fb886490
This command was run using/usr/local/hadoop/share/hadoop/common/hadoop-
common-2.7.7.jar
```

　　本书后续出现的"./bin/…""./etc/…"等包含"./"的路径均为相对路径,以/usr/local/hadoop 为当前目录。例如,在/usr/local/hadoop 目录中执行./bin/hadoop version 等同于执行/usr/local/hadoop/bin/hadoop version。

2.5.2　Hadoop 单机模式配置

　　Hadoop 默认的模式为单机模式,即非分布式模式(独立、本地),解压后无须进行其他配置就可运行,非分布式即单 Java 进程。Hadoop 单机模式只在一台计算机上运行,存储采用本地文件系统,而不是分布式文件系统 HDFS。单机模式无需任何守护进程(daemon),所有的程序都在单个 JVM 上执行。在单机模式下调试 MapReduce 程序非常高效、方便,这种模式适用于开发阶段的调试。

　　在单机模式下,Hadoop 不会启动 NameNode、DataNode、JobTracker、TaskTracker 等守护进程,Map 任务和 Reduce 任务作为同一个进程的不同部分执行。

　　Hadoop 附带了丰富的例子,运行如下命令,可以查看所有的例子:

```
$ cd /usr/local/hadoop
$ ./bin/hadoop jar ./share/hadoop/mapreduce/hadoop-mapreduce-examples-2.7.
7.jar
```

```
An example program must be given as the first argument.
Valid program names are:
  aggregatewordcount: An Aggregate based map/reduce program that counts the
words in the input files.
  aggregatewordhist: An Aggregate based map/reduce program that computes the
histogram of the words in the input files.
  bbp: A map/reduce program that uses Bailey-Borwein-Plouffe to compute exact
digits of Pi.
  dbcount: An example job that count the pageview counts from a database.
  distbbp: A map/reduce program that uses a BBP-type formula to compute exact
bits of Pi.
  grep: A map/reduce program that counts the matches of a regex in the input.
  join: A job that effects a join over sorted, equally partitioned datasets
  multifilewc: A job that counts words from several files.
  pentomino: A map/reduce tile laying program to find solutions to pentomino
problems.
  pi: A map/reduce program that estimates Pi using a quasi-Monte Carlo method.
  randomtextwriter: A map/reduce program that writes 10GB of random textual
data per node.
  randomwriter: A map/reduce program that writes 10GB of random data per node.
  secondarysort: An example defining a secondary sort to the reduce.
  sort: A map/reduce program that sorts the data written by the random writer.
  sudoku: A sudoku solver.
  teragen: Generate data for the terasort
  terasort: Run the terasort
  teravalidate: Checking results of terasort
  wordcount: A map/reduce program that counts the words in the input files.
  wordmean: A map/reduce program that counts the average length of the words in
the input files.
  wordmedian: A map/reduce program that counts the median length of the words in
the input files.
  wordstandarddeviation: A map/reduce program that counts the standard
deviation of the length of the words in the input files.
```

上述命令执行后，显示了所有例子的简介信息，包括 wordcount、terasort、join、grep 等。这里选择运行单词计数（wordcount）例子。单词计数是最简单、最能体现 MapReduce 思想的程序之一，可以称为 MapReduce 版"Hello World"。单词计数主要完成的功能是统计一系列文本文件中每个单词出现的次数。可以先在/usr/local/hadoop 目录下创建一个目录 input，创建或复制一些文件到该目录下，然后运行 wordcount 程序，将 input 目录中的所有文件作为 wordcount 的输入，最后把统计结果输出到/usr/local/hadoop/output 目录中。完成上述操作的具体命令如下：

```
$ cd /usr/local/hadoop
$ mkdir input                          #创建文件夹
$ gedit ./input/YouHaveOnlyOneLife     #创建并打开 YouHaveOnlyOneLife 文件
```

在 YouHaveOnlyOneLife 文件里面输入以下内容,然后保存并关闭文件:

```
There are moments in life when you miss someone so much that you just want to
pick them from your dreams and hug them for real! Dream what you want to dream;go
where you want to go;be what you want to be,because you have only one life and
one chance to do all the things you want to do.
$ gedit ./input/happiness              #创建并打开 happiness 文件
```

在 happiness 文件里面输入以下内容,然后保存并关闭文件:

```
When the door of happiness closes, another opens, but often times we look so
long at the closed door that we don't see the one which has been opened for us.
Don't go for looks, they can deceive. Don't go for wealth, even that fades away.
Go for someone who makes you smile because it takes only a smile to make a dark
day seem bright. Find the one that makes your heart smiles.
$ ./bin/hadoop jar ./share/hadoop/mapreduce/hadoop-mapreduce-examples-*.
jar wordcount ./input ./output         #运行 wordcount 程序
$ cat ./output/*                       #查看运行结果
Don't   2
Dream   1
Find    1
Go      1
There   1
When    1
...
where   1
which   1
who     1
you     8
your    2
```

为了节省篇幅,这里省略了中间部分结果。

注意:Hadoop 默认不会覆盖结果文件,因此,再次运行上面的实例会提示出错。如果要再次运行,需要先使用如下命令把 output 目录删除:

```
$ rm -r ./output
```

2.5.3　Hadoop 伪分布式模式配置

Hadoop 可以在单个节点(一台计算机)上以伪分布式模式运行,同一个节点既作为名称节点（NameNode），也作为数据节点（DataNode），读取的是分布式文件系统 HDFS 的文件。

1. 修改配置文件

需要配置相关文件，才能够让 Hadoop 以伪分布式模式运行。Hadoop 的配置文件位于/usr/local/hadoop/etc/hadoop/中，进行伪分布式模式配置时，需要修改两个配置文件，即 core-site.xml 和 hdfs-site.xml。

可以使用 gedit 编辑器打开 core-site.xml 文件：

```
$gedit /usr/local/hadoop/etc/hadoop/core-site.xml
```

core-site.xml 文件的初始内容如下：

```
<configuration>
</configuration>
```

修改以后，core-site.xml 文件的内容如下：

```
<configuration>
<property>
<name>hadoop.tmp.dir</name>
<value>file:/usr/local/hadoop/tmp</value>
<description>A base for other temporary directories.</description>
</property>
<property>
<name>fs.defaultFS</name>
<value>hdfs://localhost:9000</value>
</property>
</configuration>
```

在上面的配置文件中，hadoop.tmp.dir 用于保存临时文件；fs.defaultFS 这个参数用于指定 HDFS 的访问地址，其中 9000 是端口号。

同样，需要修改配置文件 hdfs-site.xml，修改后的内容如下：

```
<configuration>
<property>
<name>dfs.replication</name>
<value>1</value>
</property>
<property>
<name>dfs.namenode.name.dir</name>
<value>file:/usr/local/hadoop/tmp/dfs/name</value>
</property>
```

```
<property>
<name>dfs.datanode.data.dir</name>
<value>file:/usr/local/hadoop/tmp/dfs/data</value>
</property>
</configuration>
```

在 hdfs-site.xml 文件中,dfs.replication 这个参数用于指定副本的数量,这是因为 HDFS 出于可靠性和可用性的考虑,冗余存储多份,以便发生故障时仍能正常执行。但由于这里采用伪分布式模式,总共只有一个节点,所以,只可能有一个副本,因此设置 dfs.replication 的值为 1。dfs.namenode.name.dir 用于设定名称节点的元数据的保存目录,dfs.datanode.data.dir 用于设定数据节点的数据保存目录。

注意:Hadoop 的运行方式(如运行在单机模式下或运行在伪分布式模式下)是由配置文件决定的。Hadoop 启动时会读取配置文件,然后根据配置文件决定运行在什么模式下。因此,如果需要从伪分布式模式切换回单机模式,只需要删除 core-site.xml 中的配置项即可。

2. 执行名称节点格式化

修改配置文件以后,要执行名称节点格式化,命令如下:

```
$ cd /usr/local/hadoop
$ ./bin/hdfs namenode - format
```

3. 启动 Hadoop

执行下面的命令启动 Hadoop:

```
$ cd /usr/local/hadoop
$ ./sbin/start-dfs.sh
```

注意:启动 Hadoop 时,如果出现"localhost:Error:JAVA_HOME is not set and could not be found."这样的错误,需要修改 hadoop-env.sh 文件,将其中的 JAVA_HOME 替换为绝对路径,具体实现过程如下:

```
$ sudo gedit /usr/local/hadoop/etc/hadoop/hadoop-env.sh        #打开文件
```

将 export JAVA_HOME= $ {JAVA_HOME}修改为下面所示的内容:

```
export JAVA_HOME=/opt/jvm/jdk1.8.0_181
```

4. 使用 Web 界面查看 HDFS 信息

Hadoop 成功启动后,在 Linux 系统中打开浏览器,在地址栏输入 http://localhost:

50070，就可以查看名称节点信息（图 2-40）和数据节点信息（图 2-41），还可以在线查看 HDFS 中的文件。

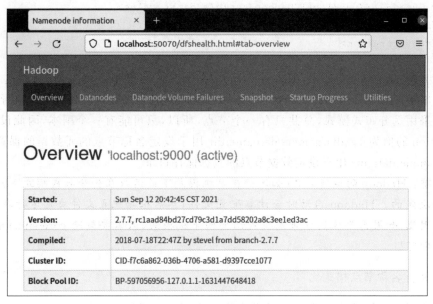

图 2-40 名称节点信息

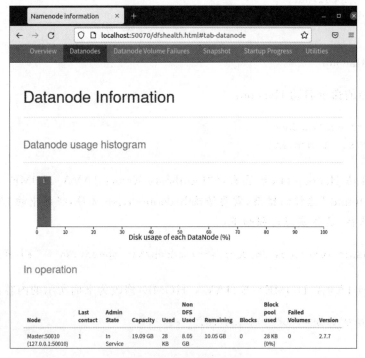

图 2-41 数据节点信息

5. 运行 Hadoop 伪分布式实例

要使用 HDFS,首先需要在 HDFS 中创建用户目录,命令如下:

```
$ cd /usr/local/hadoop
$ ./bin/hdfs dfs -mkdir -p /user/hadoop
```

把本地文件系统的/usr/local/hadoop/etc/hadoop 目录中的所有 xml 文件作为后面运行 Hadoop 中自带的 wordcount 程序的输入文件,因此要将它们复制到分布式文件系统 HDFS 中的/user/hadoop/input 目录中,命令如下:

```
$ cd /usr/local/hadoop
$ ./bin/hdfs dfs -mkdir input            #在 HDFS 中创建 hadoop 用户对应的 input 目录
$ ./bin/hdfs dfs -put ./etc/hadoop/ * .xml input    #把本地文件复制到 input 目录中
```

现在可以运行 Hadoop 中自带的 wordcount 程序,命令如下:

```
$ ./bin/hadoop jar ./share/hadoop/mapreduce/hadoop - mapreduce - examples - * .
jar wordcount input output
```

运行结束后,可以通过如下命令查看 HDFS 中 output 目录中的内容:

```
$ ./bin/hdfs dfs - cat output/ *
```

需要强调的是,Hadoop 运行程序时,输出目录不能存在,否则会提示错误信息。因此,若要再次执行 wordcount 程序,需要执行如下命令删除 HDFS 中的 output 目录:

```
$ ./bin/hdfs dfs - rm - r output        #删除 output 目录
```

6. 关闭 Hadoop

如果要关闭 Hadoop,可以执行如下命令:

```
$ cd /usr/local/hadoop
$ ./sbin/stop-dfs.sh
```

7. 配置 PATH 变量

前面在启动 Hadoop 时,都是先进入/usr/local/hadoop 目录中,再执行./sbin/start-dfs.sh,等同于运行/usr/local/hadoop/sbin/start-dfs.sh。实际上,通过设置 PATH 变量,在执行命令时就可以不用带上命令本身所在的路径。例如,打开一个 Linux 终端,在任何一个目录下执行 ls 命令时,都没有带上 ls 命令的路径,实际上,执行 ls 命令时,是执行/bin/ls 这个程序。之所以不需要带上路径,是因为 Linux 系统已经把 ls 命令的路径加入 PATH 变量中,当执行 ls 命令时,系统根据 PATH 这个环境变量中包含的目录位置逐一进行查找,直至在这些目录位置下找到匹配的 ls 程序(若没有匹配的程序,则系统会提示该命令不存在)。

同样可以把 start-dfs.sh、stop-dfs.sh 等命令所在的目录/usr/local/hadoop/sbin 加入环境变量 PATH 中,这样,以后在任何目录下都可以直接使用命令 start-dfs.sh 启动 Hadoop,不用带上命令路径。具体操作方法是,首先使用 gedit 编辑器打开~/.bashrc 文件,然后在这个文件的最前面加入如下一行:

```
export PATH=$PATH:/usr/local/hadoop/sbin
```

如果要把其他命令的路径也加入 PATH 变量中,需要修改~/.bashrc 这个文件,在上述路径的后面用英文冒号":"隔开,把新的路径加到后面即可。

添加命令路径后,执行命令 source ~/.bashrc 使设置生效。然后在任何目录下只要直接输入 start-dfs.sh 就可启动 Hadoop。停止 Hadoop 时只要输入 stop-dfs.sh 命令即可。

2.5.4 Hadoop 分布式模式配置

考虑计算机的性能,本书用两个虚拟机搭建分布式集群环境:一个虚拟机作为 Master 节点,另一个虚拟机作为 Slave1 节点。由 3 个及以上节点构建分布式集群时,也可以采用类似的方法完成安装部署。

Hadoop 集群的安装配置大致包括以下步骤:

(1) 在 Master 节点上创建 hadoop 用户,安装 SSH 服务器端,安装 Java 环境。

(2) 在 Master 节点上安装 Hadoop,并完成配置。

(3) 在 Slave1 节点上创建 hadoop 用户,安装 SSH 客户端,安装 Java 环境。

(4) 将 Master 节点上的/usr/local/hadoop 目录复制到 Slave1 节点上。

(5) 在 Master 节点上启动 Hadoop。

根据前面讲述的内容完成步骤(1)~(3),然后继续下面的操作。

1. 网络配置

由于本分布式集群搭建是在两个虚拟机上进行,需要将两个虚拟机的网络连接方式都改为"桥接网卡",如图 2-42 所示,以实现两个节点的互联。一定要确保各个节点的 MAC 地址不能相同,否则会出现 IP 地址冲突。

网络配置完成以后,通过 ifconfig 命令查看两个虚拟机的 IP 地址,本书所用的 Master 节点的 IP 地址为 192.168.0.115,所用的 Slave1 节点的 IP 地址为 192.168.0.114。

在 Master 节点上执行如下命令,修改 Master 节点中的/etc/hosts 文件:

```
#vim /etc/hosts
```

在 hosts 文件中增加如下两条 IP 地址和主机名映射关系,即集群中两个节点与 IP

图 2-42　网络连接方式设置

地址的映射关系。

```
192.168.0.115    Master
192.168.0.114    Slave1
```

需要注意的是,hosts 文件中只能有一个 127.0.0.1,其对应的主机名为 localhost。如果有多余的 127.0.0.1 映射,应将其删除。修改后需要重启 Linux 系统。

参照 Master 节点的配置方法,修改 Slave1 节点中的/etc/hosts 文件,在 hosts 文件中增加如下两条 IP 地址和主机名映射关系:

```
192.168.0.115    Master
192.168.0.114    Slave1
```

修改完成以后,重启 Slave1 的 Linux 系统。

这样就完成了 Master 节点和 Slave 节点的配置,然后需要在两个节点上测试是否相互 ping 得通。如果 ping 不通,后面就无法顺利配置成功。

```
$ ping Slave1 -c 3  #在 Master 上 ping 3 次 Slave1,否则要按快捷键 Ctrl+C 中断 ping 命令
$ ping Master -c 3      #在 Slave1 上 ping 3 次 Master
```

例如,在 Master 节点上 ping 3 次 Slave1,如果能 ping 通,会显示以下信息:

```
PING Slave1 (192.168.0.114) 56(84) bytes of data.
64 bytes from Slave1 (192.168.0.114): icmp_seq=1 ttl=64 time=1.78 ms
64 bytes from Slave1 (192.168.0.114): icmp_seq=2 ttl=64 time=0.634 ms
64 bytes from Slave1 (192.168.0.114): icmp_seq=3 ttl=64 time=0.244 ms
```

```
--- Slave1 ping statistics ---
3 packets transmitted, 3 received, 0% packet loss, time 2018 ms
rtt min/avg/max/mdev = 0.244/0.887/1.785/0.655 ms
```

2. SSH 无密码登录 Slave1 节点

必须让 Master 节点可以 SSH 无密码登录 Slave1 节点。首先,生成 Master 节点的公钥,具体命令如下:

```
$ cd ~/.ssh
$ rm ./id_rsa*            #删除之前生成的公钥(如果已经存在)
$ ssh-keygen -t rsa       #Master 生成公钥,执行后,遇到提示信息时按 Enter 键就可以
```

Master 节点生成公钥的界面如图 2-43 所示。

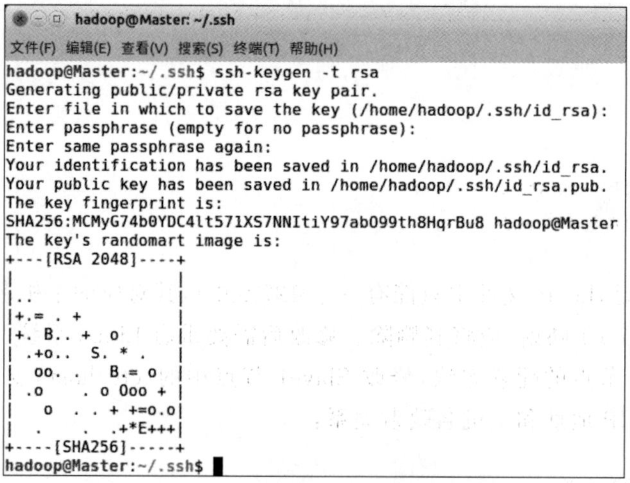

图 2-43　Master 节点生成公钥的界面

为了让 Master 节点能够 SSH 无密码登录本机,需要在 Master 节点上执行如下命令:

```
$ cat ./id_rsa.pub >> ./authorized_keys
```

执行上述命令后,可以执行 ssh Master 命令验证一下,遇到提示信息时输入 yes 即可。测试成功的界面如图 2-44 所示。执行 exit 命令返回原来的终端。

接下来在 Master 节点将上述生成的公钥传输到 Slave1 节点:

```
$ scp ~/.ssh/id_rsa.pub hadoop@Slave1:/home/hadoop/
```

上面的命令中,scp 是 secure copy 的简写,用于在 Linux 上远程复制文件。执行 scp 时会要求输入 Slave1 上 hadoop 用户的密码,输入完成后会提示传输完毕。执行过程如

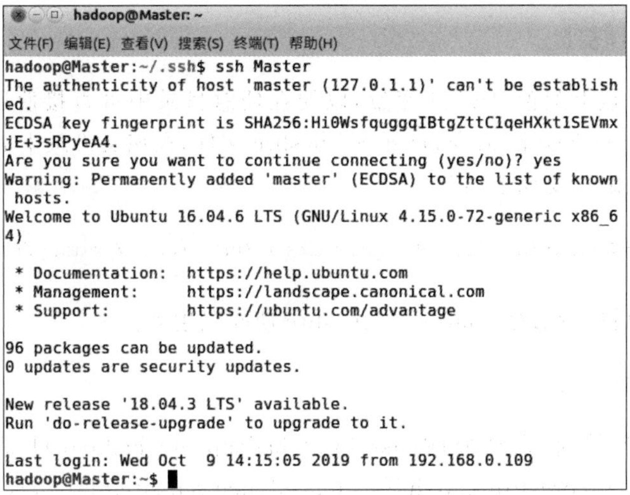

图 2-44　ssh Master 节点 SSH 无密码登录测试成功的界面

下所示。

```
hadoop@Master:~/.ssh$ scp ~/.ssh/id_rsa.pub hadoop@Slave1:/home/hadoop/
hadoop@Slave1's password:
id_rsa.pub                    100%   395      0.4KB/s   00:00
```

接着在 Slave1 节点上将 SSH 公钥加入授权：

```
hadoop@Slave1:~$ mkdir ~/.ssh              #若~/.ssh不存在,可通过该命令创建
hadoop@Slave1:~$ cat ~/id_rsa.pub >> ~/.ssh/authorized_keys
```

执行上述命令后，在 Master 节点上就可以 SSH 无密码登录 Slave1 节点了。可在 Master 节点上执行如下命令进行检验：

```
$ ssh Slave1
```

执行 ssh Slave1 命令的效果如图 2-45 所示。

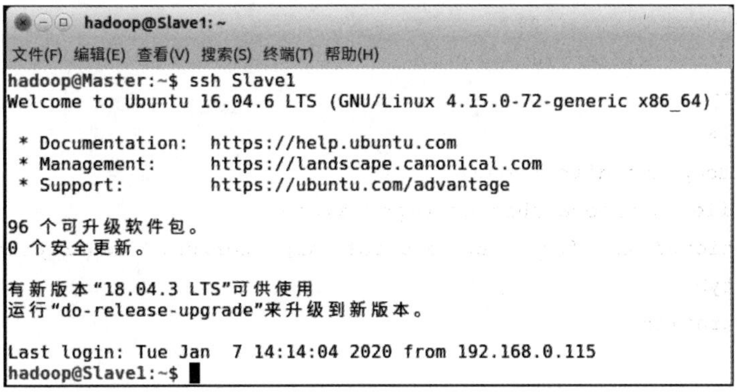

图 2-45　执行 ssh Slave1 命令的效果

3. 配置 PATH 变量

在 Master 节点上配置 PATH 变量，以便在任意目录中可直接使用 hadoop、hdfs 等命令。执行 vim ～/.bashrc 命令，打开～/.bashrc 文件，在该文件最上面加入以下一行内容，应注意在路径之后要加上“:”。

```
export PATH=$PATH:/usr/local/hadoop/bin:/usr/local/hadoop/sbin
```

保存该文件后执行命令 source ～/.bashrc 使配置生效。

4. 配置分布式环境

配置分布式环境时，需要修改/usr/local/hadoop/etc/hadoop 目录下的 5 个配置文件，具体包括 slaves、core-site.xml、hdfs-site.xml、mapred-site.xml、yarn-site.xml。

1）修改 slaves 文件

需要把所有数据节点的主机名写入该文件，每行一个，默认为 localhost（即把本机作为数据节点），所以，在伪分布式配置时，就采用了这种默认的配置，使得节点既作为名称节点又作为数据节点。在进行分布式配置时，可以保留 localhost，让 Master 节点既充当名称节点又充当数据节点；也可以删除 localhost 这一行，让 Master 节点仅作为名称节点使用。执行 vim /usr/local/hadoop/etc/hadoop/slaves 命令，打开/usr/local/hadoop/etc/hadoop/slaves 文件，由于只有一个 Slave 节点 Slave1，本书让 Master 节点既充当名称节点又充当数据节点，因此，在文件中添加如下两行内容：

```
localhost
Slave1
```

2）修改 core-site.xml 文件

core-site.xml 文件用来配置 Hadoop 集群的通用属性，包括指定名称节点的地址、指定 Hadoop 临时文件的存放路径等。把 core-site.xml 文件修改为如下内容：

```
<configuration>
<property>
<name>fs.defaultFS</name>
<value>hdfs://Master:9000</value>
</property>
<property>
<name>hadoop.tmp.dir</name>
<value>file:/usr/local/hadoop/tmp</value>
<description>A base for other temporary directories.</description>
</property>
</configuration>
```

3）修改 hdfs-site.xml 文件

hdfs-site.xml 文件用来配置分布式文件系统 HDFS 的属性，包括指定 HDFS 保存数据的副本数量、指定 HDFS 中名称节点的存储位置、指定 HDFS 中数据节点的存储位置等。本书让 Master 节点既充当名称节点又充当数据节点，此外还有一个 Slave 节点 Slave1，即集群中有两个数据节点，所以 dfs.replication 的值设置为 2。hdfs-site.xml 的具体内容如下：

```
<configuration>
<property>
<name>dfs.namenode.secondary.http-address</name>
<value>Master:50090</value>
</property>
<property>
<name>dfs.replication</name>
<value>2</value>
</property>
<property>
<name>dfs.namenode.name.dir</name>
<value>file:/usr/local/hadoop/tmp/dfs/name</value>
</property>
<property>
<name>dfs.datanode.data.dir</name>
<value>file:/usr/local/hadoop/tmp/dfs/data</value>
</property>
</configuration>
```

4）修改 mapred-site.xml 文件

/usr/local/hadoop/etc/hadoop 目录下有一个 mapred-site.xml.template 文件，需要修改文件名称，把它重命名为 mapred-site.xml：

```
$ cd /usr/local/hadoop/etc/hadoop
$ mv mapred-site.xml.template mapred-site.xml
```

打开 mapred-site.xml 文件：

```
$ vim mapred-site.xml
```

然后把 mapred-site.xml 文件配置成如下内容：

```
<configuration>
<property>
<name>mapreduce.framework.name</name>
<value>yarn</value>
</property>
```

```
<property>
<name>mapreduce.jobhistory.address</name>
<value>Master:10020</value>
</property>
<property>
<name>mapreduce.jobhistory.webapp.address</name>
<value>Master:19888</value>
</property>
</configuration>
```

5）修改 yarn-site.xml 文件

YARN 是 MapReduce 的调度框架。yarn-site.xml 文件用于配置 YARN 的属性，包括指定 namenodeManager 获取数据的方式和指定 resourceManager 的地址。把 yarn-site.xml 文件配置成如下内容：

```
<configuration>
<property>
<name>yarn.resourcemanager.hostname</name>
<value>Master</value>
</property>
<property>
<name>yarn.nodemanager.aux-services</name>
<value>mapreduce_shuffle</value>
</property>
</configuration>
```

上述 5 个文件配置完成后，需要把 Master 节点上的/usr/local/hadoop 目录复制到各个节点上。如果之前运行过伪分布式模式，建议在切换到分布式模式之前先删除在伪分布模式下生成的临时文件。具体来说，在 Master 节点上实现上述要求的命令如下：

```
$ cd /usr/local
$ sudo rm -r ./hadoop/tmp              #删除 Hadoop 临时文件
$ sudo rm -r ./hadoop/logs/*           #删除日志文件
$ tar -zcf ~/hadoop.master.tar.gz ./hadoop   #先压缩再复制
$ cd ~
$ scp ./hadoop.master.tar.gz Slave1:/home/hadoop
```

然后在 Slave1 节点上执行如下命令：

```
$ sudo rm -r /usr/local/hadoop          #删除旧的/usr/local/hadoop 目录(如果存在)
$ sudo tar -zxf ~/hadoop.master.tar.gz -C /usr/local
$ sudo chown -R hadoop /usr/local/hadoop
```

Hadoop 集群包含两个基本模块：分布式文件系统 HDFS 和分布式计算框架

MapReduce。首次启动 Hadoop 集群时,需要先在 Master 节点上格式化分布式文件系统 HDFS,命令如下:

```
$ hdfs namenode - format
```

HDFS 分布式文件系统格式化成功后,就可以输入启动命令启动 Hadoop 集群了。 Hadoop 是主从架构,启动时由主节点带动从节点,所以启动集群的操作需要在主节点 Master 上完成。在 Master 节点上启动 Hadoop 集群的命令如下:

```
$ start-dfs.sh
$ start-yarn.sh
$ mr-jobhistory-daemon.sh start historyserver    #启动 Hadoop 历史服务器
```

Hadoop 自带了一个历史服务器,可以通过历史服务器查看已经运行完成的 MapReduce 作业记录,例如用了多少个 Map、用了多少个 Reduce、作业提交时间、作业启 动时间、作业完成时间等信息。默认情况下,Hadoop 历史服务器是没有启动的。

通过 jps 命令可以查看各个节点所启动的进程。如果已经正确启动,则在 Master 节 点 上 可 以 看 到 DataNode、NameNode、ResourceManager、SecondaryNameNode、 JobHistoryServer 和 NodeManager 进程,就表示主节点进程启动成功,如下所示:

```
hadoop@Master:~ $ jps
3776 DataNode
6032 ResourceManager
3652 NameNode
6439 JobHistoryServer
6152 NodeManager
3976 SecondaryNameNode
6716 Jps
```

在 Slave1 节点的终端执行 jps 命令,在打印结果中可以看到 DataNode 和 NodeManager 进程,就表示从节点进程启动成功,如下所示:

```
hadoop@Slave1:~$ jps
3154 NodeManager
3042 DataNode
3274 Jps
```

在 Master 节点上启动 Firefox 浏览器,在地址栏中输入 http://master:50070,检查 名称节点和数据节点是否正常。Web 页面如图 2-46 所示。通过 HDFS 名称节点的 Web 页面,用户可以查看 HDFS 中各个节点的分布信息,浏览名称节点上的存储、登录等日 志。此外,用户还可以查看整个集群的磁盘总容量、HDFS 已经使用的存储空间、非 HDFS 已经使用的存储空间、HDFS 剩余的存储空间等信息,以及集群中的活动节点数和 宕机节点数。

图 2-46　HDFS 的 Web 页面

关闭 Hadoop 集群,需要在 Master 节点执行如下命令:

```
$ stop-yarn.sh
$ stop-dfs.sh
$ mr-jobhistory-daemon.sh stop historyserver
```

此外,还可以全部启动或者全部停止 Hadoop 集群,启动命令是 start-all.sh,停止命令是 stop-all.sh。

5. 执行分布式实例

执行分布式实例过程与执行伪分布式实例过程一样,首先创建 HDFS 上的用户目录,命令如下:

```
hadoop@Master:~$ hdfs dfs -mkdir -p /user/hadoop
```

然后在 HDFS 中创建 input 目录,并把/usr/local/hadoop/etc/hadoop 目录中的配置文件作为输入文件复制到 input 目录中,命令如下:

```
hadoop@Master:~$ hdfs dfs -mkdir input
hadoop@Master:~$ hdfs dfs -put /usr/local/hadoop/etc/hadoop/ * .xml input
```

接下来,就可以运行 MapReduce 作业了,命令如下:

```
$ hadoop jar /usr/local/hadoop/share/hadoop/mapreduce/hadoop - mapreduce -
examples- * .jar grep input output 'dfs[a-z.]+'
$ hdfs dfs -cat output/ *                    #查看 HDFS 中 output 目录的内容
```

该命令的输出结果如下所示:

```
1    dfsadmin
1    dfs.replication
1    dfs.namenode.secondary.http
1    dfs.namenode.name.dir
1    dfs.datanode.data.dir
```

6. 运行 PI 实例

在数学领域,计算圆周率 π 的方法有很多。在 Hadoop 自带的 examples 中就存在着一种利用分布式系统计算圆周率的方法。下面通过运行程序检查 Hadoop 集群是否安装配置成功,命令如下。

```
$ hadoop jar /usr/local/hadoop/share/hadoop/mapreduce/hadoop-mapreduce-
examples- * .jar pi 10 100
```

Hadoop 的命令类似于 Java 命令,通过参数 jar 指定要运行的程序所在的 JAR 包,其名称为 hadoop-mapreduce-examples- * .jar。参数 pi 表示需要计算的圆周率。再看后面的两个参数(10 和 100),第一个参数指定要运行 10 次 Map 任务,第二个参数指定每个 Map 的任务次数,执行结果如下所示:

```
Job Finished in 85.12 seconds
Estimated value of Pi is 3.14800000000000000000
```

如果以上的验证都没有问题,说明 Hadoop 集群配置成功。

2.6　Spark 的安装与配置

Spark 运行模式可分为单机模式、伪分布式模式和完全分布式模式。下面只给出单机模式和伪分布模式的配置过程。

2.6.1　下载 Spark 安装文件

由于之前已经安装了版本为 hadoop-2.7.7.tar.gz 的 Hadoop,这里登录 Linux 系统,打开浏览器,访问 Spark 官网,将安装包 spark-3.2.0-bin-hadoop2.7.tgz 下载到"/home/hadoop/下载"目录下。

下载完安装包以后,需要对文件进行解压。按照 Linux 系统使用的默认规范,用户安装的软件一般都存放在/usr/local 目录下。使用 hadoop 用户登录 Linux 系统,打开一个终端,执行如下命令将下载的 spark-3.2.0-bin-hadoop2.7.tgz 解压到/usr/local 目录下:

```
$ sudo tar -zxf ~/下载/spark-3.2.0-bin-hadoop2.7.tgz -C /usr/local/      #解压
$ cd /usr/local
$ sudo mv ./spark-3.2.0-bin-hadoop2.7 ./spark                            #更改文件名
$ sudo chown -R hadoop:hadoop ./spark                                    #修改文件权限
```

上面最后一条命令用来把./spark 以及它下面的所有文件和子目录的 owner 改成 hadoop:hadoop,其中 hadoop 是当前登录 Linux 系统的用户名。

2.6.2　单机模式配置

单机模式就是在单机上运行 Spark。安装文件解压缩以后,还需要修改 Spark 的配置文件 spark-env.sh。复制 Spark 安装目录下的 conf 目录下的模板文件 spark-env.sh. template 并重命名为 spark-env.sh,命令如下:

```
$ cd /usr/local/spark
$ cp ./conf/spark-env.sh.template ./conf/spark-env.sh
                              #复制生成 spark-env.sh 文件
```

然后使用 gedit 编辑器打开 spark-env.sh 文件进行编辑,命令如下:

```
$ gedit /usr/local/spark/conf/spark-env.sh
                              #用 gedit 编辑器打开 spark-env.sh 文件
```

在 spark-env.sh 文件的第一行添加以下配置信息:

```
export SPARK_DIST_CLASSPATH=$(/usr/local/hadoop/bin/hadoop classpath)
```

有了上面的配置信息以后,Spark 就可以把数据存储到 Hadoop 分布式文件系统 HDFS 中,也可以从 HDFS 中读取数据。如果没有配置上面的信息,Spark 就只能读写本地数据,无法读写 HDFS 中的数据。

然后通过如下命令修改环境变量:

```
$ gedit ~/.bashrc
```

在.bashrc 文件中添加如下内容:

```
export JAVA_HOME=/opt/jvm/jdk1.8.0_181
export HADOOP_HOME=/usr/local/hadoop
export SPARK_HOME=/usr/local/spark
export PYTHONPATH=$SPARK_HOME/python:$SPARK_HOME/python/lib/py4j-0.10.9.2-
src.zip:$PYTHONPATH
export PYSPARK_PYTHON=python3
export PATH=$HADOOP_HOME/bin:$SPARK_HOME/bin:$PATH
```

PYTHONPATH 环境变量主要是为了在 Python 3 中引入 PySpark 库,PYSPARK_PYTHON 变量主要是设置 PySpark 运行的 Python 版本。PYTHONPATH 这一行中有 py4j-0.10.9.2-src.zip,这个 zip 文件的版本号一定要和/usr/local/spark/python/lib 目录下的 py4j-0.10.9.2-src.zip 文件保持一致。

执行如下命令让配置生效:

```
$ source ~/.bashrc
```

完成上述步骤后,就可以实现 Hadoop(伪分布式模式)和 Spark(单机模式)相互协作,由 Hadoop 的 HDFS、HBase 等组件负责数据的存储和管理,由 Spark 负责数据计算。

Spark 配置完成后就可以直接使用,不需要像 Hadoop 那样运行启动命令。通过运行 Spark 自带的求圆周率的近似值实例,以验证 Spark 是否安装成功,命令如下:

```
$ cd /usr/local/spark/bin              #进入 Spark 安装包的 bin 目录
$ ./run-example SparkPi                #运行求圆周率的近似值实例
```

运行时会输出很多屏幕信息,不容易找到最终的输出结果,为了从大量的输出信息中快速找到运行结果,可以通过 grep 命令进行过滤:

```
$ ./run-example SparkPi 2>&1 | grep "Pi is roughly"
```

过滤后的运行结果如图 2-47 所示,可以得到圆周率的近似值。

```
hadoop@Master:/usr/local/spark/bin$ ./run-example SparkPi 2>&1 | grep "Pi is roughly"
Pi is roughly 3.1380356901784507
```

图 2-47　使用 grep 命令过滤后的运行结果

为了能够让 Spark 操作 HDFS 中的数据,需要先启动伪分布式模式的 HDFS。打开一个 Linux 终端,在终端中输入如下命令启动 HDFS:

```
$ gedit ~/.bashrc
$ cd /usr/local/hadoop
$ ./sbin/start-dfs.sh
```

HDFS 启动完成后,可以通过 jps 命令判断 HDFS 是否成功启动:

```
$ jps
3875 NameNode
4022 DataNode
4344 Jps
4236 SecondaryNameNode
```

若显示类似上面所示的信息,说明 HDFS 已成功启动,然后 Spark 就可以读写 HDFS 中的数据了。

不再使用 HDFS 时,可以使用如下命令关闭 HDFS:

```
$ ./sbin/stop-dfs.sh
```

2.6.3　伪分布式模式配置

Spark 伪分布式模式是在一台计算机上既有 Master 进程又有 Worker 进程。Spark

伪分布式模式环境可在 Hadoop 伪分布式模式的基础上搭建。下面介绍如何配置 Spark 伪分布式模式环境。

1. 将 Spark 安装包解压到/usr/local 目录下

下载完 Spark 安装包以后,将 Spark 安装包解压到/usr/local 目录下。使用 hadoop 用户登录 Linux 系统,打开一个终端,执行如下命令将下载的 spark-3.2.0-bin-hadoop2.7. tgz 解压到/usr/local 目录下:

```
$ sudo tar -zxf ~/下载/spark-3.2.0-bin-hadoop2.7.tgz -C /usr/local/    #解压
$ cd /usr/local
$ sudo mv ./spark-3.2.0-bin-hadoop2.7 ./spark      #更改文件名
$ sudo chown -R hadoop:hadoop ./spark        #hadoop 是当前登录 Linux 系统的用户名
```

2. 复制模板文件 spark-env.sh.template 得到 spark-env.sh

复制 Spark 安装目录下的 conf 目录下的模板文件 spark-env.sh.template 为 spark-env.sh,命令如下。

```
$ cd /usr/local/spark
$ cp ./conf/spark-env.sh.template ./conf/spark-env.sh
                                         #复制生成 spark-env.sh 文件
```

然后使用 gedit 编辑器打开 spark-env.sh 文件进行编辑,命令如下:

```
$ gedit /usr/local/spark/conf/spark-env.sh   #用 gedit 编辑器打开 spark-env.sh
                                             #文件
```

在该文件的末尾添加以下配置信息:

```
export JAVA_HOME=/opt/jvm/jdk1.8.0_181
export HADOOP_HOME=/usr/local/hadoop
export HADOOP_CONF_DIR=/usr/local/hadoop/etc/hadoop
export SPARK_MASTER_IP=Master
export SPARK_LOCAL_IP=Master
```

然后保存并关闭该文件。对上面添加的参数的说明如表 2-1 所示。

表 2-1　在 spark-env.sh 中添加的参数

参　　数	说　　明
JAVA_HOME	Java 的安装路径
HADOOP_HOME	Hadoop 的安装路径
HADOOP_CONF_DIR	Hadoop 配置文件的路径

续表

参　　数	说　　明
SPARK_MASTER_IP	Spark 主节点的 IP 地址或计算机名称
SPARK_LOCAL_IP	Spark 本地的 IP 地址或计算机名称

3. 切换到/sbin 目录下启动集群

启动 Spark 伪分布式模式之前,先启动 Hadoop 环境,执行下面的命令启动 Hadoop:

```
$ cd /usr/local/hadoop
$ ./sbin/start-dfs.sh
```

切换到/sbin 目录下,执行如下命令启动 Spark 伪分布式模式:

```
$ cd /usr/local/spark/sbin
$ ./start-all.sh                    #启动命令,停止命令为./stop-all.sh
$ jps                              #查看进程
3875 NameNode
4022 DataNode
15082 Master
15243 Jps
15196 Worker
4236 SecondaryNameNode
```

通过上面的 jps 命令查看进程,输出结果既有 Master 进程又有 Worker 进程,说明
Spark 伪分布式模式启动成功。

注意:如果 Spark 不使用 HDFS,那么就不用启动 Hadoop,此时也可以正常使用
Spark;如果在使用 Spark 的过程中需要用到 HDFS,就要首先启动 Hadoop。

4. 验证 Spark 是否安装成功

通过运行 Spark 自带的求圆周率的近似值实例验证 Spark 是否安装成功,命令如下:

```
$ cd /usr/local/spark/bin            #进入 Spark 安装包的 bin 目录
```

运行求圆周率的近似值实例,并结合 grep 命令进行计算结果过滤。

```
$ ./run-example SparkPi 2>&1 | grep "Pi is roughly"
Pi is roughly 3.14088
```

注意:由于计算圆周率的近似值时采用了随机数,所以每次计算结果也会有差异。

2.7　使用 PySpark 编写 Python 代码

　　Spark 支持 Scala 和 Python 两种编程语言。由于 Spark 框架本身是使用 Scala 语言
开发的，使用 Scala 语言更贴近 Spark 的内部实现，所以使用 spark-shell 命令会默认进入
Scala 的交互式编程环境。

　　在 Spark 的安装目录下执行./bin/spark-shell 命令，进入 Scala 的交互式编程环境：

```
$ cd /usr/local/spark
$ ./bin/spark-shell
```

　　Spark Shell 启动后的界面如图 2-48 所示，从中可以看到 Spark 的版本为 3.2.0，
Spark 内嵌的 Scala 版本为 2.12.15，Java 版本为 1.8.0_181。

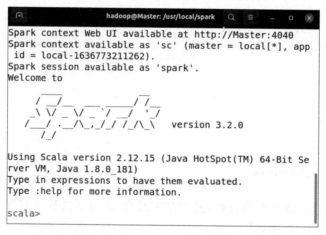

图 2-48　Spark Shell 启动后的界面

　　可以执行":quit"语句退出 Scala 的交互式编程环境。

```
scala> :quit
```

　　Spark 为了支持 Python，在 Spark 社区发布了 PySpark 工具，它是 Spark 为 Python
开发者提供的 API。进入 PySpark Shell 就可以使用 PySpark 了。

　　如果按照前面所述将/usr/local/spark/bin 目录加入环境变量 PATH 中，那么就可
以直接使用如下命令启动 PySpark 交互式编程环境：

```
$ pyspark
```

　　启动 PySpark 交互式编程环境后，就会进入 Python 命令提示符界面，如图 2-49 所示。
从图 2-49 中可以看出，PySpark 当前使用的 Python 版本为 3.8.10。

　　进入 PySpark 的交互式编程环境后，输入一条语句，按 Enter 键，PySpark 会立即执

图 2-49　PySpark Shell 提供的 Python 命令提示符界面

行该语句并返回结果，具体实例如下：

```
>>> print("Hello PySpark")
Hello PySpark
```

如果没有将/usr/local/spark/bin 目录加入环境变量 PATH 中，可以用如下命令启动 PySpark：

```
$ cd /usr/local/spark
$ ./bin/pyspark
```

执行 quit()语句可以退出 PySpark 的交互式编程环境。

2.8　安装 pip 工具和常用的数据分析库

如果没有安装 Python 扩展库管理工具 pip，可以打开一个终端，使用以下命令安装 pip：

```
$ sudo apt-get install python3-pip
```

安装 NumPy：

```
$ python3 pip install numpy
```

然后，启动 PySpark，就可以使用 NumPy 了。

使用如下命令安装 Matplotlib 绘图库：

```
pip3 install matplotlib
```

2.9　安装 Anaconda 和配置 Jupyter Notebook

2.9.1　安装 Anaconda

到 Anaconda 清华大学镜像网站 https://mirrors.tuna.tsinghua.edu.cn/anaconda/

archive/下载安装文件，这里下载的是 Anaconda3-5.3.1-Linux-x86_64.sh，将其下载到 /home/hadoop 目录下。执行如下命令开始安装 Anaconda：

```
$ cd /home/hadoop
$ bash Anaconda3-5.3.1-Linux-x86_64.sh
```

执行命令以后，如图 2-50 所示，会提示用户查看许可文件，在此直接按 Enter 键，就会显示软件许可文件。可以不断地按 Enter 键，直到许可文件的末尾。

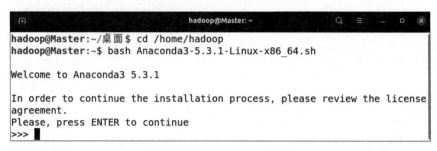

图 2-50　启动 Anaconda 的安装

阅读完许可文件以后，会询问用户是否接受许可条款，输入 yes 后按 Enter 键即可，如图 2-51 所示。

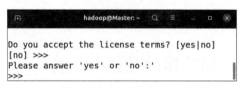

图 2-51　询问是否接受许可条款

接下来，会出现图 2-52 所示界面，提示选择安装路径。这里不要自己指定路径，直接按 Enter 键（然后 Anaconda 就会被安装到默认路径，这里是/home/hadoop/anaconda3）。

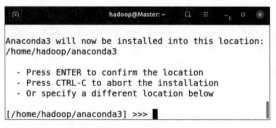

图 2-52　选择安装路径

安装过程中会出现图 2-53 所示的提示，询问用户是否进行 Anaconda3 初始化，也就是设置一些环境变量。这里输入 yes，然后按 Enter 键。

Anaconda 安装成功以后，可以看到图 2-54 所示的信息。

安装结束后，关闭当前终端，然后重新打开一个终端，查看 Anaconda 的版本信息，命

```
                   hadoop@Master: ~        Q  ☰  -  □  ✕
      For best results, please verify that your PYTHO
NPATH only points to
      directories of packages that are compatible wit
h the Python interpreter
      in Anaconda3: /home/hadoop/anaconda3
Do you wish the installer to initialize Anaconda3
in your /home/hadoop/.bashrc ? [yes|no]
[no] >>> yes
```

图 2-53　询问是否进行 Anaconda3 初始化

```
                   hadoop@Master: ~        Q  ☰  -  □  ✕
Initializing Anaconda3 in /home/hadoop/.bashrc
A backup will be made to: /home/hadoop/.bashrc-anac
onda3.bak

For this change to become active, you have to open
a new terminal.

Thank you for installing Anaconda3!
```

图 2-54　Anaconda 安装成功的界面

令如下：

```
$ anaconda -V
anaconda Command line client (version 1.7.2)
```

2.9.2　配置 Jupyter Notebook

在安装 Anaconda 时默认自动安装 Jupyter Notebook。下面开始配置 Jupyter Notebook，在终端中执行如下命令：

```
$ jupyter notebook --generate-config
Writing default config to: /home/hadoop/.jupyter/jupyter_notebook_config.py
```

然后，在终端中执行如下命令：

```
$ cd /home/hadoop/anaconda3/bin
$ ./python
```

执行效果如图 2-55 所示。

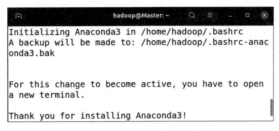

```
hadoop@Master:~/anaconda3/bin$ ./python
Python 3.7.0 (default, Jun 28 2018, 13:15:42)
[GCC 7.2.0] :: Anaconda, Inc. on linux
Type "help", "copyright", "credits" or "license" for more information.
>>> ▮
```

图 2-55　进入 Python 命令提示符界面

然后，在 Python 命令提示符＞＞＞后面输入如下命令：

```
>>> from notebook.auth import passwd
>>> passwd()
Enter password:
```

执行后，提示输入密码（如输入 123456），随后会让用户确认密码，然后系统会生成一个密码字符串，这里生成的密码字符串是

```
'sha1:73db209e7633:571704e7158e5dbda476c2cb086a5862ee34da94'
```

需要记下该字符串，后面用于配置密码。

然后，在 Python 命令提示符>>>后面输入"exit()"，退出 Python。

在终端输入如下命令开始配置文件：

```
$ sudo gedit ~/.jupyter/jupyter_notebook_config.py
```

进入配置文件页面，在文件的开头增加以下内容：

```
c.NotebookApp.ip='*'                                  #设置所有 IP 地址均可访问
c.NotebookApp.password = 'sha1:73db209e7633:571704e7158e5dbda476c2cb086a58-
62ee34da94'
#这是前面生成的密码字符串
c.NotebookApp.open_browser=False                      #禁止自动打开浏览器
c.NotebookApp.port=8888                               #端口
c.NotebookApp.notebook_dir= '/home/hadoop/jupyternotebook'
#设置 Notebook 启动后进入的目录
```

然后保存并关闭文件。

c.NotebookApp.notebook_dir = '/home/hadoop/jupyternotebook'用于设置 Jupyter Notebook 启动后进入的目录。由于该目录还不存在，可使用如下命令创建：

```
$ mkdir /home/hadoop/jupyternotebook
```

2.9.3 运行 Jupyter Notebook

在终端输入如下命令运行 Jupyter Notebook：

```
$ jupyter notebook
```

执行 jupyter notebook 命令后的界面如图 2-56 所示。

打开浏览器，输入 http://localhost:8888，会弹出登录界面，输入前面生成密码字符串时输入的密码 123456，单击 Log in 按钮，如图 2-57 所示。

登录后的界面如图 2-58 所示。这时，Jupyter Notebook 的工作目录是/home/hadoop/jupyternotebook，该目录下没有任何文件。

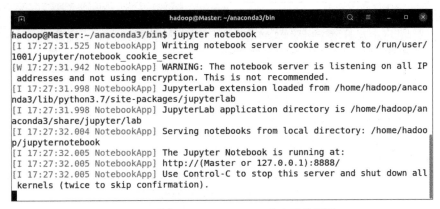

图 2-56　执行 jupyter notebook 命令后的界面

图 2-57　登录界面

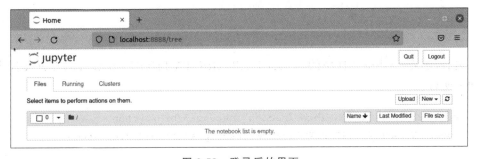

图 2-58　登录后的界面

可以在界面中单击 New 按钮，在弹出的子菜单中单击 Python 3 命令，就可打开编写 Python 代码的页面，如图 2-59 所示。在文本框中输入 Python 代码，例如 print("Hello Jupyter Notebook!")，然后单击 Run 按钮，就可以执行文本框中的代码。

单击上方的 Untitled，可重新设置代码文件的名称，例如 HelloJupyter，然后单击 Rename 按钮就可实现重命名。重命名后的代码编写页面如图 2-60 所示。

单击图 2-60 中的 🖫 图标可保存编写的代码文件。

2.9.4　配置 Jupyter Notebook 实现和 PySpark 交互

修改配置文件，实现 Jupyter Notebook 与 PySpark 的交互，具体命令如下：

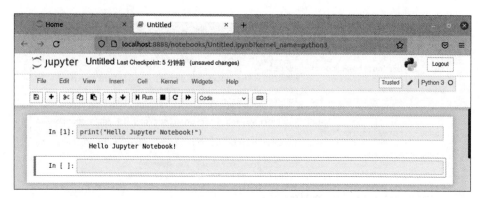

图 2-59　编写 Python 代码的页面

图 2-60　重命名后的代码编写页面

```
$ sudo gedit ~/.bashrc
```

然后，删除.bashrc 文件中的 export PYSPARK_PYTHON＝python3，在该文件中增加如下两行：

```
export PYSPARK_PYTHON=/home/hadoop/anaconda3/bin/python
export PYSPARK_DRIVER_PYTHON=/home/hadoop/anaconda3/bin/python
```

保存并退出该文件，执行如下命令使配置生效：

```
$ source ~/.bashrc
```

在 Jupyter Notebook 的代码编写页面的文本框中输入如下内容：

```
from pyspark import SparkConf, SparkContext
conf = SparkConf().setMaster("local").setAppName("MyApp")
sc = SparkContext(conf = conf)
arr = [1, 2, 3, 4, 5, 6]
rdd = sc.parallelize(arr)          #把 arr 这个数据集并行化到节点上来创建 RDD
rdd.collect()                      #以列表形式返回 RDD 中的所有元素
```

　　然后，单击页面上的 Run 按钮运行该代码，会在文本框下面给出运行结果，如图 2-61
所示。

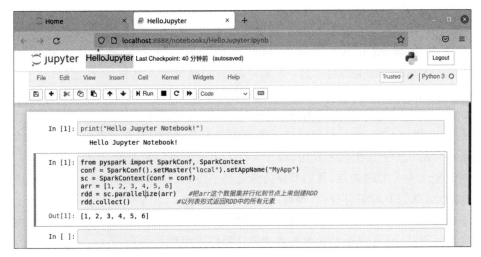

图 2-61　运行代码的页面

　　注意，出现运行结果以后，单击 Run 按钮无法实现重新运行代码。如果要再次运行
代码，可以先单击界面上的 C 按钮，然后会弹出如图 2-62 所示的对话框，可以单击
Restart 按钮，重新启动内核。

图 2-62　重新启动内核对话框

　　这时，再次单击 Run 按钮，就可以成功运行代码了。
　　注意：在使用 Jupyter Notebook 调试 PySpark 程序时，有些代码的输出信息可能无
法从代码编写和运行页面上看到，这时需要到终端界面上查看。
　　如果要退出 Jupyter Notebook，可以回到终端界面（正在运行 Jupyter Notebook 的界
面），按快捷键 Ctrl＋C，出现提示，输入字母 y，就可以退出了。

2.9.5　为 Anaconda 安装扩展库

　　可通过"conda install 扩展库名"（或"pip install 扩展库名"）命令安装 Anaconda 所需
的扩展库。

2.10　拓展阅读——Spark 诞生的启示

Spark 拥有 Hadoop MapReduce 所具有的优点，Spark 在作业中间的输出结果可以保存在内存中，从而不再需要读写 HDFS，因此 Spark 的性能以及运算速度高于 MapReduce。Spark 诞生的启示是：人无完人，所以应该取人之长、补己之短。

清代诗人顾嗣协在首《杂兴》诗中写道：“骏马能历险，力田不如牛。坚车能载重，渡河不如舟。舍长以就短，智者难为谋。生材贵适用，慎勿多苛求。”

孔子曰：“三人行，则必有我师焉。择其善者而从之，其不善者而改之。”每个人都应该具备这样的认知：在我们的身边，每个人都可能成为我们的老师。

对于别人身上的闪光点，我们要保持谦逊的态度，去认真观察，去尝试学习；对于别人身上的缺点，我们要对照自身，有则改之，无则加勉。

不能因为别人某些地方不如自己，就觉得别人无论做什么事情都不如自己。骄傲自满只会让人退步，只有谦逊的学习态度才能让我们变得更加优秀。

南宋诗人卢梅坡有一句诗说得好：“梅须逊雪三分白，雪却输梅一段香。”尺有所短，寸有所长。每个人都有自己的长处和短处，我们要学会正视自己的不足，能够学习别人的长处，取长补短，不断进步。

2.11　习题

1. 简述 Spark 的优点。
2. 简述 Spark 的应用场景。
3. 简述 Spark 的几个主要概念：RDD、分区、DAG。

Spark RDD 编程

RDD 是 Spark 的核心概念。Spark 基于 Python 语言提供了对 RDD 的转换操作和行动操作,通过这些操作可实现复杂的应用。本章主要介绍 RDD 创建的方式、RDD 转换操作、RDD 行动操作、RDD 之间的依赖关系和 RDD 的持久化,最后给出案例实战——利用 Spark RDD 实现词频统计。

3.1　RDD 的创建方式

RDD 的
创建方式

传统的 MapReduce 虽然具有自动容错、平衡负载和可拓展性的优点,但是其最大的缺点是在迭代计算式的时候要进行大量的磁盘 I/O 操作,而 RDD 正是为解决这一缺点而出现的。

Spark 数据处理引擎 Spark Core 是建立在统一的抽象弹性分布式数据集(RDD)之上的,这使得 Spark 的 Spark Streaming、Spark SQL、Spark MLlib、Spark GraphX 等应用组件可以无缝地进行集成,能够在同一个应用程序中完成大数据处理。RDD 是 Spark 对具体数据对象的一种抽象(封装),本质上是一个只读的分区(partition)记录集合,每个分区就是一个数据集片段,每个分区对应一个任务。一个 RDD 的不同分区可以保存到集群中的不同节点上,对 RDD 进行操作,相当于对 RDD 的每个分区进行操作。RDD 中的数据对象可以是 Python、Java、Scala 中任意类型的对象,甚至是用户自定义的对象。Spark 中的所有操作都是基于 RDD 进行的,一个 Spark 应用可以看作一个由 RDD 的创建到一系列 RDD 转化操作再到 RDD 存储的过程。图 3-1 展示了 RDD 的分区及分区与工作节点(worker node)的分布关系,其中的 RDD 被切分成 4 个分区。

RDD 最重要的特性是容错性。如果 RDD 某个节点上的分区因为节点故障导致数据丢了,那么 RDD 会自动通过自己的数据来源重新计算得到该分区,这一切对用户是透明的。

创建 RDD 有两种方式:通过 Spark 应用程序中的数据集创建;使用本地及 HDFS、HBase 等外部存储系统上的文件创建。

下面讲解创建 RDD 的常用方式。

3.1.1　使用程序中的数据集创建 RDD

可通过调用 SparkContext 对象的 parallelize()方法并行化程序中的数据集

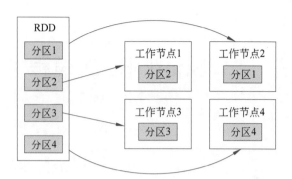

图 3-1　RDD 的分区及分区与工作节点的分布关系

合以创建 RDD。可以序列化 Python 对象得到 RDD。例如:

```
>>> arr = [1, 2, 3, 4, 5, 6]
>>> rdd = sc.parallelize(arr)          #把 arr 这个数据集并行化到节点上以创建 RDD
>>> rdd1 = sc.parallelize([('a', 7), ('a', 2), ('b', 2)])
>>> rdd2 = sc.parallelize(range(100))
>>> rdd3 = sc.parallelize([('a', [1, 2, 3]), ('b', [4, 5, 6])])
>>> rdd.collect()                      #以列表形式返回 RDD 中的所有元素
[1, 2, 3, 4, 5, 6]
>>> rdd3.collect()
[('a', [1, 2, 3]), ('b', [4, 5, 6])]
```

在上述语句中,使用了 Spark 提供的 SparkContext 对象,名称为 sc,这是 PySpark 启动的时候自动创建的,在交互式编程环境中可以直接使用。如果编写脚本程序文件,则在程序文件中通过如下语句创建 sc:

```
from pyspark import SparkConf, SparkContext
conf = SparkConf().setAppName("Spark Demo").setMaster("local")
sc = SparkContext(conf = conf)
```

任何 Spark 程序都是从 SparkContext 开始的,SparkContext 的初始化需要一个 SparkConf 对象,SparkConf 包含了 Spark 集群配置的各种参数。创建 SparkContext 对象后,就可以使用 SparkContext 对象所包含的各种方法创建和操作 RDD。

实际上,RDD 也是一个数据集合。与 Python 的 list(列表)对象不同的是,RDD 的数据可能分布于多台计算机上。

在调用 parallelize()方法时,可以设置一个参数指定将一个数据集合切分成多少个分区,例如,parallelize(arr, 3)指定 RDD 的分区数是 3。Spark 会为每一个分区运行一个任务,对其进行处理。Spark 默认会根据集群的情况设置分区的数量。当调用 parallelize()方法时,若不指定分区数,则使用系统给出的分区数。例如:

```
>>> rdd4 = sc.parallelize([1, 2, 3, 4, 5, 6], 3)
```

```
>>> rdd4.getNumPartitions()          #获取 rdd4 的分区数
3
```

RDD 对象的 glom()方法分别将 RDD 对象的每个分区上的元素分别放入一个列表中,返回一个由这些列表组成的新 RDD。例如:

```
>>> rdd4.glom().collect()
[[1, 2], [3, 4], [5, 6]]
```

3.1.2　使用文本文件创建 RDD

Spark 可以使用任何 Hadoop 支持的存储系统上的文件(如 HDFS、HBase 以及本地文件)创建 RDD。调用 SparkContext 对象的 textFile()方法读取文件的位置,即可创建 RDD。textFile()方法支持针对目录、文本文件、压缩文件以及通配符匹配的文件进行 RDD 的创建。

Spark 支持的常见文件格式如表 3-1 所示。

表 3-1　Spark 支持的常见文件格式

文 件 格 式	数 据 类 型	描　　　述
文本文件	非结构化	普通的文本文件,每行一条记录
JSON	半结构化	常见的基于文本的格式
CSV	结构化	常见的基于文本的格式,通常应用在电子表格中
SequenceFile	结构化	用于键值对数据的常见 Hadoop 文件格式
对象文件	结构化	用来存储 Spark 作业中的数据,给共享的代码读取

1. 读取 HDFS 中的文本文件创建 RDD

在 HDFS 中有一个文件名为/user/hadoop/input/data.txt,其内容如下:

```
Business before pleasure.
Nothing is impossible to a willing heart.
I feel strongly that I can make it.
```

在读取该文件创建 RDD 之前,需要先启动 Hadoop 系统,命令如下:

```
$ cd /usr/local/hadoop
$ ./sbin/start-dfs.sh                #启动 Hadoop
#读取 HDFS 上的文件创建 RDD
>>> rdd = sc.textFile("/user/hadoop/input/data.txt")
>>> rdd.foreach(print)               #输出 rdd 中的每个元素
Business before pleasure.
```

```
Nothing is impossible to a willing heart.
I feel strongly that I can make it.
>>> rdd.keys().collect()                              #获取 rdd 的 key
['B', 'N', 'I']
```

执行 rdd ＝ sc.textFile("/user/hadoop/input/data.txt")语句后，Spark 从 data.txt 文件中加载数据到内存中，在内存中生成一个 RDD 对象 rdd。这个 rdd 里面包含了若干元素，元素的类型是字符串，从 data.txt 文件中读取的每一行文本内容都成为 rdd 中的一个元素。

使用 textFile()方法读取文件创建 RDD 时，可指定分区的个数。例如：

```
>>> rdd = sc.textFile("/user/hadoop/input/data.txt", 3)
                                              #创建包含 3 个分区的 RDD 对象
```

2. 读取本地的文本文件创建 RDD

读取 Linux 本地文件也是通过 sc.textFile("路径")方法实现的，但需要在路径前面加上"file："以表示从 Linux 本地文件系统读取。在 Linux 本地文件系统上存在一个文件/home/hadoop/data.txt，其内容和上面的 HDFS 中的文件/user/hadoop/input/data.txt 完全一样。

下面给出读取 Linux 本地的/home/hadoop/data.txt 文件创建一个 RDD 的例子：

```
>>> rdd1 = sc.textFile("file:/home/hadoop/data.txt")       #读取本地文件
>>> rdd1.foreach(print)                               #输出 rdd1 中的每个元素
Business before pleasure.
Nothing is impossible to a willing heart.
I feel strongly that I can make it.
```

3. 读取目录创建 RDD

textFile()方法也可以读取目录。将目录作为参数，会将目录中的各个文件中的数据都读入 RDD 中。/home/hadoop/input 目录中有文件 text1.txt 和 text2.txt，text1.txt 中的内容为"Hello Spark"，text2.txt 中的内容为"Hello Python"。

```
>>> rddw1 = sc.textFile("file:/home/hadoop/input")    #读取本地文件夹
>>> rddw1.collect()
['Hello Python', 'Hello Spark']
```

4. 使用 wholeTextFiles()方法读取目录创建 RDD

SparkContext 对象的 wholeTextFiles()方法也可用来读取给定目录中的所有文件，可在输入路径时使用通配符（如 part-＊.txt）。wholeTextFiles()方法会返回若干键值对组成的 RDD,每个键值对的键是目录中一个文件的文件名,值是该文件名所表示的文件的内容。

```
>>> rddw2 = sc.wholeTextFiles ("file:/home/hadoop/input")     #读取本地目录
>>> rddw2.collect()
[('file:/home/hadoop/input/text2.txt', 'Hello Python\n'),
 ('file:/home/hadoop/input/text1.txt', 'Hello Spark\n')]
```

3.1.3　使用 JSON 文件创建 RDD

JSON(JavaScript Object Notation,JavaScript 对象标记)是一种轻量级的数据交换格式,JSON 文件在许多编程 API 中都得到支持。简单地说,JSON 可以将 JavaScript 对象表示的一组数据转换为字符串,然后就可以在网络或者程序之间轻松地传递这个字符串,并在需要的时候将它还原为各编程语言所支持的数据格式,是互联网上最受欢迎的数据交换格式。

在 JSON 语言中,一切皆对象。任何支持的类型都可以通过 JSON 表示,例如字符串、数字、对象、数组等。但是对象和数组是比较特殊且常用的两种类型。

对象在 JSON 中是用"{}"括起来的内容,采用{key1:value1,key2:value2,…}这样的键值对结构。在面向对象的语言中,key 为对象的属性,value 为对应的值。键名可以用整数和字符串表示,值可以是任意类型。

数组在 JSON 中是用"[]"括起来的内容,例如["Java", "Python", "VB",…]。数组是一种比较特殊的数据类型,数组内也可以像对象那样使用键值对。

JSON 格式的 5 条规则如下:

(1) 并列的数据之间用","分隔。

(2) 映射(键值对)用":"表示。

(3) 并列数据的集合(数组)用"[]"表示。

(4) 映射(键值对)的集合(对象)用"{}"表示。

(5) 元素值可具有的类型为 string、number、object(对象)、array(数组),元素值也可以是 true、false、null。

在 Windows 系统中,可以使用记事本或其他类型的文本编辑器打开 JSON 文件以查看内容;在 Linux 系统中,可以使用 vim 编辑器打开和查看 JSON 文件。

例如,表示中国部分省市的 JSON 数据如下:

```
{
    "name": "中国",
    "province": [{
        "name": "河南",
        "cities": {
            "city": ["郑州", "洛阳"]
        }
```

```
    }, {
        "name": "广东",
        "cities": {
            "city": ["广州", "深圳"]
        }
    }, {
        "name": "陕西",
        "cities": {
            "city": ["西安", "咸阳"]
        }
    }]
}
```

下面再给出一个 JSON 文件示例数据：

```
{
    "code": 0,
    "msg": "",
    "count": 2,
    "data": [
    {
        "id": "101",
        "username": "ZhangSan",
        "city":"XiaMen",
    }, {
        "id": "102",
        "username": "LiMing",
        "city": "ZhengZhou",
    }]
}
```

创建 JSON 文件的一种方法是：新建一个扩展名为.txt 的文本文件，在文件中写入 JSON 数据，保存该文件，将扩展名修改成.json，就成为 JSON 文件了。

在本地文件系统/home/hadoop/目录下有一个 student.json 文件，内容如下：

```
{"学号":"106","姓名":"李明","数据结构":"92"}
{"学号":"242","姓名":"李乐","数据结构":"96"}
{"学号":"107","姓名":"冯涛","数据结构":"84"}
```

从文件内容可看到每个"{…}"中为一个 JSON 格式的数据，一个 JSON 文件包含若干 JSON 格式的数据。

读取 JSON 文件创建 RDD 最简单的方法是将 JSON 文件作为文本文件读取。例如：

```
>>> jsonStr = sc.textFile("file:/home/hadoop/student.json")
>>> jsonStr.collect()
['{"学号":"106","姓名":"李明","数据结构":"92"}', '{"学号":"242","姓名":"李乐",
"数据结构":"96"}', '{"学号":"107","姓名":"冯涛","数据结构":"84"}']
```

3.1.4　使用 CSV 文件创建 RDD

CSV(Comma Separated Values,逗号分隔值)文件是一种用来存储表格数据(数字和文本)的纯文本格式文件。CSV 文件的内容由以",",分隔的一列列数据构成,它可以被导入各种电子表格和数据库中。纯文本意味着该文件是一个字符序列。在 CSV 文件中,列之间以逗号分隔。CSV 文件由任意数目的记录组成,记录间以某种换行符分隔,一行为一条记录。可使用 Word、Excel、记事本等方式打开 CSV 文件。

创建 CSV 文件的方法有很多,最常用的方法是用电子表格创建。例如,在 Excel 中,选择"文件"→"另存为"命令,然后在"文件类型"下拉列表框中选择"CSV(逗号分隔)(＊.csv)",最后单击"保存"按钮,即创建了一个 CSV 文件。

如果 CSV 文件的所有数据字段均不包含换行符,可以使用 textFile()方法读取并解析数据。

例如,/home/hadoop 目录下保存了一个名为 grade.csv 的 CSV 文件,文件内容如下:

```
101,LiNing,95
102,LiuTao,90
103,WangFei,96
```

使用 textFile()方法读取 grade.csv 文件,创建 RDD:

```
>>> gradeRDD = sc.textFile("file:/home/hadoop/grade.csv")       #创建 RDD
>>> gradeRDD.collect()
['101,LiNing,95', '102,LiuTao,90', '103,WangFei,96']
```

3.2　RDD 转换操作

从相关数据源获取数据形成初始 RDD 后,根据应用需求,调用 RDD 对象的转换操作(算子)方法对得到的初始 RDD 进行操作,生成一个新的 RDD。对 RDD 的操作分为两大类型:转换操作和行动操作。Spark 里的计算就是操作 RDD。

转换操作负责对 RDD 中的数据进行计算并转换为新的 RDD。RDD 转换操作是惰性求值的,只记录转换的轨迹,而不会立即转换,直到遇到行动操作时才会与行动操作一起执行。

下面给出 RDD 对象的常用转换操作方法。

映射操作

3.2.1　映射操作

映射操作方法主要有 map（）、flatMap（）、mapValues（）、flatMapValues（）和 mapPartitions（）。

1. map（）

map（func）对一个 RDD 中的每个元素执行 func 函数，通过计算得到新元素，这些新元素组成的 RDD 作为 map（func）的返回结果。例如：

```
>>> rdd1 = sc.parallelize([1, 2, 3, 4])
>>> result=rdd1.map(lambda x:x * 2)     #用 map()对 rdd1 中的每个数进行乘 2 操作
>>> result.collect()                    #以列表形式返回 RDD 中的所有元素
[2, 4, 6, 8]
```

上述代码中，向 map（）操作传入了一个匿名函数 lambda x:x * 2。其中，x 为函数的参数名称，也可以使用其他字符，如 y；x * 2 为函数解析式，用来实现函数的运算。Spark 会将 RDD 中的每个元素依次传入该函数的参数中，返回一个由所有函数值组成的新 RDD。

collect（）为行动操作，将生成的 RDD 对象 result 转化为 list 类型，同时可实现查看 RDD 中数据的效果。

map（func）可用来将一个普通的 RDD 转换为一个键值对形式的 RDD，供只能操作键值对类型的 RDD 使用。

例如，对一个由英语单词组成的文本行，提取其中的第一个单词作为 key，将整个句子作为 value，建立键值对 RDD，具体实现如下：

```
>>> wordsRDD = sc.parallelize(["Who is that", "What are you doing", "Here you
are"])
>>> PairRDD = wordsRDD.map(lambda x: (x.split(" ")[0], x))
>>> PairRDD.collect()
[('Who', 'Who is that'), ('What', 'What are you doing'), ('Here', 'Here you are')]
```

2. flatMap（）

flatMap（func）类似于 map（func），但又有所不同。flatMap（func）中的 func 函数会返回 0 个或多个元素，flatMap（func）将 func 函数返回的元素合并成一个 RDD，作为本操作的返回值。例如：

```
>>> wordsRDD = sc.parallelize(["Who is that", "What are you doing", "Here you
are"])
>>> FlatRDD = wordsRDD.flatMap(lambda x: x.split(" "))
>>> FlatRDD.collect()
['Who', 'is', 'that', 'What', 'are', 'you', 'doing', 'Here', 'you', 'are']
```

flatMap()的一个简单用途是把输入的字符串切分为单词。例如：

```
#定义函数
>>> def tokenize(ws):
        return ws.split(" ")
>>> lines = sc.parallelize(["One today is worth two tomorrows","Better late
than never","Nothing is impossible for a willing heart"])
>>> lines.map(tokenize).foreach(print)
['One', 'today', 'is', 'worth', 'two', 'tomorrows']
['Better', 'late', 'than', 'never']
['Nothing', 'is', 'impossible', 'for', 'a', 'willing', 'heart']
>>> lines.flatMap(tokenize).collect()
['One', 'today', 'is', 'worth', 'two', 'tomorrows', 'Better', 'late', 'than',
'never', 'Nothing', 'is', 'impossible', 'for', 'a', 'willing', 'heart']
```

3. mapValues()

mapValues(func)对键值对组成的 RDD 对象中的每个 value 都执行函数 func()，返回由键值对(key,func(value))组成的新 RDD，但是，key 不会发生变化。键值对 RDD 是指 RDD 中的每个元素都是(key,value)二元组，key 为键，value 为值。例如：

```
>>> rdd = sc.parallelize(["Hadoop","Spark","Hive","HBase"])
>>> pairRdd = rdd.map(lambda x: (x,1))              #转换为键值对 RDD
>>> pairRdd.collect()
[('Hadoop', 1), ('Spark', 1), ('Hive', 1), ('HBase', 1)]
>>> pairRdd.mapValues(lambda x: x+1).foreach(print)   #对每个值加 1
('Hadoop', 2)
('Spark', 2)
('Hive', 2)
('HBase', 2)
```

再给出一个 mapValues()应用示例：

```
>>> rdd1 = sc.parallelize(list(range(1,9)))
>>> rdd1.collect()
[1, 2, 3, 4, 5, 6, 7, 8]
>>> result = rdd1.map(lambda x: (x % 4, x)).mapValues(lambda v: v + 10)
>>> result.collect()
[(1, 11), (2, 12), (3, 13), (0, 14), (1, 15), (2, 16), (3, 17), (0, 18)]
```

4. flatMapValues()

flatMapValues(func)转换操作把键值对 RDD 中的每个键值对的值都传给一个函数处理，对于每个值，该函数返回 0 个或多个输出值，键和每个输出值构成一个二元组，作为

flatMapValues(func)函数返回的新 RDD 中的一个元素。使用 flatMapValues(func)会保留原 RDD 的分区情况。

```
>>> stuRDD = sc.parallelize(['Wang,81|82|83','Li,76|82|80|','Liu,90|88|91'])
>>> kvRDD = stuRDD.map(lambda x: x.split(','))
>>> print('kvRDD: ',kvRDD.take(2))
kvRDD: [['Wang', '81|82|83'], ['Li', '76|82|80|']]
>>> RDD = kvRDD.flatMapValues(lambda x: x.split('|')).map(lambda x:(x[0],int
(x[1])))
>>> print('RDD: ', RDD.take(6))
RDD: [('Wang', 81), ('Wang', 82), ('Wang', 83), ('Li', 76), ('Li', 82), ('Li',
80)]
```

5. mapPartitions()

mapPartitions(func)对每个分区数据执行指定函数。

```
>>> rdd = sc.parallelize([1, 2, 3, 4],2)
>>> rdd.glom().collect()                    #查看每个分区中的数据
[[1, 2], [3, 4]]
>>> def f(x):
        yield sum(x)
>>> rdd.mapPartitions(f).collect()          #对每个分区中的数据执行 f 函数操作
[3, 7]
```

3.2.2 去重操作

去重操作包括 filter()和 distinct()。

1. filter()

filter(func)使用过滤函数 func 过滤 RDD 中的元素，func 函数的返回值为 Boolean 类型，filter(func)执行 func 函数后返回值为 true 的元素，组成新的 RDD。例如：

```
>>> rdd4=sc.parallelize([1,2,2,3,4,3,5,7,9])
>>> rdd4.filter(lambda x:x>4).collect()       #对 rdd4 进行过滤,得到大于 4 的数据
[5, 7, 9]
```

创建 4 名学生考试数据信息的 RDD,学生考试数据信息包括姓名、考试科目、考试成绩,各项之间用空格分隔。下面给出找出成绩为 100 的学生姓名和考试科目的具体命令语句。

（1）创建学生考试数据信息的 RDD:

```
>>> students = sc.parallelize(["XiaoHua Scala 85","LiTao Scala 100","LiMing
Python 95","WangFei Java 100"])
```

（2）将 students 的数据存储为 3 元组：

```
>>> studentsTup = students.map(lambda x : (x.split(" ")[0], x.split(" ")[1],
int(x.split(" ")[2])))
>>> studentsTup.collect()
[('XiaoHua', 'Scala', 85), ('LiTao', 'Scala', 100), ('LiMing', 'Python', 95),
('WangFei', 'Java', 100)]
```

（3）过滤出成绩为 100 的学生的姓名和考试科目：

```
>>> studentsTup.filter(lambda x: x[2]==100).map(lambda x:(x[0], x[1])).
foreach(print)
('LiTao', 'Scala')
('WangFei', 'Java')
```

2. distinct()

distinct([numPartitions])对 RDD 中的数据进行去重操作，返回一个新的 RDD。其中，可选参数 numPartitions 用来设置操作的并行任务个数。例如：

```
>>> Rdd = sc.parallelize([1,2,1,5,3,5,4,8,6,4])
>>> distinctRdd = Rdd.distinct()
>>> distinctRdd.collect()
[1, 2, 5, 3, 4, 8, 6]
```

从返回结果[1，2，5，3，4，8，6]中可以看出，数据已经去重。

3.2.3　排序操作

排序操作包括 sortByKey()和 sortBy()。

1. sortByKey()

sortByKey(ascending，[numPartitions])对 RDD 中的数据集进行排序操作，对键值对类型的数据按照键进行排序，返回一个排序后的键值对类型的 RDD。参数 ascending 用来指定是升序还是降序，默认值是 True，按升序排序。可选参数 numPartitions 用来指定排序分区的并行任务个数。

```
>>> rdd = sc.parallelize([("WangLi", 1), ("LiHua", 3), ("LiuFei", 2),
("XuFeng", 1)])
>>> rdd.collect()
[('WangLi', 1), ('LiHua', 3), ('LiuFei', 2), ('XuFeng', 1)]
>>> rdd1 = rdd.sortByKey(False)                #False 表示降序
>>> rdd1.collect()
[('XuFeng', 1), ('WangLi', 1), ('LiuFei', 2), ('LiHua', 3)]
```

2. sortBy( )

sortBy(keyfunc,[ascending],[numPartitions])使用 keyfunc 函数先对数据进行处理,按照处理后的数据排序,默认为升序。sortBy( )可以指定按键还是按值进行排序。

第一个参数 keyfunc 是一个函数,sortBy( )按 keyfunc 对 RDD 中的每个元素计算的结果对 RDD 中的元素进行排序。

第二个参数是 ascending,决定排序后 RDD 中的元素是升序还是降序。默认是True,按升序排序。

第三个参数是 numPartitions,该参数决定排序后的 RDD 的分区个数。默认排序后的分区个数和排序之前相等。

例如,创建 4 种商品数据信息的 RDD,商品数据信息包括名称、单价、数量,各项之间用空格分隔。命令如下:

```
>>> goods = sc.parallelize(["radio 30 50","soap 3 60","cup 6 50","bowl 4 80"])
```

(1)按键进行排序,等同于 sortByKey( )。
首先将 goods 的数据存储为 3 元组:

```
>>> goodsTup = goods.map(lambda x: (x.split(" ")[0], int(x.split(" ")[1]),
int(x.split(" ")[2])))
```

然后按商品名称进行排序:

```
>>> goodsTup.sortBy(lambda x:x[0]).foreach(print)
('bowl', 4, 80)
('cup', 6, 50)
('radio', 30, 50)
('soap', 3, 60)
```

(2)按值进行排序。
按照商品单价降序排序:

```
>>> goodsTup.sortBy(lambda x:x[1], False).foreach(print)
('radio', 30, 50)
('cup', 6, 50)
('bowl', 4, 80)
('soap', 3, 60)
```

按照商品数量升序排序:

```
>>> goodsTup.sortBy(lambda x:x[2]).foreach(print)
('radio', 30, 50)
('cup', 6, 50)
```

```
('soap', 3, 60)
('bowl', 4, 80)
```

按照商品数量与 7 相除的余数升序排序：

```
>>> goodsTup.sortBy(lambda x:x[2]%7).foreach(print)
('radio', 30, 50)
('cup', 6, 50)
('bowl', 4, 80)
('soap', 3, 60)
```

（3）通过 Tuple 方式，按照数组的元素进行排序：

```
>>> goodsTup.sortBy(lambda x: (-x[1], -x[2])).foreach(print)
('radio', 30, 50)
('cup', 6, 50)
('bowl', 4, 80)
('soap', 3, 60)
```

3.2.4　分组聚合操作

分组聚合操作包括 groupBy()、groupByKey()、groupWith()、reduceByKey() 和 combineByKey()。

1. groupBy()

groupBy(func)返回一个按指定条件（用函数 func 表示）对元素进行分组的 RDD。参数 func 可以是有名称的函数，也可以是匿名函数，用来指定对所有元素进行分组的键，或者指定对元素进行求值以确定其所属分组的表达式。注意，groupBy()返回的是一个可迭代对象，称为迭代器。例如：

```
>>> rdd=sc.parallelize([1,2,3,4,5, 6, 7, 8])
>>> res=rdd.groupBy(lambda x:x%2).collect()
>>> for x,y in res:                                 #输出迭代器的具体值
        print(x)
        print(y)
        print(sorted(y))
        print("*."* 44)
1
<pyspark.resultiterable.ResultIterable object at 0x7fe71012ea60>
[1, 3, 5, 7]
********************************************
0
<pyspark.resultiterable.ResultIterable object at 0x7fe70de43bb0>
```

```
[2, 4, 6, 8]
*************************************************
```

2. groupByKey()

groupByKey()对一个由键值对(K,V)组成的 RDD 进行分组聚合操作,返回由键值对(K,Seq[V])组成的新 RDD,Seq[V]表示由键相同的值所组成的序列。

```
>>> rdd=sc.parallelize([("Spark",1),("Spark",1),("Hadoop",1),("Hadoop",1)])
>>> rdd. groupByKey().map(lambda x : (x[0], list(x[1]))).collect()
[('Spark', [1, 1]), ('Hadoop', [1, 1])]
>>> rdd. groupByKey().map(lambda x : (x[0], len(list(x[1])))).collect()
[('Spark', 2), ('Hadoop', 2)]
```

3. groupWith()

groupWith(otherRDD1,otherRDD2,…)把多个 RDD 按键进行分组,输出(键,迭代器)形式的数据。分组后的数据是有顺序的,每个键对应的值是按列出 RDD 的顺序排序的。如果 RDD 没有键,则对应位置取空值。例如:

```
>>> w = sc.parallelize([("a", "w"), ("b", "w")])
>>> x = sc.parallelize([("a", "x"), ("b", "x")])
>>> y = sc.parallelize([("a", "y")])
>>> z = sc.parallelize([("b", "z")])
>>> w.groupWith(x, y, z).collect()
[('b', (<pyspark.resultiterable.ResultIterable object at 0x7fe70de3abb0>,
        <pyspark.resultiterable.ResultIterable object at 0x7fe70ddea2b0>,
        <pyspark.resultiterable.ResultIterable object at 0x7fe70ddea310>,
        <pyspark.resultiterable.ResultIterable object at 0x7fe70ddea370>)),
 ('a', (<pyspark.resultiterable.ResultIterable object at 0x7fe70ddea3d0>,
        <pyspark.resultiterable.ResultIterable object at 0x7fe70ddea430>,
        <pyspark.resultiterable.ResultIterable object at 0x7fe70ddea490>,
        <pyspark.resultiterable.ResultIterable object at 0x7fe70ddea4f0>))]
```

迭代输出每个分组:

```
>>> [(x, tuple(map(list, y))) for x, y in list(w.groupWith(x, y, z).collect())]
[('b', (['w'], ['x'], [], ['z'])), ('a', (['w'], ['x'], ['y'], []))]
```

4. reduceByKey()

reduceByKey(func)对一个由键值对组成的 RDD 进行聚合操作,对键相同的值,使用指定的 func 函数将它们聚合到一起。例如:

```
>>> rdd=sc. parallelize([("Spark",1),("Spark",2),("Hadoop",1),("Hadoop",5)])
>>> rdd.reduceByKey(lambda x, y: x+ y).collect()
[('Spark', 3), ('Hadoop', 6)]
```

下面给出一个统计词频的例子：

```
>>> wordsRDD = sc.parallelize(["HewhodoesnotreachtheGreatWallisnotatrueman", "
He who has never been to the Great Wall is not a true man"])  #创建 RDD
>>> FlatRDD = wordsRDD.flatMap(lambda x: x.split(" "))
>>> FlatRDD.collect()
['He', 'who', 'does', 'not', 'reach', 'the', 'Great', 'Wall', 'is', 'not', 'a',
'true', 'man', ' ', 'He', 'who', 'has', 'never', 'been', 'to', 'the', 'Great', '
Wall', 'is', 'not', 'a', 'true', 'man']
>>> KVRdd = FlatRDD.map(lambda x:(x,1))                      #创建键值对 RDD
>>> KVRdd.collect()
[('He', 1), ('who', 1), ('does', 1), ('not', 1), ('reach', 1), ('the', 1), ('
Great', 1), ('Wall', 1), ('is', 1), ('not', 1), ('a', 1), ('true', 1), ('man', 1),
(' ', 1), ('He', 1), ('who', 1), ('has', 1), ('never', 1), ('been', 1), ('to', 1),
('the', 1), ('Great', 1), ('Wall', 1), ('is', 1), ('not', 1), ('a', 1), ('true',
1), ('man', 1)]
>>> KVRdd.reduceByKey(lambda x, y: x+ y).collect()          #统计词频
[('He', 2), ('who', 2), ('does', 1), ('not', 3), ('reach', 1), ('the', 2), ('
Great', 2), ('Wall', 2), ('is', 2), ('a', 2), ('true', 2), ('man', 2), (' ', 1), ('
has', 1), ('never', 1), ('been', 1), ('to', 1)]
```

5. combineByKey()

combineByKey(createCombiner,mergeValue,mergeCombiners)是对键值对 RDD 中的每个键值对按照键进行聚合操作，即合并相同键的值。聚合操作的逻辑是通过自定义函数提供给 combineByKey()方法的，把键值对(K,V)类型的 RDD 转换为键值对(K,C)类型的 RDD，其中 C 表示聚合对象类型。

3 个参数含义如下：

（1）createCombiner 是函数。在遍历(K,V)时，若 combineByKey()是第一次遇到键为 K 的键值对，则对该键值对调用 createCombiner 函数将 V 转换为 C，C 会作为 K 的累加器的初始值。

（2）mergeValue 是函数。在遍历(K,V)时，若 comineByKey()不是第一次遇到键为 K 的键值对，则对该键值对调用 mergeValue 函数将 V 累加到 C 中。

（3）mergeCombiners 是函数。combineByKey()是在分布式环境中执行的，RDD 的每个分区单独进行 combineBykey()操作，最后需要利用 mergeCombiners 函数对各个分区进行最后的聚合。

下面给出一个例子。

(1) 定义 createCombiner 函数:

```
>>> def createCombiner(value):
        return(value,1)
```

(2) 定义 mergeValue 函数:

```
>>> def mergeValue(acc, value):
        return(acc[0]+value, acc[1]+1)
```

(3) 定义 mergeCombiners 函数:

```
>>> def mergeCombiners(acc1, acc2):
        return(acc1[0]+acc2[0], acc1[1]+acc2[1])
```

(4) 创建考试成绩 RDD 对象:

```
>>> Rdd = sc.parallelize([('ID1', 80),('ID2', 85),('ID1', 90),('ID2', 95),
('ID3', 99)], 2)
>>> combineByKeyRdd = Rdd. combineByKey (createCombiner, mergeValue,
mergeCombiners)
>>> combineByKeyRdd.collect()
[('ID1', (170, 2)), ('ID2', (180, 2)), ('ID3', (99, 1))]
```

(5) 求平均成绩:

```
>>> avgRdd = combineByKeyRdd.map(lambda x:(x[0],float(x[1][0])/x[1][1]))
>>> avgRdd.collect()
[('ID1', 85.0), ('ID2', 90.0), ('ID3', 99.0)]
```

3.2.5 集合操作

集合操作包括 union()、intersection()、subtract()和 cartesian()。

1. union()

union(otherRDD)对源 RDD 和参数 otherRDD 指定的 RDD 求并集后返回一个新的 RDD,不进行去重操作。例如:

```
>>> rdd1 = sc.parallelize(list(range(1,5)))
>>> rdd2 = sc.parallelize(list(range(3,7)))
>>> rdd1.union(rdd2).collect()
[1, 2, 3, 4, 3, 4, 5, 6]
```

2. intersection( )

intersection(otherRDD)对源 RDD 和参数 otherRDD 指定的 RDD 求交集后返回一个新的 RDD,且进行去重操作。例如:

```
>>> rdd1.intersection(rdd2).collect()
[4, 3]
```

3. subtract( )

subtract(otherRDD)相当于进行集合的差集操作,即从源 RDD 中去除与参数 otherRDD 指定的 RDD 中相同的元素。例如:

```
>>> rdd1.subtract(rdd2).collect()
[2, 1]
```

4. cartesian( )

cartesian(otherRDD)对源 RDD 和参数 otherRDD 指定的 RDD 进行笛卡儿积操作。例如:

```
>>> rdd1.cartesian(rdd2).collect()
[(1, 3), (1, 4), (1, 5), (1, 6), (2, 3), (2, 4), (2, 5), (2, 6), (3, 3), (3, 4), (3,
5), (3, 6), (4, 3), (4, 4), (4, 5), (4, 6)]
```

3.2.6 抽样操作

抽样操作包括 sample( )和 sampleByKey( )。

1. sample( )

sample(withReplacement,fraction,seed)操作以指定的抽样种子 seed 从 RDD 的数据中抽取比例为 fraction 的数据。withReplacement 表示抽出的数据是否放回,True 为有放回的抽样,False 为无放回的抽样。相同的 seed 得到的随机序列一样。

```
>>> SampleRDD=sc.parallelize(list(range(1,1000)))
>>> SampleRDD.sample(False,0.01,1).collect()        #输出取样
[14, 100, 320, 655, 777, 847, 858, 884, 895, 935]
```

2. sampleByKey( )

sampleByKey(withReplacement,fractions,seed)按键的比例抽样,withReplacement 表示是否有放回,fractions 表示抽样比例,seed 表示抽样种子。例如:

```
>>> fractions = {"a":0.5, "b":0.1}
>>> rdd = sc.parallelize(fractions.keys(),3).cartesian(sc.parallelize
(range(0,10),2))
>>> sample = dict(rdd.sampleByKey(False,fractions,2).groupByKey(3).collect())
>>> [(iter[0],list(iter[1])) for iter in sample.items()]
[('b', [5, 9]), ('a', [1, 4, 5, 7])]
```

3.2.7 连接操作

连接操作包括 join()、leftOuterJoin()、rightOuterJoin()和 fullOuterJoin()。

1. join()

join(otherRDD,[numPartitions])对两个键值对 RDD 进行内连接,将两个 RDD 中键相同的(K,V)和(K,W)进行连接,返回键值对(K,(V,W))。其中,V 表示源 RDD 的值,W 表示参数 otherRDD 指定的 RDD 的值。例如:

```
>>> pairRDD1 = sc.parallelize([("Scala",2), ("Scala", 3), ("Java", 4),
("Python", 8)])
>>> pairRDD2 = sc.parallelize([ ("Scala",3), ("Java", 5), ("HBase", 4),
( "Java", 10)])
>>> pairRDD3 = pairRDD1.join(pairRDD2)
>>> pairRDD3.collect()
[('Java', (4, 5)), ('Java', (4, 10)), ('Scala', (2, 3)), ('Scala', (3, 3))]
```

2. leftOuterJoin()

leftOuterJoin()可用来对两个键值对 RDD 进行左外连接操作,保留第一个 RDD 的所有键。在左外连接中,如果第二个 RDD 中有对应的键,则连接结果中显示为 Some 类型,表示有值可以引用;如果没有,则为 None 值。例如:

```
>>> left_Join = pairRDD1.leftOuterJoin(pairRDD2)
>>> left_Join.collect()
[('Java', (4, 5)), ('Java', (4, 10)), ('Python', (8, None)), ('Scala', (2, 3)),
('Scala', (3, 3))]
```

3. rightOuterJoin()

rightOuterJoin()可用来对两个键值对 RDD 进行右外连接操作,确保第二个 RDD 的键必须存在,即保留第二个 RDD 的所有键。

4. fullOuterJoin()

fullOuterJoin()是全外连接操作,会保留两个 RDD 中所有键的连接结果。例如:

```
>>> full_Join = pairRDD1.fullOuterJoin (pairRDD2)
>>> full_Join.collect()
[('Java', (4, 5)), ('Java', (4, 10)), ('Python', (8, None)), ('Scala', (2, 3)),
('Scala', (3, 3)), ('HBase', (None, 4))]
```

3.2.8　打包操作

zip(otherRDD)将两个 RDD 打包成键值对形式的 RDD,要求两个 RDD 的分区数量以及每个分区中元素的数量都相同。例如:

```
>>> rdd1=sc.parallelize([1, 2, 3], 3)
>>> rdd2=sc.parallelize(["a","b","c"], 3)
>>> zipRDD=rdd1.zip(rdd2)
>>> zipRDD.collect()
[(1, 'a'), (2, 'b'), (3, 'c')]
```

3.2.9　获取键值对 RDD 的键和值集合

对一个键值对 RDD,调用 keys()返回一个仅包含键的 RDD,调用 values()返回一个仅包含值的 RDD。

```
>>> zipRDD.keys().collect()
[1, 2, 3]
>>> zipRDD.values().collect()
['a', 'b', 'c']
```

3.2.10　重新分区操作

重新分区操作包括 coalesce()和 repartition()。

1. coalesce()

在分布式集群里,网络通信的代价很大,减少网络传输可以极大地提升性能。MapReduce 框架的性能开销主要在 I/O 和网络传输两方面。I/O 因为要大量读写文件,性能开销是不可避免的;但可以通过优化方法降低网络传输的性能开销,例如把大文件压缩为小文件可减少网络传输的开销。

I/O 在 Spark 中也是不可避免的,但 Spark 对网络传输进行了优化。Spark 对 RDD进行分区(分片),把这些分区放在集群的多个计算节点上并行处理。例如,把 RDD 分成100 个分区,平均分布到 10 个节点上,一个节点上有 10 个分区。当进行求和型计算的时候,先进行每个分区的求和,然后把分区求和得到的结果传输到主程序进行全局求和,这样就可以降低求和计算时网络传输的开销。

coalesce(numPartitions,shuffle)的作用是:默认使用 HashPartitioner(哈希分区方

式)对 RDD 进行重新分区,返回一个新的 RDD,且该 RDD 的分区个数等于 numPartitions。

参数说明如下:

(1) numPartitions:要生成的新 RDD 的分区个数。

(2) shuffle:指定是否进行洗牌。默认为 False,重设的分区个数只能比 RDD 原有分区数小;如果 shuffle 为 True,重设的分区个数不受原有 RDD 分区个数的限制。

下面给出一个例子:

```
>>> rdd =sc.parallelize(range(1,17), 4)        #创建 RDD,分区个数为 4
>>> rdd.getNumPartitions()                     #查看 RDD 分区个数
4
>>> coalRDD=rdd.coalesce(5)                     #重新分区,分区个数为 5
>>> coalRDD.getNumPartitions()
4
>>> coalRDD1 =rdd.coalesce(5, True)            #重新分区,shuffle 为 True
>>> coalRDD1.getNumPartitions()                #查看 coalRDD1 分区个数
5
```

2. repartition()

repartition(numPartitions)其实就是 coalesce()方法的第二个参数 shuffle 为 True 的简单实现。例如:

```
>>> coalRDD2 = coalRDD1.repartition(2)         #转换成两个分区的 RDD
>>> coalRDD2.getNumPartitions()                #查看 coalRDD2 分区个数
2
```

Spark 支持自定义分区方式,即通过一个自定义的分区函数对 RDD 进行分区。需要注意,Spark 的分区函数针对的是键值对类型的 RDD,分区函数根据键对 RDD 的元素进行分区。因此,当需要对一些非键值对类型的 RDD 进行自定义分区时,需要先把该 RDD 转换成键值对类型的 RDD,然后再使用分区函数。

下面给出一个自定义分区的实例,要求根据键的最后一位数字将键值对写入不同的分区中。打开一个 Linux 终端,使用 gedit 编辑器创建一个代码文件,将其命名为/usr/local/spark/myproject/rdd/partitionerTest.py,输入以下代码:

```
from pyspark import SparkConf,SparkContext
def SelfPartitioner(key):                      #自定义分区函数
    print('Self Defined Partitioner is running')
    print('The key is %d'%key)
    return key%5                               #设定分区方式
def main():
    print('The main function is running')
```

```
#设置运行模式为本地
conf = SparkConf().setMaster('local').setAppName('SelfPartitioner')
sc = SparkContext(conf=conf)              #创建 SparkContext 对象
data = sc.parallelize(range(1,11),2)      #创建包含两个分区的 RDD
KVRdd = data.map(lambda x:(x,0))          #转换为键值对 RDD
SKVRdd = KVRdd.partitionBy(5,SelfPartitioner)
                              #调用自定义分区函数把 KVRdd 分成 5 个分区
Rdd = SKVRdd.map(lambda x:x[0])   #把 SKVRdd 的每个(x,0)中的 x 提取出来组
                                  #成一个 RDD
#把 Rdd 写入本地目录中,会自动生成 partitioner 目录,若该目录已存在则会报错
Rdd.saveAsTextFile('file:/usr/local/spark/myproject/rdd/partitioner')
if __name__=='__main__':
    main()
```

使用如下命令运行 partitionerTest.py 文件：

```
$ cd /usr/local/spark/myproject/rdd
$ python partitionerTest.py
```

或者使用如下命令运行 partitionerTest.py 文件：

```
$ cd /usr/local/spark/myproject/rdd
$ /usr/local/spark/bin/spark-submit partitionerTest.py
```

运行该文件后,会返回如下信息：

```
The main function is running
Self defined partitioner is running
The key is 1
Self defined partitioner is running
The key is 2
...
Self defined partitioner is running
The key is 9
Self defined partitioner is running
The key is 10
```

运行结束后,可以看到"file:/usr/local/spark/myproject/rdd/partitioner"目录中会生成 part-00000、part-00001、part-00002、part-00003、part-00004 和_SUCCESS 文件。其中,part-00000 包含数字 5 和 10,part-00001 包含数字 1 和 6。

3.3　RDD 行动操作

行动操作是向驱动器程序返回结果或把结果写入外部系统的操作,会触发实际的计算。行动操作接收 RDD,但是不返回 RDD,而是输出一个结果值,并把该结果值返回到

驱动器程序中。如果对于一个特定的函数是转换操作还是行动操作感到困惑，可以看看它的返回值类型：转换操作返回的是 RDD，而行动操作返回的是其他的数据类型。

下面给出 RDD 对象的常用行动操作方法。

3.3.1　统计操作

统计操作包括 sum( )、max( )、min( )、mean( )、stdev( )、stats( )、count( )、countByValue()和 countByKey()。

1. sum( )

sum()返回 RDD 对象中数据的和。例如：

```
>>> rdd = sc.parallelize(range(101))
>>> rdd.sum()
5050
```

2. max( )和 min( )

max()返回 RDD 对象中数据的最大值。例如：

```
>>> rdd.max()
100
```

min()返回 RDD 对象中数据的最小值。

3. mean( )求平均值

mean()返回 RDD 对象中数据的平均值。例如：

```
>>> rdd.mean()
50.0
```

4. stdev( )

stdev()返回 RDD 对象中数据的标准差。例如：

```
>>> rdd.stdev()
29.154759474226502
```

此外，variance()用来求方差。

5. stats( )

stats()返回 RDD 对象中数据的统计信息。例如：

```
>>> rdd.stats()
(count: 101, mean: 50.0, stdev: 29.154759474226502, max: 100, min: 0)
```

6. count( )

count( )返回 RDD 中数据的个数。例如：

```
>>> rdd.count()
101
```

7. countByValue( )

countByValue( )返回 RDD 中各数据出现的次数。例如：

```
>>> rdd1 = sc.parallelize([1, 1, 2, 2, 2, 3, 3, 3, 3])
>>> rdd1.countByValue()
defaultdict(<class 'int'>, {1: 2, 2: 3, 3: 4})
```

8. countByKey( )

countByKey( )返回键值对类型的 RDD 中键相同的键值对数量，返回值的类型是字典。例如：

```
>>> KVRdd = sc.parallelize([("Scala",2), ("Scala", 3), ("Scala", 4),("C", 8),
("C", 5)])
>>> KVRdd.countByKey()
defaultdict(<class 'int'>, {'Scala': 3, 'C': 2})
```

3.3.2　取数据操作

取数据操作包括 collect( )、first( )、take( )、top( )和 lookup( )。

1. collect( )

collect( )以列表形式返回 RDD 中的所有元素。例如：

```
>>> rddInt = sc.parallelize([1,2,3,4,5,6,2,5,1])      #创建 RDD
>>> rddList = rddInt.collect()
>>> type(rddList)                                      #查看数据类型
<class 'list'>
>>> rddList
[1, 2, 3, 4, 5, 6, 2, 5, 1]
```

2. first()

first()返回 RDD 的第一个元素。first()不考虑元素的顺序,是一个非确定性的操作,尤其是在完全分布式的环境中。例如:

```
>>> rdd = sc.parallelize(["Scala","Python","Spark", "Hadoop"])
>>> rdd.first()
'Scala'
```

3. take()

take(num)返回 RDD 的前 num 个元素。take()选取的元素没有特定的顺序。事实上,take(num)返回的元素是不确定的,这意味着再次运行该操作时返回的元素可能会不同,尤其是在完全分布式的环境中。例如:

```
>>>rdd1 = sc.parallelize([3, 2, 5, 1, 6, 8, 7, 4])
>>> rdd1.take(4)
[3, 2, 5, 1]
```

4. top()

top(num)以列表形式返回 RDD 中按照指定排序(默认降序)方式排序后最前面的 num 个元素。例如:

```
>>> rdd1.top(3)
[8, 7, 6]
```

5. lookup()

lookup(key)用于键值对类型的 RDD,查找参数 key 指定的键对应的值,返回 RDD 中该键对应的所有值。例如:

```
>>> LKRDD = sc.parallelize([("A",0),("A",2),("B",1),("B",2),("C",1)])
                                                        #创建键值对 RDD
>>> LKRDD.lookup("A")
[0, 2]
```

3.3.3 聚合操作

聚合操作包括 reduce()和 fold()。

1. reduce()

reduce(func)使用指定的满足交换律或结合律的运算符(由 func 函数定义)来归约

RDD 中的所有元素,这里的交换律和结合律意味着操作与执行的顺序无关,这是分布式
处理所要求的,因为在分布式处理中顺序无法保证。参数 func 指定接收两个输入的匿名
函数(lambda x,y:⋯)。例如:

```
>>> numbers = sc.parallelize([1,2,3,4,5])
>>> print(numbers.reduce(lambda x,y: x+y))    #通过求和合并 RDD 中的所有元素
15
>>> print(numbers.reduce(lambda x,y: x * y))  #通过求积合并 RDD 中的所有元素
120
```

2. fold( )

fold(zeroValue,func)使用给定的 zeroValue 和 func 把 RDD 中每个分区的元素归
约,然后把每个分区的聚合结果再归约。尽管 fold( )和 reduce( )的功能相似,但两者还是
有区别的,fold( )不满足交换律,需要给定初始值 zeroValue。例如:

```
>>> RDD1 = sc.parallelize([1, 2, 3, 4], 2)    #创建两个分区的 RDD
>>> RDD1.glom().collect()                     #查看每个分区中的数据
>>> RDD1.fold(0,lambda x,y: x+y)              #提供的初始值为 0
10
>>> RDD1.fold(100,lambda x,y: x+y)            #提供的初始值为 100
310
```

从上面输出结果 310 可以看出,fold( )中 zeroValue 除了在每个分区计算中作为初始
值使用之外,在最后的归约操作中仍然需要使用一次。以加法为例,在 zeroValue 不为 0
时,fold( )的计算结果为"reduce( )+(分区数+1)×zeroValue"。

3.3.4　迭代操作

foreach(func)把 func 参数指定的有名称的函数或匿名函数应用到 RDD 中的每个元
素上。因为 foreach( )是行动操作而不是转化操作,所以它可以使用在转换操作中无法使
用或不该使用的函数。例如:

```
>>> words = sc.parallelize(["Difficult circumstances serve as a textbook of
life for people"])
>>> longwords = words.flatMap(lambda x: x.split(' ')).filter(lambda x: len(x)
> 6)
>>> longwords.foreach(print)
Difficult
circumstances
textbook
>>> longwords.foreach(lambda x: print(x+"***"))
Difficult***
```

```
circumstances***
textbook***
```

3.3.5 存储操作

saveAsTextFile(path)将 RDD 的元素以文本的形式保存到 path 所表示的目录下的文本文件中。Spark 会对 RDD 中的每个元素调用 toString()方法，将其转化为文本文件中的一行。Spark 将传入的路径作为目录对待，会在那个目录下输出多个文件。

下面给出一个例子。

（1）创建 RDD：

```
>>> rddText = sc.parallelize(["Constant dropping wears the stone.", "A great
ship asks for deep waters.","It is never too late to learn."],3)
```

（2）将上面创建的 rddText 写入/home/hadoop/input 目录：

```
>>> rddText.saveAsTextFile("file:/home/hadoop/input/output")
```

结果在/home/hadoop/input 目录下生成了 output 目录，在 output 目录下生成 4 个文件，如图 3-2 所示。part-00000 存放的内容是"Constant dropping wears the stone."。part-00001 存放的内容是"A great ship asks for deep waters."。part-00002 存放的内容是"It is never too late to learn."。part 代表分区，有多个分区，就会有多少个名为 part-xxxxxx 的文件。

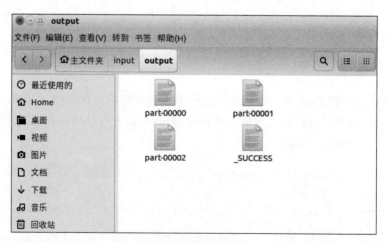

图 3-2　output 目录

（3）使用下面的命令可以以一个分区文件（part-00000）保存 RDD 中的内容：

```
>>>rddw1.repartition(1).saveAsTextFile("file:/home/hadoop/input/output")
```

3.4　RDD 之间的依赖关系

RDD 中不同的操作会使得不同 RDD 中的分区之间产生不同的依赖。RDD 的每次转换都会生成一个新的 RDD,所以 RDD 之间就会形成类似于流水线一样的前后依赖关系。在部分分区数据丢失时,Spark 可以通过这个依赖关系重新计算丢失的分区数据,而不是对 RDD 的所有分区进行重新计算。RDD 之间的依赖关系分为窄依赖(narrow dependency)和宽依赖(wide dependency)。

3.4.1　窄依赖

窄依赖是指父 RDD 的每个分区只被子 RDD 的一个分区使用,子 RDD 分区通常对应常数个父 RDD 分区,如图 3-3 所示。

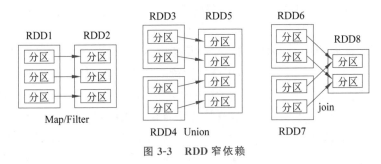

图 3-3　RDD 窄依赖

3.4.2　宽依赖

宽依赖是指父 RDD 的每个分区都可能被多个子 RDD 分区所使用,子 RDD 分区通常对应所有的父 RDD 分区如图 3-4 所示。

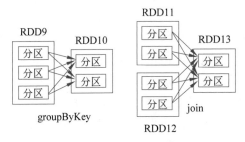

图 3-4　RDD 宽依赖

相比于宽依赖,窄依赖对优化更有利,主要基于以下两点:

(1)宽依赖往往对应着洗牌操作,需要在运行过程中将同一个父 RDD 的分区传入不同的子 RDD 的分区中,中间可能涉及多个节点之间的数据传输;而窄依赖的每个父 RDD 的分区只会传入一个子 RDD 的分区中,通常可以在一个节点内完成转换。

(2)当 RDD 分区丢失(某个节点出现故障)时,Spark 会对数据进行重新计算。

① 对于窄依赖，由于一个父 RDD 的分区只对应一个子 RDD 的分区，这样只需要重新计算和子 RDD 的分区对应的父 RDD 的分区即可，所以这个重新计算操作对数据的利用率是 100% 的。

② 对于宽依赖，重新计算的父 RDD 的分区对应多个子 RDD 的分区，这样实际上父 RDD 中只有一部分数据被用于恢复这个丢失的子 RDD 的分区，其他部分对应子 RDD 的未丢失分区，这就造成了计算是多余的；更一般地看，宽依赖中子 RDD 的分区通常来自多个父 RDD 的分区，极端情况下，所有父 RDD 的分区都要进行重新计算。

3.5 RDD 的持久化

Spark 的 RDD 转换操作是惰性求值的，只有执行 RDD 行动操作时才会触发执行前面定义的 RDD 转换操作。如果某个 RDD 会被反复重用，Spark 会在每一次调用行动操作时重新进行 RDD 的转换操作，这样频繁的重新计算在迭代算法中的开销很大，迭代计算经常需要多次重复使用同一组数据。

Spark 非常重要的一个功能特性就是可以将 RDD 持久化（缓存）到内存中。当对 RDD 执行持久化操作时，每个节点都会将自己操作的 RDD 的分区持久化到内存中，然后在对该 RDD 的反复使用中直接使用内存中缓存的分区，而不需要从头计算才能得到这个 RDD。对于迭代算法和快速交互式应用来说，RDD 持久化是非常重要的。例如，有多个 RDD，它们的依赖关系如图 3-5 所示。

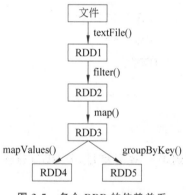

图 3-5　多个 RDD 的依赖关系

在图 3-5 中，对 RDD3 进行了两次转换操作，分别生成了 RDD4 和 RDD5。若 RDD3 没有持久化保存，则每次对 RDD3 进行操作时都需要从 textFile() 开始计算，将文件数据转换为 RDD1，再转换为 RDD2，然后转换为 RDD3。

Spark 的持久化机制还是自动容错的。如果持久化的 RDD 的任何分区丢失了，那么 Spark 会自动通过源 RDD 使用转换操作重新计算该分区，但不需要计算所有的分区。

要持久化一个 RDD，只需调用 RDD 对象的 cache() 方法或者 persist() 方法即可。cache() 方法是使用默认存储级别的快捷方法，只有一个默认的存储级别 MEMORY_ONLY（数据仅保留在内存）。RDD.persist(存储级别) 可以设置不同的存储级别，默认存储级别是 MEMORY_ONLY。存储级别如表 3-2 所示。通过 RDD.unpersist() 可以取消持久化。

表 3-2　存储级别

存 储 级 别	说　　明
MEMORY_ONLY	数据仅保存在内存中
MEMORY_ONLY_SER	数据序列化后保存在内存中

存 储 级 别	说　　　明
MEMORY_AND_DISK	数据先写到内存中；如果内存放不下所有数据，则溢写到磁盘中
MEMORY_AND_DISK_SER	数据序列化后先写到内存中；如果内存放不下所有数据则溢写到磁盘中
DISK_ONLY	数据仅保存在磁盘中

注意：对于上述任意一种存储级别，如果加上后缀_2，代表把持久化数据存为两份。

巧妙使用 RDD 持久化，在某些场景下可以将 Spark 应用程序的性能提升 10 倍。
持久化举例如下。

```
>>> rdd1 = sc.parallelize([1,2,3,4,5,6,2,5,1])
>>> rdd2 =rdd1.map(lambda x: x+2)            #用 map()对 rdd1 中的每个数进行加 2 操作
>>> rdd3 = rdd2.map(lambda x: x * x)
>>> rdd3.cache()              #持久化,这时并不会缓存 rdd3,因为它还没有被计算生成
PythonRDD[5] at RDD at PythonRDD.scala:53
>>> rdd3.count()                           #count()返回 rdd3 中元素的个数
9
```

rdd3.count()为第一次行动操作，触发一次真正从头到尾的计算，这时执行上面的
rdd3.cache()，把 rdd3 放到内存中。

```
>>> rdd3.countByValue()              #返回各元素在 rdd3 中出现的次数
defaultdict(<class 'int'>, {9: 2, 16: 2, 25: 1, 36: 1, 49: 2, 64: 1})
```

rdd3.countByValue()为第二次行动操作，不需要触发从头到尾的计算，只需要重复
使用上面缓存的 rdd3。

3.6　案例实战：利用 Spark RDD 实现词频统计

WordCount（词频统计程序）是大数据领域经典的例子，与 Hadoop 实现的
WordCount 程序相比，Spark 实现的版本显得更加简洁。

打开一个 Linux 终端，使用 gedit 编辑器创建代码文件/home/hadoop/桌面/WordCount.
py，然后在 WordCount.py 文件中输入以下代码：

```
from pyspark import SparkConf,SparkContext
#设置运行模式为本地
conf = SparkConf().setMaster('local').setAppName('SelfPartitioner')
sc = SparkContext(conf=conf)                          #创建 SparkContext 对象
lines = sc.textFile("file:/home/hadoop/data.txt")   #读取本地文件
words = lines.flatMap(lambda line: line.split(" "))
```

```
pairs = words.map(lambda word: (word, 1))
wordCounts = pairs.reduceByKey(lambda x, y: x+ y)
wordCounts.foreach(lambda word : print(str(word[0]) + " " + str(word[1])))
```

上述代码的功能是统计/home/hadoop/data.txt 文件中单词的词频。data.txt 文件的内容如下：

```
What is your most ideal day
Do you know exactly how you want to live your life for the next five days
five weeks
five months or five years
When was the last best day of your life
When is the next
```

使用如下命令运行 WordCount.py 文件：

```
$ cd /home/hadoop/桌面
$ python WordCount.py
```

或者使用如下命令运行 WordCount.py 文件：

```
$ spark-submit WordCount.py
```

运行程序文件后，会返回类似下面的信息：

```
What 1
is 2
your 3
most 1
ideal 1
day 2
...
When 2
was 1
last 1
best 1
of 1
```

3.7　实验 1：RDD 编程实验

一、实验目的

1. 掌握 RDD 常用的转换操作和行动操作。

2. 了解使用 RDD 编程解决实际问题的流程。

二、实验平台

操作系统：Ubuntu-20.04。
JDK 版本：1.8 或以上版本。
Spark 版本：3.2.0。
Python 版本：3.7。

三、实验任务

"学生成绩.txt"文件存储了学生考试成绩,其内容如下:

学号	姓名	Scala	Python	Java
106	丁晶晶	92	95	91
242	闫晓华	96	93	90
107	冯乐乐	84	92	91
230	王博漾	87	86	91
153	张新华	85	90	92
235	王璐璐	88	83	92
224	门甜甜	83	86	90
236	王振飞	87	85	89
210	韩盼盼	73	93	88
101	安蒙蒙	84	93	90
140	徐梁攀	82	89	88
127	彭晓梅	81	93	91
237	邬嫚玉	83	81	85
149	张嘉琦	80	86	90
118	李珂珂	86	76	88
150	刘宝庆	82	89	90
205	崔宗保	80	87	90
124	马泽泽	67	83	83
239	熊宝静	76	81	80

编程实现下面 8 个任务:
(1) 输出文件中前 3 个学生的信息。
(2) 输出文件中前 3 个学生每人的平均分。
(3) 输出文件中前 3 个学生每人的单科最高分。
(4) 输出总分数的前 3 名。
(5) 输出 Scala 分数的前 3 名。
(6) 输出 Python 分数的前 3 名。
(7) 输出 Java 分数的前 3 名。

四、实验结果

列出代码及实验结果(截图形式)。

五、总结

总结本次实验的经验教训、遇到的问题及解决方法、待解决的问题等。

六、实验报告格式

Spark 大数据分析技术(Python 版)实验报告

学号		姓名		专业班级	
课程	Spark 大数据分析技术	实验日期		实验时间	
实验情况					
实验 1：RDD 编程实验					
一、实验目的					
二、实验平台					
三、实验任务					
四、实验结果					
五、总结					
实验报告成绩			指导老师		

3.8　拓展阅读——中国女排精神

2019 年 9 月 30 日,习近平总书记在会见中国女排代表时指出:"广大人民群众对中国女排的喜爱,不仅是因为你们夺得了冠军,更重要的是你们在赛场上展现了祖国至上、团结协作、顽强拼搏、永不言败的精神面貌。"

1978 年,郴州女排训练基地初建的时候,只有一个四面透风的竹棚训练馆。中国女排的姑娘们就是在这样简陋的训练场地上开启了此后的五连冠辉煌。在那个还不富裕的年代,中国女排和许许多多艰苦奋斗的中国人一样,对物质无欲无求,但是对心中的理想有着无限渴望和奋发的力量。

1981—1986 年,中国女排在世界杯、世界锦标赛和奥运会上 5 次蝉联世界冠军,成为世界排球史上第一支连续 5 次夺冠的队伍。中国女排姑娘们在比赛中表现出来的顽强拼搏、为国争光的奋斗精神给改革开放初期的中国人民以巨大的鼓舞,成为中华民族精神的象征。

祖国至上,为国争光,无论时代如何变迁,这种发自内心的朴素共鸣都是点燃亿万国人奋斗激情的动力引擎,都是成就中国各项伟业的强大推力。钱学森、钱三强、邓稼先等一大批科学家把知识和一生奉献给新中国国防事业;王继才用 32 年的执着坚守践行"家就是岛,岛就是国,我会一直守到守不动为止"的承诺;57 岁的聂海胜第三次代表祖国出征太空,因为"只要祖国需要、任务需要,我们都会以最佳状态,随时准备为祖国出征太空"……

每个人前进的脚步,叠合成一个国家昂首向前的步伐;每个人创造的价值,汇聚为中华民族伟大复兴的磅礴力量。

3.9　习题

1. 列举创建 RDD 的方式。
2. 简述划分窄依赖、宽依赖的依据。
3. 简述 RDD 转换操作与行动操作的区别。
4. 列举常用的转换操作。
5. 列举常用的行动操作。

Spark SQL 结构化数据处理

Spark SQL 是 Spark 中用于处理结构化数据的组件,提供了 DataFrame 和 DataSet 两种抽象数据模型。Spark SQL 可以无缝地将 SQL 查询与 Spark 程序进行结合,能够将结构化数据对象 DataFrame 作为 Spark 中的分布式数据集。本章主要介绍如何创建 DataFrame 对象、如何将 DataFrame 保存为不同格式的文件、DataFrame 的常用操作以及使用 Spark SQL 读写 MySQL 数据库的方法。

4.1 Spark SQL

4.1.1 Spark SQL 简介

Spark SQL 是 Spark 用来处理结构化数据的一个组件,可被视为一个分布式的 SQL 查询引擎。Spark SQL 的前身是 Shark,由于 Shark 太依赖 Hive 而制约了 Spark 各个组件的相互集成,因此 Spark 团队提出了 Spark SQL 项目。Spark SQL 汲取了 Shark 的一些优点并摆脱了对 Hive 的依赖性。相对于 Shark,Spark SQL 在数据兼容、性能优化、组件扩展等方面表现优越。

Spark SQL 可以直接处理 RDD、Parquet 文件或者 JSON 文件,甚至可以处理外部数据库中的数据以及 Hive 中存在的表。Spark SQL 提供了 DataFrame 和 DataSet 抽象数据模型。Spark SQL 通常将外部数据源加载为 DataFrame 对象,然后通过 DataFrame 对象丰富的操作方法对 DataFrame 对象中的数据进行查询、过滤、分组、聚合等操作。DataSet 是 Spark 1.6 新添加的抽象数据模型,Spark 会逐步将 DataSet 作为主要的抽象数据模型,弱化 RDD 和 DataFrame。

Spark SQL 已经集成在 PySpark Shell 中。在 Spark 2.0 版本之前,通过在终端执行 pyspark 命令进入 PySpark 交互编程界面,启动后会初始化 SQLContext 对象为 sqlContext,它是创建 DataFrame 对象和执行 SQL 的入口。在 Spark 2.0 版本之后,Spark 使用 SparkSession 代替 SQLContext,启动 PySpark Shell 交互界面后,会初始化 SparkSession 对象为 spark。

4.1.2 DataFrame 与 Dataset

Spark SQL 使用的数据抽象并非 RDD,而是 DataFrame。DataFrame 是以

列(包括列名、列类型、列值)的形式构成的分布式数据集。DataFrame 是 Spark SQL 提供的最核心的数据抽象。DataFrame 的推出让 Spark 具备了处理大规模结构化数据的能力。DataFrame 不仅比原有的 RDD 转化方式更加简单易用,而且获得了更高的计算性能。以 Person 类型对象为数据集的 RDD 和 DataFrame 的逻辑框架如图 4-1 所示。

Name	Age	Height
String	Int	Double
String	Int	Double
String	Int	Double
String	Int	Double
String	Int	Double
String	Int	Dluble

Person
Person
Person
Person
Person
Person

(a) RDD　　　　　　(b) DataFrame

图 4-1　以 Person 类型对象为数据集的 RDD 和 DataFrame 的逻辑框架

从图 4-1 中可以看出,DataFrame 中存储的对象是行对象,同时 Spark 存储行的模式(schema)信息。在 RDD 中,只能看出每个行对象是 Person 类型;而在 DataFrame 中,可以看出每个行对象包含 Name、Age、Height 3 个字段。当只需处理 Age 那一列数据时,RDD 需要处理整个数据,而 DataFrame 则可以只处理 Age 这一列数据。

DataSet 是类型安全的 DataFrame,即每行数据加了类型约束。例如,DataSet[Person]表示其每行数据都是 Person 类型的对象,包含其模式信息。

4.2　创建 DataFrame 对象的方法

4.2.1　使用 Parquet 文件创建 DataFrame 对象

Spark SQL 最常见的结构化数据文件格式是 Parquet 格式或 JSON 格式。Spark SQL 可以通过 load()方法将 HDFS 上的格式化文件转换为 DataFrame 对象。load()默认导入的文件格式是 Parquet。Parquet 是面向分析型业务的列式存储格式。

Spark 1.x 版本通过执行 dfUsers = sqlContext.read.load("/user/hadoop/users.parquet")命令可将 HDFS 上的 Parquet 格式的文件 users.parquet 转换为 DataFrame 对象 dfUsers。users.parquet 文件可在 Spark 安装包的/examples/src/main/resources/目录下找到,如图 4-2 所示。

在 Spark 2.0 之后,SparkSession 封装了 SparkContext 和 SqlContext,通过 SparkSession 可以获取 SparkConetxt 和 SqlContext 对象。在 Spark 3.2 版本中,启动 PySpark Shell 交互界面后会初始化 SparkSession 对象为 spark,通过 spark.read.load()方法可将 Parquet 格式的 users.parquet 文件转化为 DataFrame 对象。复制 Spark 安装包中的 users.parquet、people.csv、people.json、people.txt 文件到/home/hadoop/sparkdata 目录下。下面给出使用 users.parquet 创建 DataFrame 对象的命令。

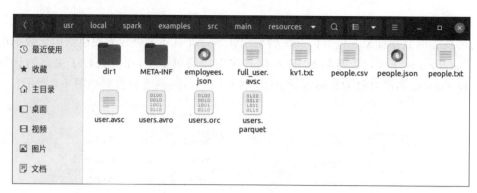

图 4-2   users.parquet 文件的位置

```
>>> usersDF = spark.read.load("file:/home/hadoop/sparkdata/users.parquet")
>>> usersDF.show()                                #展示 usersDF 中的数据
+------+--------------+---------------+
| name |favorite_color |favorite_numbers|
+------+--------------+---------------+
|Alyssa|          null |    [3, 9, 15, 20]|
|  Ben |           red |            []|
+------+--------------+---------------+
```

4.2.2   使用 JSON 文件创建 DataFrame 对象

在 PySpark Shell 交互界面中，通过 spark.read.format("json").load()方法可将
JSON 文件转换为 DataFrame 对象。/home/hadoop/sparkdata 目录中的 JSON 文件
people.json 的内容如图 4-3 所示。

图 4-3   people.json 文件内容

使用 people.json 文件创建 DataFrame 对象的语句如下：

```
>>> dfGrade=spark.read.format("json").load ("file:/home/hadoop/sparkdata/
people.json")
>>> dfGrade.show()
+---+-------+
| age|  name |
+---+-------+
|null|Michael |
| 30|  Andy |
| 19| Justin |
+---+-------+
```

4.2.3　使用 SparkSession 方式创建 DataFrame 对象

在 Spark 2.0 版本之前,SparkContext 是 Spark 的主要切入点,RDD 是主要的 API,Spark 通过 SparkContext 创建和操作 RDD。对于其他的 API,需要使用不同的 Context。例如,对于 Spark Streaming,需要使用 StreamingContext;对于 Spark SQL,使用 SQLContext;对于 Hive,使用 HiveContext。

从 Spark 2.0 开始,引入 SparkSession 作为 DataSet 和 DataFrame API 的切入点,SparkSession 封装了 SparkConf、SparkContext 和 SQLContext。为了向后兼容,SQLContext 和 HiveContext 也被保存下来。在实际编写程序时,只需要定义一个 SparkSession 对象就可以了。创建 SparkSession 对象的代码如下:

```python
from pyspark.sql import SparkSession
spark = SparkSession.builder .appName("ccc") \
    .config("spark.some.config.option", "some-value") \
    .master("local[*]") \
    .enableHiveSupport() \                #连接 Hive 时需要这个方法
    .getOrCreate()                        #使用 builder 方式必须有该方法
```

SparkSession 对象的参数如表 4-1 所示。

表 4-1　SparkSession 对象的参数

参　　　数	说　　　明
builder	通过 builder 属性构造 SparkSession 对象
appName("ccc")	设置 Spark 应用程序的名称;如果不设置名称,将随机生成
config("spark.some.config.option", "some-value")	设置 SparkSession 的配置选项,可设置成 • config("spark.executor.heartbeatInterval", "60s") • config("spark.executor.cores", "1") • config("spark.cores.max","2") • config("spark.driver.memory", "4g")
master("local[*]")	设置要连接的 Spark 的主机 master 的 URL。例如,"local"表示在本地运行;"local[4]"表示在本地使用 4 核运行;而使用类似"Spark://192.168.3.112:7077"这样的形式,则表示在 Spark 集群上运行

通过 builder 创建 SparkSession 对象后,就可以调用该对象的方法和属性进行更多的操作了。

1. 使用 createDataFrame()方法创建 DataFrame 对象

createDataFrame(data,schema)中的 data 用来指定创建 DataFrame 对象的数据,可以是 RDD、Python 的列表或 Pandas 的 DataFrame 对象;schema 用来指定 DataFrame 对象的数据模式,可以是 pyspark.sql.types 类型指定的字段名和字段名数据类型的列表。下面给出具体示例。

在 Spark 3.2 中，启动 PySpark 交互界面后，会生成一个名为 spark 的 SparkSession 对象。

1）使用 RDD 创建 DataFrame 对象

```
>>> RDD1 = spark.sparkContext.parallelize([(101, "李丽", 19, "北京"),(102, "李
菲", 22, "上海"),(103, "张华", 23, "天津")])      #创建 RDD 对象
#导入类型
>>> from pyspark.sql.types import StructType, StructField, LongType, StringType
#创建模式
>>> schema = StructType([StructField("ID", LongType(), True), StructField(
"Name", StringType(), True), StructField("Age", LongType(), True), StructField
("HomeTown", StringType(), True)])
#使用 RDD1 和 schema 创建 DataFrame 对象
>>> DataFrame1 = spark.createDataFrame(RDD1, schema)
>>> DataFrame1
DataFrame[ID: bigint, Name: string, Age: bigint, HomeTown: string]
>>> DataFrame1.show()                        #展示 DataFrame1 中存放的数据
+---+----+---+--------+
| ID |Name |Age |HomeTown |
+---+----+---+--------+
|101 |李丽 | 19 |   北京   |
|102 |李菲 | 22 |   上海   |
|103 |张华 | 23 |   天津   |
+---+----+---+--------+
```

2）使用元组构成的列表创建 DataFrame 对象

下面使用元组构成的列表创建 DataFrame 对象，数据的类型由系统自动推断。

```
>>> data = [(101, "李丽", 19, "北京"), (102, "李菲", 22, "上海"), (103, "张华", 23,
"天津")]
>>> DataFrame2 = spark.createDataFrame(data, schema=['ID', 'Name', 'Age',
'HomeTown'])
>>> DataFrame2.show()
+---+----+---+--------+
| ID |Name |Age |HomeTown |
+---+----+---+--------+
|101 |李丽 | 19 |   北京   |
|102 |李菲 | 22 |   上海   |
|103 |张华 | 23 |   天津   |
+---+----+---+--------+
```

3）使用 Pandas 的 DataFrame()方法创建 DataFrame 对象

```
>>> import pandas as pd
>>> data={'C':[86,90,87,95],'Python':[92,89,89,96],'DataMining': [90,91,89,86]}
```

```
>>> studentDF = pd.DataFrame(data, index = ['LiQian', 'WangLi', 'YangXue', '
LiuTao'])
>>> studentDF
       C  Python  DataMining
LiQian 86     92          90
WangLi 90     89          91
YangXue 87    89          89
LiuTao 95     96          86
>>> pd_dataframe = spark.createDataFrame(studentDF)
>>> pd_dataframe.collect()
[Row(C=86, Python=92, DataMining=90), Row(C=90, Python=89, DataMining=91),
Row(C=87, Python=89, DataMining=89), Row(C=95, Python=96, DataMining=86)]
```

2. 使用 range( )方法创建 DataFrame 对象

下面使用 range(start，end，step，numPartitions)方法创建一个列名为 id 的 DataFrame 对象：

```
>>> spark.range(1,6,2)
DataFrame[id: bigint]
>>> spark.range(1,6,2).show()
+---+
| id |
+---+
| 1 |
| 3 |
| 5 |
+---+
```

3. 使用 spark.read.xxx( )方法从文件中加载数据创建 DataFrame 对象

可以使用 spark.read.xxx( )方法从不同类型的文件中加载数据创建 DataFrame 对象，如表 4-2 所示。

表 4-2　使用 spark.read.xxx( )方法创建 DataFrame 对象的方法

方　法　名	描　　述
spark.read.json("***.json")	读取 JSON 格式的文件，创建 DataFrame 对象
spark.read.csv("***.csv")	读取 CSV 格式的文件，创建 DataFrame 对象
spark.read.parquet("***.parquet")	读取 Parquet 格式的文件，创建 DataFrame 对象

1）使用 JSON 格式的文件创建 DataFrame 对象

在/home/hadoop/sparkdata 目录下存在一个名为 grade.json 的文件，文件内容如下：

```
{"ID":"106","Name":"DingHua","Class":"1","Scala":92,"Spark":91}
{"ID":"242","Name":"YanHua","Class":"2","Scala":96,"Spark":90}
{"ID":"107","Name":"Feng","Class":"1","Scala":84,"Spark":91}
{"ID":"230","Name":"WangYang","Class":"2","Scala":87,"Spark":91}
{"ID":"153","Name":"ZhangHua","Class":"2","Scala":85,"Spark":92}
```

下面给出在 Spark 3.2 版本中使用 grade.json 文件创建 DataFrame 对象的代码：

```
>>> grade1DF = spark.read.json("file:/home/hadoop/sparkdata/grade.json")
>>> grade1DF.show()
+-----+---+--------+-----+-----+
|Class | ID |   Name  |Scala |Spark |
+-----+---+--------+-----+-----+
|   1  |106 | DingHua |  92  |  91  |
|   2  |242 |  YanHua |  96  |  90  |
|   1  |107 |   Feng  |  84  |  91  |
|   2  |230 |WangYang |  87  |  91  |
|   2  |153 |ZhangHua |  85  |  92  |
+-----+---+--------+-----+-----+
```

2）使用 CSV 格式的文件创建 DataFrame 对象

在/home/hadoop 目录下存在一个名为 grade.csv 的文件，文件内容如图 4-4 所示。

图 4-4　grade.csv 文件的内容

下面给出使用 grade.csv 文件创建 DataFrame 对象的代码：

```
>>> grade2DF = spark.read.option("header", True).csv("file:/home/hadoop/
grade.csv")
>>> grade2DF.show()
+---------+--------------+---------+---------+----------+
|{"ID":"106"  | "Name":"DingHua" |"Class":"1"|"Scala":92  |"Spark":91} |
+---------+--------------+---------+---------+----------+
|{"ID":"242"  |"Name":"YanHua"   |"Class":"2"|"Scala":96  |"Spark":90} |
|{"ID":"107"  |"Name":"Feng"     |"Class":"1"|"Scala":84  |"Spark":91} |
|{"ID":"230"  |"Name":"WangYang" |"Class":"2"|"Scala":87  |"Spark":91} |
|{"ID":"153"  |"Name":"ZhangHua" |"Class":"2"|"Scala":85  |"Spark":92} |
+---------+--------------+---------+---------+----------+
```

下面使用 spark.read.csv("***.csv")方法读取 CSV 文件创建 DataFrame 对象：

```
#header 表示数据的第一行是否为列名,inferSchema 表示自动推断模式,此时未指定模式
>>> df1 = spark.read.csv("file:///home/hadoop/grade.csv", encoding='gbk',
header=False, inferSchema=True)
>>> df1.show()
+---+-------+---+
|_c0|   _c1 |_c2|
+---+-------+---+
|101| LiNing| 95|
|102| LiuTao| 90|
|103|WangFei| 96|
+---+-------+---+
>>> from pyspark.sql.types import StructType, StructField, LongType, StringType
>>> schema = StructType([StructField("column_1", StringType(), True),
StructField("column_2", StringType(), True), StructField("column_3",
StringType(), True), ])
>>> df2 = spark.read.csv("file:///home/hadoop/grade.csv", encoding='gbk',
header=True, schema=schema)          #使用指定的模式
>>> df2.show()
+--------+--------+--------+
|column_1|column_2|column_3|
+--------+--------+--------+
|     102| LiuTao |      90|
|     103| WangFei|      96|
+--------+--------+--------+
```

3）使用 Parquet 格式的文件创建 DataFrame 对象

使用/home/hadoop/sparkdata 目录下的 users.parquet 文件创建 DataFrame 对象的代码如下：

```
>>> grade3DF = spark.read.parquet("file:/home/hadoop/sparkdata/users.parquet")
>>> grade3DF.show()
+------+--------------+----------------+
| name |favorite_color |favorite_numbers |
+------+--------------+----------------+
|Alyssa|          null |   [3, 9, 15, 20]|
|  Ben |           red |              []|
+------+--------------+----------------+
```

4.3 将 DataFrame 对象保存为不同格式的文件

4.3.1 通过 write.xxx()方法保存 DataFrame 对象

可以使用 DataFrame 对象的 write.xxx()方法将 DataFrame 对象保存为相应格式的文件。

1. 保存为 JSON 格式的文件

```
#创建 DataFrame 对象
>>> grade1DF = spark.read.json("file:/home/hadoop/sparkdata/grade.json")
#将 grade1DF 保存为 JSON 格式的文件
>>> grade1DF.write.json("file:/home/hadoop/grade1.json")
```

执行后，可以看到/home/hadoop 目录下面会生成一个名称为 grade1.json 的目录（而不是文件），该目录包含两个文件，分别为 part-00000-41e0749a-ef50-4337-bcec-03339b94fa8b-c000.json 和_SUCCESS。

如果需读取/home/hadoop/grade1.json 中的数据生成 DataFrame 对象，可使用 grade1.json 目录名称，而不需要使用 part-00000-41e0749a-ef50-4337-bcec-03339b94fa8b-c000.json 文件（当然，使用这个文件名也可以），代码如下：

```
>>> grade2DF= spark.read.json("file:/home/hadoop/grade1.json")
>>> grade2DF.show()
+-----+---+--------+-----+-----+
|Class | ID |   Name  |Scala |Spark |
+-----+---+--------+-----+-----+
|    1 |106| DingHua |  92 |  91 |
|    2 |242|  YanHua |  96 |  90 |
|    1 |107|    Feng |  84 |  91 |
|    2 |230|WangYang |  87 |  91 |
|    2 |153|ZhangHua |  85 |  92 |
+-----+---+--------+-----+-----+
```

2. 保存为 Parquet 格式的文件

通过如下命令将 grade1DF 保存为 Parquet 格式的文件：

```
>>> grade1DF.write.parquet("file:/home/hadoop/grade1.parquet")
```

3. 保存为 CSV 格式的文件

通过如下命令将 grade1DF 保存为 CSV 格式的文件：

```
>>> grade1DF.write.csv("file:/home/hadoop/grade1.csv")
```

4.3.2　通过 write.format() 方法保存 DataFrame 对象

通过 write.format() 方法可将 DataFrame 对象保存成 JSON 格式的文件、Parquet 格式的文件和 CSV 格式的文件。

1. 保存成 JSON 格式的文件

使用如下命令将 DataFrame 对象 grade1DF 保存成 JSON 格式的文件：

```
>>> grade1DF.write.format("json").save("file:/home/hadoop/grade2.json")
```

2. 保存成 Parquet 格式的文件

使用如下命令将 DataFrame 对象 grade1DF 保存成 Parquet 格式的文件：

```
>>> grade1DF.write.format("parquet").save("file:/home/hadoop/grade2.parquet")
```

3. 保存成 CSV 格式的文件

使用如下命令将 DataFrame 对象 grade1DF 保存成 CSV 格式的文件：

```
>>> grade1DF.write.format("csv").save("file:/home/hadoop/grade2.csv")
```

4.3.3　将 DataFrame 对象转化成 RDD 保存到文件中

通过 grade1DF.rdd.saveAsTextFile("file:/…") 将 grade1DF 先转化成 RDD,然后再写入文本文件。例如：

```
>>> grade1DF.rdd.saveAsTextFile("file:/home/hadoop/grade")
```

4.4　DataFrame 的常用操作

4.4.1　行类操作

行类操作的完整格式是 pyspark.sql.Row。可使用 Row 类的对象创建 DataFrame 对象。例如：

```
>>> from pyspark.sql import functions as f
>>> from pyspark.sql import Row
```

```
>>> row1 = Row(name='Wang', spark=89, python=85)   #创建 Row 类的对象
>>> type(row1)                                       #查看 row1 的类型
<class 'pyspark.sql.types.Row'>
>>> row2 = Row(name='Li', spark=95, python=86)
>>> row3 = Row(name='Ding', spark=90, python=88)
>>> rdd = sc.parallelize([row1,row2,row3])          #利用 Row 类的对象创建 RDD 对象
>>> df = rdd.toDF()          #将 RDD 对象转换为 DataFrame 对象,可以指定新的列名
>>> type(df.name)                                    #查看 name 的类型
<class 'pyspark.sql.column.Column'>
>>> df.show()
+----+-----+------+
|name |spark |python |
+----+-----+------+
|Wang |  89  |   85  |
| Li  |  95  |   86  |
|Ding |  90  |   88  |
+----+-----+------+
```

此外,也可以通过 Row 类的对象的列表直接创建 DataFrame 对象,示例如下:

```
>>> DataFrame2 = spark.createDataFrame([row1,row2,row3])
```

调用 Row 类的对象的 asDict() 方法将其转换为字典对象:

```
>>> row1.asDict()
{'name': 'Wang', 'spark': 89, 'python': 85}
```

4.4.2 列类操作

Column 类的对象用来创建 DataFrame 对象中的列。列类操作的完整格式是 pyspark.sql.Column。

1. 调用列的 alias() 方法对输出的列重命名

输出 DataFrame 对象中的列时,调用列的 alias() 方法可对输出的列重命名。例如:

```
>>> df.select('name',df.spark.alias("SPARK")).show(2)        #将 spark 列重命名
+----+-----+
|name |SPARK |
+----+-----+
|Wang |  89  |
| Li  |  95  |
+----+-----+
```

2. 对列进行排序

调用 asc()方法返回列的升序排列,调用 desc()方法返回列的降序排列。
例如,以 spark 的升序返回数据:

```
>>> df.select(df.spark,df.python).orderBy(df.spark.asc()).show()
+-----+------+
|spark |python |
+-----+------+
|  89 |   85 |
|  90 |   88 |
|  95 |   86 |
+-----+------+
```

3. 改变列的数据类型

调用 astype()方法改变列的数据类型。例如:

```
>>> df.select(df.spark.astype('string').alias('Spark')).collect()
[Row(Spark='89'), Row(Spark='95'), Row(Spark='90')]
```

4. 按条件筛选

between(lowerBound,upperBound)用于筛选出指定列的某个范围内的值,返回的是
true 或 false。

```
>>> df.select(df.name, df.python.between(85, 87)).show()
+----+----------------------------+
|name |((python >= 85) AND (python <= 87)) |
+----+----------------------------+
|Wang |                       true |
| Li |                        true |
|Ding |                       false |
+----+----------------------------+
```

when(condition,value1).otherwise(value2)用于对于指定的列根据条件 condition
重新赋值,满足条件的项赋值为 values1,不满足条件的项赋值为 values2。例如:

```
>>> df.select(df.name, f.when(df.spark > 90, 1).when(df.spark < 90, -1).
otherwise(0)).show()
+----+-----------------------------------------------------+
|name |CASE WHEN (spark > 90) THEN 1 WHEN (spark < 90) THEN -1 ELSE 0 END      |
```

```
+----+-----------------------------------------------------+
|Wang |                                                -1  |
| Li  |                                                 1  |
|Ding |                                                 0  |
+----+-----------------------------------------------------+
```

5. 判断列中是否包含特定的值

可以用 contains()方法判断指定列中是否包含特定的值,返回的是 true 或 false。例如:

```
>>> df.select(df.name.contains("g"), df.python).show()
+-----------------+------+
|contains(name, g) |python |
+-----------------+------+
|            true  |   85 |
|           false  |   86 |
|            true  |   88 |
+-----------------+------+
```

6. 获取列中的子字符串

可以用 substr(startPos,length)方法获取从 startPos 索引下标开始、长度为 length 的子字符串。例如:

```
>>> df.select(df.name.substr(0,3)).show()
+--------------------+
|substring(name, 0, 3) |
+--------------------+
|              Wan   |
|               Li   |
|              Din   |
+--------------------+
```

7. 更改列的值

可以用 withColumn()方法更改列的值、转换 DataFrame 对象中已存在的列的数据类型、添加或者创建一个新的列等。例如:

```
>>> from pyspark.sql.functions import col
>>> df3 = df.withColumn("python",col("python") * 100)    #更改列的值
>>> df3.show()
```

```
+----+-----+------+
|name |spark |python |
+----+-----+------+
|Wang |  89 |  8500 |
| Li |  95 |  8600 |
|Ding |  90 |  8800 |
+----+-----+------+
#使用现有列添加新列
>>> df4 = df.withColumn("PYTHON",col("python") * 10)
>>> df4.show()
+----+-----+------+
|name |spark |PYTHON |
+----+-----+------+
|Wang |  89 |  850 |
| Li |  95 |  860 |
|Ding |  90 |  880 |
+----+-----+------+
```

4.4.3　DataFrame 的常用属性

首先在/home/hadoop 目录下创建 grade.json 文件,文件内容如下:

```
{"ID":"106","Name":"DingHua","Class":"1","Scala":92,"Spark":91}
{"ID":"242","Name":"YanHua","Class":"2","Scala":96,"Spark":90}
{"ID":"107","Name":"Feng","Class":"1","Scala":84,"Spark":91}
{"ID":"230","Name":"WangYang","Class":"2","Scala":87,"Spark":91}
{"ID":"153","Name":"ZhangHua","Class":"2","Scala":85,"Spark":92}
{"ID":"235","Name":"WangLu","Class":"1","Scala":88,"Spark":92}
{"ID":"224","Name":"MenTian","Class":"2","Scala":83,"Spark":90}
```

然后使用 grade.json 文件创建 DataFrame 对象 gradedf:

```
>>> gradedf = spark.read.json("file:/home/hadoop/grade.json")
```

下面用 gradedf 演示 DataFrame 对象的常用属性:

```
>>> gradedf.columns                #以列表的形式列出所有列名
['Class', 'ID', 'Name', 'Scala', 'Spark']
>>> gradedf.dtypes                 #列出各列的数据类型
[('Class', 'string'), ('ID', 'string'), ('Name', 'string'), ('Scala', 'bigint'),
('Spark', 'bigint')]
>>> gradedf.schema                 #以 StructType 的形式查看 gradedf 的模式
StructType ( List ( StructField ( Class, StringType, true ), StructField ( ID,
StringType, true ), StructField (Name, StringType, true ), StructField (Scala,
LongType, true ), StructField(Spark,LongType,true)))
```

4.4.4 输出

本节介绍输出 DataFrame 对象中的数据的方法。

1. show()

DataFrame 对象的 show()方法以表格的形式输出 DataFrame 对象中的数据。show()方法有 3 种调用方式：

（1）show()方法不带任何参数时默认输出前 20 条记录。例如：

```
>>> gradedf.show()
+-----+---+--------+-----+-----+
|Class | ID |   Name  |Scala |Spark |
+-----+---+--------+-----+-----+
|   1  |106| DingHua |  92 |  91  |
|   2  |242|  YanHua |  96 |  90  |
|   1  |107|   Feng  |  84 |  91  |
|   2  |230|WangYang |  87 |  91  |
|   2  |153|ZhangHua |  85 |  92  |
|   1  |235|  WangLu |  88 |  92  |
|   2  |224| MenTian |  83 |  90  |
+-----+---+--------+-----+-----+
```

（2）show(numRows)输出前 numRows 条记录。例如：

```
>>> gradedf.show(3)                        #输出前 3 条记录
+-----+---+--------+-----+-----+
|Class | ID |  Name  |Scala |Spark |
+-----+---+--------+-----+-----+
|   1  |106|DingHua |  92 |  91  |
|   2  |242| YanHua |  96 |  90  |
|   1  |107|  Feng  |  84 |  91  |
+-----+---+--------+-----+-----+
only showing top 3 rows
```

（3）show(truncate)利用参数 truncate 指定是否最多只输出字段值前 20 个字符，默认为 True，最多只输出前 20 个字符，为 False 时表示不进行信息的缩略。

2. collect()

不同于前面的 show()方法，collect()方法以列表的形式返回 DataFrame 对象中的所有数据，列表中的每个元素都是行类型。

```
>>> list = gradedf.collect()
>>> type(list)
```

```
<class 'list'>
>>> list
[Row(Class='1', ID='106', Name='DingHua', Scala=92, Spark=91), Row(Class='2',
ID='242', Name='YanHua', Scala=96, Spark=90), Row(Class='1', ID='107', Name
='Feng', Scala=84, Spark=91), Row(Class='2', ID='230', Name='WangYang',
Scala=87, Spark=91), Row(Class='2', ID='153', Name='ZhangHua', Scala=85,
Spark=92), Row(Class='1', ID='235', Name='WangLu', Scala=88, Spark=92), Row
(Class='2', ID='224', Name='MenTian', Scala=83, Spark=90)]
>>> list[0]
Row(Class='1', ID='106', Name='DingHua', Scala=92, Spark=91)
>>> list[0][1]
'106'
>>> list[0]['ID']
'106'
```

3. printSchema()

通过 DataFrame 对象的 printSchema()方法,可查看 DataFrame 对象中有哪些列以及这些列的数据类型,即打印出字段名称和类型。例如

```
>>> gradedf.printSchema()
root
 |-- Class: string (nullable = true)
 |-- ID: string (nullable = true)
 |-- Name: string (nullable = true)
 |-- Scala: long (nullable = true)
 |-- Spark: long (nullable = true)
```

4. count()

DataFrame 对象的 count()方法用来输出 DataFrame 对象的行数。例如:

```
>>> gradedf.count()
7
```

5. first()、head()和 take()

first()获取第一行记录。例如:

```
>>> gradedf.first()
Row(Class='1', ID='106', Name='DingHua', Scala=92, Spark=91)
```

head()获取第一行记录,head(n)获取前 n 行记录。例如:

```
>>> gradedf.head(2)                                    #获取前两行记录
[Row(Class='1', ID='106', Name='DingHua', Scala=92, Spark=91), Row(Class='2',
ID='242', Name='YanHua', Scala=96, Spark=90)]
```

take(n)获取前 n 行记录。例如：

```
>>> gradedf.take(2)
[Row(Class='1', ID='106', Name='DingHua', Scala=92, Spark=91), Row(Class='2',
ID='242', Name='YanHua', Scala=96, Spark=90)]
```

6. distinct( )

distinct()返回一个不包含重复记录的 DataFrame 对象。例如：

```
>>> gradedf.distinct().show()
+-----+---+--------+-----+-----+
|Class | ID |  Name  |Scala |Spark |
+-----+---+--------+-----+-----+
|   2  |242 | YanHua |  96  |  90  |
|   2  |153 |ZhangHua|  85  |  92  |
|   2  |230 |WangYang|  87  |  91  |
|   2  |224 | MenTian|  83  |  90  |
|   1  |107 |  Feng  |  84  |  91  |
|   1  |235 | WangLu |  88  |  92  |
|   1  |106 | DingHua|  92  |  91  |
+-----+---+--------+-----+-----+
```

7. dropDuplicates( )

dropDuplicates()根据指定字段去重后返回一个 DataFrame 对象。例如：

```
>>> gradedf.dropDuplicates(["Spark"]).show()          #根据 Spark 字段去重
+-----+---+--------+-----+-----+
|Class | ID |  Name  |Scala |Spark |
+-----+---+--------+-----+-----+
|   2  |242 | YanHua |  96  |  90  |
|   1  |106 | DingHua|  92  |  91  |
|   2  |153 |ZhangHua|  85  |  92  |
+-----+---+--------+-----+-----+
```

4.4.5　筛选

本节给出几种筛选 DataFrame 对象的数据的方法。

1. where( )

where(conditionExpr)根据条件表达式 conditionExpr(字符串类型)筛选数据。条件表达式中可以用 and 和 or,相当于 SQL 语言中 where 关键字后的条件。该方法返回一个 DataFrame 对象。例如:

```
>>> gradedf.where("Class ='1' and Spark = '91'").show()
+-----+---+-------+-----+-----+
|Class | ID |  Name  |Scala |Spark |
+-----+---+-------+-----+-----+
|   1  |106 |DingHua |  92  |  91  |
|   1  |107 |  Feng  |  84  |  91  |
+-----+---+-------+-----+-----+
```

2. filter( )

filter(conditionExpr)方法可以根据字段进行筛选,通过传入筛选条件表达式(和 where()方法的使用条件相同),返回一个 DataFrame 对象。例如:

```
>>> gradedf.filter("Class ='1' ").show()
+-----+---+-------+-----+-----+
|Class | ID |  Name  |Scala |Spark |
+-----+---+-------+-----+-----+
|   1  |106 |DingHua |  92  |  91  |
|   1  |107 |  Feng  |  84  |  91  |
|   1  |235 | WangLu |  88  |  92  |
+-----+---+-------+-----+-----+
```

3. 下标运算符[ ]

指定一个列名,通过下标运算符[ ]返回 Column 类型的数据;指定多个列名,通过下标运算符[ ]返回 DataFrame 类型的数据。例如:

```
>>> gradedf["Spark"]
Column<'Spark'>
>> gradedf.Spark
Column<'Spark'>
>>> gradedf["Spark","Scala"]
DataFrame[Spark: bigint, Scala: bigint]
>>> gradedf["Spark","Scala"].show(3)
+-----+-----+
|Spark |Scala |
```

```
+-----+-----+
|  91 |  92 |
|  90 |  96 |
|  91 |  84 |
+-----+-----+
only showing top 3 rows
```

4. drop()

drop(ColumnNames)去除指定字段,保留其他字段,返回一个新的 DataFrame 对象。例如:

```
>>> gradedf.drop("ID","Spark").show(3)
+-----+-------+-----+
|Class |  Name |Scala |
+-----+-------+-----+
|   1 |DingHua |  92 |
|   2 |YanHua |  96 |
|   1 |  Feng |  84 |
+-----+-------+-----+
only showing top 3 rows
```

5. limit()

limit(n)获取 DataFrame 的前 n 行记录,返回一个新的 DataFrame 对象。例如:

```
>>> gradedf.limit(2)
DataFrame[Class: string, ID: string, Name: string, Scala: bigint, Spark:
bigint]
>>> gradedf.limit(2).show(3)
+-----+---+-------+-----+-----+
|Class |ID |  Name  |Scala |Spark |
+-----+---+-------+-----+-----+
|   1 |106 |DingHua |  92 |  91 |
|   2 |242 |YanHua |  96 |  90 |
+-----+---+-------+-----+-----+
```

6. select()

select(ColumnNames)根据传入的字段名获取指定字段的值,返回一个 DataFrame
对象。例如:

```
>>> gradedf.select("Class","Name","Scala").show(3,False)
+-----+-------+-----+
|Class |Name   |Scala |
+-----+-------+-----+
|1     |DingHua |92    |
|2     |YanHua  |96    |
|1     |Feng    |84    |
+-----+-------+-----+
only showing top 3 rows
```

在输出筛选的数据时可以对列重命名。例如:

```
>>> gradedf.select("Name","Scala").withColumnRenamed("Name","NAME").
withColumnRenamed("Scala","SCALA").show(2)
+-------+-----+
|  NAME  |SCALA |
+-------+-----+
|DingHua | 92   |
| YanHua | 96   |
+-------+-----+
only showing top 2 rows
```

也可以用 alias(∗alias)对列重命名:例如:

```
>>> gradedf.select("Name",gradedf.Spark.alias("spark")).show(3)
+-------+-----+
|  Name  |spark |
+-------+-----+
|DingHua | 91   |
| YanHua | 90   |
| Feng   | 91   |
+-------+-----+
only showing top 3 rows
```

7. selectExpr( )

selectExpr(Expr)可以直接对指定字段调用用户自定义函数或者指定别名等。该方法传入字符串类型的 Expr 参数,返回一个 DataFrame 对象。例如:

```
>>> gradedf.selectExpr("Name","Name as Names","upper(Name)","Scala * 10").
show(3)
+-------+-------+-----------+------------+
|  Name  |  Names  |upper(Name)  |(Scala * 10)  |
```

```
+-------+-------+-----------+-----------+
|DingHua |DingHua |   DINGHUA   |     920   |
| YanHua | YanHua |   YANHUA    |     960   |
| Feng   | Feng   |    FENG     |     840   |
+-------+-------+-----------+-----------+
only showing top 3 rows
```

4.4.6　排序

本节给出几种对 DataFrame 对象的数据进行排序方法。

1. orderBy()和 sort()

orderBy()和 sort()用来按指定字段排序，默认为升序，返回一个 DataFrame 对象，两种方法的用法相同。例如：

```
>>> gradedf.orderBy("Spark","Scala").show(5)
+-----+---+--------+-----+-----+
|Class | ID |   Name  |Scala |Spark |
+-----+---+--------+-----+-----+
|   2 |224 | MenTian  |  83  |  90  |
|   2 |242 |  YanHua  |  96  |  90  |
|   1 |107 |  Feng    |  84  |  91  |
|   2 |230 |WangYang  |  87  |  91  |
|   1 |106 | DingHua  |  92  |  91  |
+-----+---+--------+-----+-----+
only showing top 5 rows
>>> gradedf.sort("Spark","Scala").show(5)
+-----+---+--------+-----+-----+
|Class | ID |   Name  |Scala |Spark |
+-----+---+--------+-----+-----+
|   2 |224 | MenTian  |  83  |  90  |
|   2 |242 |  YanHua  |  96  |  90  |
|   1 |107 |  Feng    |  84  |  91  |
|   2 |230 |WangYang  |  87  |  91  |
|   1 |106 | DingHua  |  92  |  91  |
+-----+---+--------+-----+-----+
only showing top 5 rows
>>> gradedf.sort("Spark","Scala",ascending=False).show(5)
+-----+---+--------+-----+-----+
|Class | ID |   Name  |Scala |Spark |
+-----+---+--------+-----+-----+
|   1 |235 |  WangLu  |  88  |  92  |
|   2 |153 |ZhangHua  |  85  |  92  |
```

```
| --- 1  |106 | DingHua --- |  92  |  91  |
|    2  |230 |WangYang  |  87  |  91  |
|    1  |107 |  Feng    |  84  |  91  |
+-----+---+--------+-----+-----+
only showing top 5 rows
```

2. sortWithinPartitions()

sortWithinPartitions()方法和 sort()方法的功能类似,区别在于 sortWithinPartitions()方法返回的是按分区排序的 DataFrame 对象。例如:

```
>>> gradedf.sortWithinPartitions("ID").show()
+-----+---+--------+-----+-----+
|Class | ID |  Name  |Scala |Spark |
+-----+---+--------+-----+-----+
|    1  |106 | DingHua  |  92  |  91  |
|    1  |107 |  Feng    |  84  |  91  |
|    2  |153 | ZhangHua |  85  |  92  |
|    2  |224 | MenTian  |  83  |  90  |
|    2  |230 |WangYang  |  87  |  91  |
|    1  |235 | WangLu   |  88  |  92  |
|    2  |242 | YanHua   |  96  |  90  |
+-----+---+--------+-----+-----+
```

4.4.7 汇总与聚合

本节介绍执行汇总操作的 groupBy()方法和执行聚合操作的 agg()方法。

1. groupBy()

groupBy()按某些字段汇总(也称分组),返回结果是 GroupedData 类型的对象。GroupedData 对象提供了很多操作分组数据的方法。例如:

```
>>> gradedf.groupBy("Class")
<pyspark.sql.group.GroupedData object at 0x7fa62b0521c0>
>>> gradedf.groupBy("Class").count()
DataFrame[Class: string, count: bigint]
```

1) 结合 count()方法统计每一分组的记录数
例如:

```
>>> gradedf.groupBy("Class").count().show()
+-----+-----+
|Class |count |
```

```
+-----+-----+
|  1  |  3  |
|  2  |  4  |
+-----+-----+
```

2）结合 max()方法获取分组指定字段的最大值

这种汇总方法只能作用于数字型字段。例如：

```
>>> gradedf.groupBy("Class").max("Scala","Spark").show()
+-----+----------+----------+
|Class |max(Scala) |max(Spark) |
+-----+----------+----------+
|  1  |    92    |    92    |
|  2  |    96    |    92    |
+-----+----------+----------+
```

3）结合 min()方法获取分组指定字段的最小值

这种汇总方法只能作用于数字型字段。

4）结合 sum()方法获取分组指定字段的和值

这种汇总方法只能作用于数字型字段。例如：

```
>>> gradedf.groupBy("Class").sum("Spark","Scala").show()
+-----+----------+----------+
|Class |sum(Spark) |sum(Scala) |
+-----+----------+----------+
|  1  |   274    |   264    |
|  2  |   363    |   351    |
+-----+----------+----------+
```

5）结合 mean()方法获取分组指定字段的平均值

这种汇总方法只能作用于数字型字段。例如：

```
>>> gradedf.groupBy("Class").mean("Spark","Scala").show()
+-----+-----------------+----------+
|Class |    avg(Spark)    |avg(Scala) |
+-----+-----------------+----------+
|  1  |91.33333333333333 |   88.0   |
|  2  |    90.75        |   87.75  |
+-----+-----------------+----------+
```

2. agg()

agg()针对某列进行聚合操作,返回 DataFrame 类型的对象。agg()可以同时对多个列进行操作。例如：

```
>>> from pyspark.sql import functions as f
>>> gradedf.agg(f.min(gradedf.Spark),f.max(gradedf.Spark)).show()
+---------+---------+
|min(Spark) |max(Spark) |
+---------+---------+
|       90 |       92 |
+---------+---------+
```

4.4.8　统计

describe()方法用来获取数字列和字符串列的基本统计信息，例如计数、均值、标准差、最小值、最大值等，返回结果仍然为 DataFrame 对象。

下面使用 DataFrame 对象的 describe()方法获取指定字段的统计信息。

```
>>> gradedf.describe().show()
+-------+----------+-------------+--------+----------+---------+
|summary |     Class|          ID |    Name |     Scala|    Spark |
+-------+----------+-------------+--------+----------+---------+
|  count |        7 |          7 |       7 |        7 |        7|
|   mean |1.5714···714 |185.2857···428 |    null |87.8571···286 |     91.0|
| stddev |0.5345···488 | 61.4321···875 |    null | 4.6700···652 |0.8164···268|
|    min |        1 |         106 | DingHua |       83 |       90|
|    max |        2 |         242 |ZhangHua |       96 |       92|
+-------+----------+-------------+--------+----------+---------+
```

可以调用 summary()方法计算数字列和字符串列的指定统计信息，如计数、最小值、最大值、第一四分位数、第三四分位数、均值等。

```
>>> gradedf.summary("count","min","max","25%","75%","mean").show()
+-------+---------------+--------------+--------+--------------+----+
|summary |          Class |           ID |   Name |         Scala|Spark|
+-------+---------------+--------------+--------+--------------+----+
|  count |             7 |            7 |      7 |            7 |   7|
|    min |             1 |          106 | DingHua |           83 |  90 |
|    max |             2 |          242 |ZhangHua |           96 |  92 |
|    25% |           1.0 |        107.0 |    null |           84 |  90 |
|    75% |           2.0 |        235.0 |    null |           92 |  92 |
|   mean |1.5714285714285714|185.28571428571428|    null |87.85714285714286| 91.0 |
+-------+---------------+--------------+--------+--------------+----+
>>> gradedf.summary("count","min","max","25%","75%","mean").select
("summary","Scala","Spark","Name").show()                    #显示指定的列
```

```
+-------+-----------------+-----+--------+
|summary|            Scala |Spark| Name   |
+-------+-----------------+-----+--------+
| count |               7 |   7 |     7  |
|  min  |              83 |  90 |DingHua |
|  max  |              96 |  92 |ZhangHua|
|  25%  |              84 |  90 |  null  |
|  75%  |              92 |  92 |  null  |
| mean  |87.85714285714286|91.0 |  null  |
+-------+-----------------+-----+--------+
>>> gradedf.corr("Scala","Spark")          #计算 Scala 列与 Spark 列的相关系数
-0.2622542517794866
```

4.4.9　合并

unionAll(other:DataFrame)方法用于合并两个 DataFrame 对象,unionAll()方法并不是按照列名合并,而是按照位置合并,对应位置的列将合并在一起,列名不同并不影响合并。要合并的两个 DataFrame 对象的字段数必须相同。

```
>>> gradedf.select("Name","Scala","Spark").unionAll( df.select ( "name",
"spark","python")).show()
+--------+-----+-----+
|   Name |Scala |Spark |
+--------+-----+-----+
| DingHua |  92 |  91 |
|  YanHua |  96 |  90 |
|   Feng |  84 |  91 |
|WangYang |  87 |  91 |
|ZhangHua |  85 |  92 |
|  WangLu |  88 |  92 |
| MenTian |  83 |  90 |
|   Wang |  89 |  85 |
|     Li |  95 |  86 |
|   Ding |  90 |  88 |
+--------+-----+-----+
```

4.4.10　连接

在 SQL 中用得比较多的就是连接操作,在 DataFrame 中同样也提供了连接的功能。DataFrame 提供了 6 种调用 join()连接两个 DataFrame 对象的方法。

先构建两个 DataFrame 对象。

```
>>> df1 = spark.createDataFrame([("ZhangSan", 86,88), ("LiSi",90,85)]).toDF
("name", "Java","Python")                    #toDF()为列指定新名称
>>> df1.show()
+--------+----+------+
|  name  |Java |Python |
+--------+----+------+
|ZhangSan | 86 |  88  |
|  LiSi  | 90 |  85  |
+--------+----+------+
>>> df2 = spark.createDataFrame([("ZhangSan", 86,88), ("LiSi",90,85),
("WangWU", 86,88), ("WangFei",90,85)]).toDF("name","Java","Scala")
>>> df2.show()
+--------+----+-----+
|  name  |Java |Scala |
+--------+----+-----+
|ZhangSan | 86 |  88  |
|  LiSi  | 90 |  85  |
| WangWU  | 86 |  88  |
| WangFei | 90 |  85  |
+--------+----+-----+
```

下面介绍这 6 种连接方法。

1. 笛卡儿积

DataFrame 对象可以调用 join()方法求两个 DataFrame 对象的笛卡儿积。例如：

```
>>> df1.join(df2).show()
+--------+----+------+--------+----+-----+
|  name  |Java |Python |  name  |Java |Scala |
+--------+----+------+--------+----+-----+
|ZhangSan | 86 |  88  |ZhangSan | 86 |  88  |
|ZhangSan | 86 |  88  |  LiSi  | 90 |  85  |
|ZhangSan | 86 |  88  | WangWU  | 86 |  88  |
|ZhangSan | 86 |  88  | WangFei | 90 |  85  |
|  LiSi  | 90 |  85  |ZhangSan | 86 |  88  |
|  LiSi  | 90 |  85  |  LiSi  | 90 |  85  |
|  LiSi  | 90 |  85  | WangWU  | 86 |  88  |
|  LiSi  | 90 |  85  | WangFei | 90 |  85  |
+--------+----+------+--------+----+-----+
```

2. 通过一个字段连接

可以通过两个 DataFrame 对象的一个相同字段将这两个 DataFrame 对象连接起来。

例如：

```
>>> df1.join(df2, "name").show()          #name 是 df1 和 df2 的相同字段
+--------+----+------+----+-----+
|  name  |Java|Python|Java|Scala|
+--------+----+------+----+-----+
|   LiSi | 90 |  85  | 90 |  85 |
|ZhangSan| 86 |  88  | 86 |  88 |
+--------+----+------+----+-----+
```

3. 通过多个字段连接

可以通过两个 DataFrame 对象的多个相同字段将这两个 DataFrame 对象连接起来。例如：

```
>>> df1.join(df2,["name", "Java"]).show()
                                  #name 和 Java 是 df1 和 df2 的两个相同字段
+--------+----+------+-----+
|  name  |Java|Python|Scala|
+--------+----+------+-----+
|   LiSi | 90 |  85  |  85 |
|ZhangSan| 86 |  88  |  88 |
+--------+----+------+-----+
```

4. 按指定类型连接

两个 DataFrame 对象的连接有 inner（内连接）、outer（外连接）、left_outer（左外连接）、right_outer（右外连接）、leftsemi（左半连接）类型。在通过多个字段连接的情况下，可以带第三个 String 类型的参数，用于指定连接的类型，例如：

```
>>> df1.join(df2, ["name", "Java"], "inner").show()
+--------+----+------+-----+
|  name  |Java|Python|Scala|
+--------+----+------+-----+
|   LiSi | 90 |  85  |  85 |
|ZhangSan| 86 |  88  |  88 |
+--------+----+------+-----+
```

5. 使用 Column 类型的连接

指定两个 DataFrame 对象的字段进行连接。例如：

```
>>> df1.join(df2,df1.name == df1.name).show()
```

```
+--------+----+------+--------+----+-----+
| name   |Java|Python| name   |Java|Scala|
+--------+----+------+--------+----+-----+
|ZhangSan| 86 |  88  |ZhangSan| 86 | 88  |
|ZhangSan| 86 |  88  | LiSi   | 90 | 85  |
|ZhangSan| 86 |  88  | WangWU | 86 | 88  |
|ZhangSan| 86 |  88  |WangFei | 90 | 85  |
| LiSi   | 90 |  85  |ZhangSan| 86 | 88  |
| LiSi   | 90 |  85  | LiSi   | 90 | 85  |
| LiSi   | 90 |  85  | WangWU | 86 | 88  |
| LiSi   | 90 |  85  |WangFei | 90 | 85  |
+--------+----+------+--------+----+-----+
```

6. 使用 Column 类型的同时按指定类型连接

指定两个 DataFrame 对象的字段和连接类型进行连接。例如：

```
>>> df1.join(df2,df1.name == df1.name, "inner").show()
+--------+----+------+--------+----+-----+
| name   |Java|Python| name   |Java|Scala|
+--------+----+------+--------+----+-----+
|ZhangSan| 86 |  88  |ZhangSan| 86 | 88  |
|ZhangSan| 86 |  88  | LiSi   | 90 | 85  |
|ZhangSan| 86 |  88  | WangWU | 86 | 88  |
|ZhangSan| 86 |  88  |WangFei | 90 | 85  |
| LiSi   | 90 |  85  |ZhangSan| 86 | 88  |
| LiSi   | 90 |  85  | LiSi   | 90 | 85  |
| LiSi   | 90 |  85  | WangWU | 86 | 88  |
| LiSi   | 90 |  85  |WangFei | 90 | 85  |
+--------+----+------+--------+----+-----+
```

4.4.11　to 系列转换

to 系列方法主要包括 toDF()、toJSON()、toPandas() 和 toLocalIterator()，DataFrame 调用这些方法可将 DataFrame 对象转换为其他类型的数据。

```
>>> gradedf.toLocalIterator()    #返回 Python 迭代器,可带来计算和内存使用的优势
<generator object _local_iterator_from_socket.<locals>.PyLocalIterable.__
iter__ at 0x7f1cd12055e8>
>>> for x in gradedf.toLocalIterator():
...     print(x)
...
Row(Class='1', ID='106', Name='DingHua', Scala=92, Spark=91)
```

```
Row(Class='2', ID='242', Name='YanHua', Scala=96, Spark=90)
Row(Class='1', ID='107', Name='Feng', Scala=84, Spark=91)
Row(Class='2', ID='230', Name='WangYang', Scala=87, Spark=91)
Row(Class='2', ID='153', Name='ZhangHua', Scala=85, Spark=92)
Row(Class='1', ID='235', Name='WangLu', Scala=88, Spark=92)
Row(Class='2', ID='224', Name='MenTian', Scala=83, Spark=90)
>>> grade_json = gradedf.toJSON()#通过 toJSON()将 DataFrame 对象转换为 RDD 对象
>>> type(grade_json)
<class 'pyspark.rdd.RDD'>
#通过 toPandas()将 Spark SQL 的 DataFrame 对象转换为 Pandas 的 DataFrame 对象
>>> grade_pd = gradedf.toPandas()
>>> type(grade_pd)
<class 'pandas.core.frame.DataFrame'>
>>> gradedf.toDF('CLASS', 'ID', 'NAME', 'SCALA', 'SPARK')
                                      #转换为新列名的新的 DataFrame 对象
DataFrame[CLASS: string, ID: string, NAME: string, SCALA: bigint, SPARK:
bigint]
>>> gradedf.show(3)
+-----+---+-------+-----+-----+
|Class | ID | Name  |Scala |Spark |
+-----+---+-------+-----+-----+
|    1 |106 |DingHua |  92 |  91 |
|    2 |242 | YanHua |  96 |  90 |
|    1 |107 |  Feng  |  84 |  91 |
+-----+---+-------+-----+-----+
```

4.5 读写 MySQL 数据库

Spark SQL 可以通过 JDBC 连接 MySQL 数据库，以存储和管理数据。

4.5.1 安装并配置 MySQL

1. 安装 MySQL

安装 MySQL 的命令如下：

```
$ sudo apt-get update                    #更新软件源
$ sudo apt-get install mysql-server      #安装 MySQL
```

上述命令会安装 mysql-client-8.0 和 mysql-server-8.0 这两个包，因此无须再安装 mysql-client 等。

安装完成后，可以通过下面的命令查看是否安装成功：

```
$ systemctl status mysql
mysql.service - MySQL Community Server
Loaded: loaded (/lib/systemd/system/mysql.service; enabled; vendor preset:>
Active: active (running) since Thu 2021-10-14 22:31:55 CST; 28min ago
Main PID: 14365 (mysqld)
Status: "Server is operational"
Tasks: 37 (limit: 2312)
Memory: 349.5M
CGroup: /system.slice/mysql.service
14365 /usr/sbin/mysqld
```

若出现类似上面的信息,说明 MySQL 已经安装好并运行起来了。

以 root 用户身份登录 MySQL 进入 MySQL Shell 界面,即进入"mysql>"命令提示符状态:

```
$ sudo mysql -u root -p   #-u指定用户名,-p指示设定 MySQL 数据库 root 用户的密码
```

或者

```
$ sudo mysql              #可以不指定用户名和密码
```

2. MySQL 服务的状态管理

以下是 MySQL 服务的状态管理命令:

```
systemctl status mysql              #查看状态。装完后默认就启动了,默认开机启动
sudo systemctl disable mysql        #关闭开机启动
sudo systemctl enable mysql         #设置开机启动
sudo systemctl start mysql          #启动 MySQL 服务
sudo systemctl stop mysql           #关闭 MySQL 服务
```

3. 安装 MySQL JDBC

为了让 Spark 能够连接到 MySQL 数据库,需要安装 MySQL JDBC 驱动程序。MySQL JDBC 的下载地址是 https://dev.mysql.com/downloads/connector/j/,本书下载的安装文件是 mysql-connector-java_8.0.26-1ubuntu20.04_all.deb。下载和安装 MySQL JDBC 的命令如下:

```
$ cd ~/下载                            #切换到下载文件所在目录
$ sudo apt install ./mysql-connector-java_8.0.26-1ubuntu20.04_all.deb
                                      #安装 MySQL JDBC
#将 JAR 包复制到 Spark 安装目录的 jars 子目录(即/usr/local/spark/jars)下
$ cp /usr/share/java/mysql-connector-java-8.0.26.jar /usr/local/
spark/jars
```

4. 启动 MySQL

执行如下命令启动 MySQL，并进入 Shell 界面：

```
$ sudo service mysql start              #启动 MySQL 服务
$ sudo mysql -u root -p                 #登录 MySQL 数据库
```

-u 表示选择登录的用户名，这里是 root 用户；-p 表示登录时需要输入用户密码，系统会提示输入 MySQL 的 root 用户的密码。

在 MySQL Shell 环境下，输入如下 SQL 语句完成数据库和表的创建：

```
mysql> create database class;           #class 是数据库名
mysql> use class;                       #进入指定数据库
mysql> create table student(id int(4), name char(20), sex char(1), age int(3));
mysql> insert into student values(1001, 'Wang', 'F', 18);     #向表中写内容
mysql> insert into student values(1002, 'Yang', 'M', 19);
mysql> select * from student;                   #查看表中的内容
+------+------+------+------+
| id   | name | sex  | age  |
+------+------+------+------+
| 1001 | Wang | F    | 18   |
| 1002 | Yang | M    | 19   |
+------+------+------+------+
```

下面创建一个用户，为这个用户指定数据库权限：

```
mysql>create user 'newuser'@'localhost' identified by 'hadoop';
mysql> grant all privileges on `class`.* to 'newuser'@'localhost';
mysql> flush privileges;
```

后面将以这个用户身份连接数据库。

4.5.2　读取 MySQL 数据库中的数据

spark.read.format(jdbc)操作可以实现对 MySQL 数据库的读取。执行以下命令连接数据库，读取数据并显示：

```
>>> jdbcDF = spark.read.format("jdbc").option("url", "jdbc:mysql://
localhost:3306/class").option("driver", "com.mysql.cj.jdbc.Driver").option
("dbtable", "student").option("user", "newuser").option("password", "
hadoop").load()
>>> jdbcDF.show()
+----+----+---+---+
| id |name |sex |age |
```

```
+----+----+---+---+
|1001 |Wang | F | 18 |
|1002 |Yang | M | 19 |
+----+----+---+---+
```

在通过 JDBC 连接 MySQL 数据库时，需要利用 option()方法设置相关的连接参数，
表 4-3 列出了各个参数的含义。

表 4-3　JDBC 连接参数

参 数 名 称	参数值示例	含　　义
url	jdbc:mysql://localhost:3306/class	数据库的连接地址
driver	com.mysql.cj.jdbc.Driver	数据库的 JDBC 驱动程序
dbtable	student	要访问的表
user	newuser	数据库用户名
password	hadoop	数据库用户密码

4.5.3　向 MySQL 数据库写入数据

在 MySQL 数据库中，已经创建了一个名为 class 的数据库，并创建了一个名为
student 的表。下面要向 MySQL 数据库的 student 表中插入记录。

创建代码文件 InsertStudent.py，向 student 表中插入两条记录，具体代码如下：

```python
from pyspark.sql.types import Row
from pyspark.sql.types import StructType
from pyspark.sql.types import StructField
from pyspark.sql.types import StringType
from pyspark.sql.types import IntegerType
from pyspark.sql import SparkSession
spark = SparkSession.builder.getOrCreate()
#创建两条记录,表示两个学生的信息
studentRDD = spark.sparkContext.parallelize(["1003 Liu F 18","1004 Xu F 23"]).
map(lambda line : line.split(" "))
#设置模式信息
schema = StructType([
        StructField("id", IntegerType(), True),
        StructField("name", StringType(), True),
        StructField("sex", StringType(), True),
        StructField("age",IntegerType(), True)
        ])
```

```
#创建 Row 对象
rowRDD = studentRDD.map(lambda p : Row(int(p[0].strip()), p[1].strip(),p[2].
strip(), int(p[3].strip())))
#建立 Row 对象和模式之间的对应关系
studentDF = spark.createDataFrame(rowRDD, schema)
#写入数据库
prop = {}
prop['user'] = 'newuser'
prop['password'] = 'hadoop'
prop['driver'] = "com.mysql.cj.jdbc.Driver"
studentDF.write.jdbc("jdbc:mysql://localhost:3306/class", 'student', 'append',
prop)
```

通过下述命令执行代码文件：

```
$ python InsertStudent.py
```

执行以后，在 MySQL Shell 环境中使用 SQL 语句查询 student 表，就可以看到新增加的两条记录，具体命令及其执行结果如下：

```
mysql> use class;
ysql> select * from student;
+------+------+------+------+
| id   | name | sex  | age  |
+------+------+------+------+
| 1001 | Wang | F    | 18   |
| 1002 | Yang | M    | 19   |
| 1003 | Liu  | F    | 18   |
| 1004 | Xu   | F    | 23   |
+------+------+------+------+
```

4.6 实验 2：Spark SQL 编程实验

一、实验目的

1. 掌握 Spark SQL 常用的操作。
2. 了解使用 Spark SQL 编程解决实际问题的流程。

二、实验平台

操作系统：Ubuntu-20.04。
JDK 版本：1.8 或以上版本。

Spark 版本：3.2.0。

Python 版本：3.7。

三、实验任务

在二手车市场蓬勃发展的背景下,国内汽车金融和融资租赁市场逐步兴起。在汽车贷款、汽车保险、汽车租赁等金融产品设计过程中,折价率研究与预测也成为制定合理价格和控制业务经营风险的重要手段。

基于瓜子二手车网的交易信息,探索车辆的折价率与车辆已行驶里程之间的定量关系以及折价率与车辆的出厂年份之间的定量关系。主要功能需求如下:

(1) 探索车辆的折价率与车辆已行驶里程之间的定量关系。

(2) 探索折价率与车辆的出厂年份之间的定量关系。

(3) 找出售价最低 TOP10。

(4) 出厂年份最新 TOP10。

(5) 求出每年的折扣率平均值。

(6) 实现数据可视化。

瓜子二手车网交易信息的部分数据如表 4-4 所示。

表 4-4　瓜子二手车网交易信息的部分数据

类　　　型	年份	里程/万千米	地点	售价/万元	原价/万元
大众宝来 2012 款 1.4T 手动舒适型	2012	6.2	大连	4.39	13.98
福特福克斯 2012 款三厢 1.6L 自动舒适型	2014	10.3	大连	4.80	14.21
别克英朗 2016 款 15N 自动进取型	2017	1.4	大连	6.88	13.01
大众 POLO 2016 款 1.4L 自动风尚型	2017	1.4	大连	5.85	9.54
大众途观 2012 款 2.0TSI 自动四驱菁英版	2012	10.0	大连	10.00	31.13
雪佛兰科鲁兹 2009 款 1.6L SE AT	2010	10.6	大连	3.15	14.43

四、实验结果

列出代码及实验结果(截图形式)。

五、总结

总结本次实验的经验教训、遇到的问题及解决方法、待解决的问题等。

六、实验报告格式

Spark 大数据分析技术（Python 版）实验报告

学号		姓名		专业班级	
课程	Spark 大数据分析技术	实验日期		实验时间	
实验情况					
实验 2：Spark SQL 编程实验					
一、实验目的					
二、实验平台					
三、实验任务					
四、实验结果					
五、总结					
实验报告成绩				指导老师	

4.7 拓展阅读——中国芯片之路

2018 年 6 月 7 日，美国商务部正式与中兴通讯达成协议，将有条件地解除此前针对中兴通讯采购美国供应商商品的 7 年禁令。而解禁的前提，是中兴通讯缴纳 10 亿美元罚款以及 4 亿美元保证金，其代价相当惨重。中兴事件的爆发给我国的集成电路行业发展敲响了警钟，激起了全国加速发展集成电路的决心。如果一味依赖外国的产品，不能在芯片上实现独立自主，国家安全和发展必将时刻处于威胁之下。

所谓集成电路，或称芯片，是一种把电路小型化的方式，即采用一定的工艺，把一个电路中所需的晶体管、电阻、电容和电感等元件及布线互连一起，制作在一小块或几小块半导体晶片或介质基片上，然后封装在一个管壳内，成为具有所需电路功能的微型结构。集成电路的应用范围覆盖极广，包括电子、计算机、汽车、机械设备、医药生物、家用电器、军工等行业。

然而，与国内迅速膨胀的集成电路市场需求形成鲜明对比的是，我国集成电路需求中有很大比例仍需依靠进口来满足，国产集成电路自给率较低。

　　我国目前在处理器、存储器等方面与国外仍存在较大差距,持续且高比例的海外芯片进口意味着电子产品制造业始终处于国外企业控制之下。集成电路在计算机、互联网以及物联网等方面发挥着重要的作用。作为实现中国制造的技术与产业支撑,集成电路是工业的"粮食",战略性新兴产业培养、国防现代化建设、工业化与信息化融合等各个领域的突破,都离不开集成电路的支持。从经济角度看,在集成电路产业不能获得独立,中国制造就无法突破现有全球价值分工体系。因此,我国发展独立且强大的集成电路产业意义重大。

4.8　习题

1. RDD 与 DataFrame 有什么区别?
2. 创建 DataFrame 对象的方式有哪些?
3. 对 DataFrame 对象的数据进行过滤的方法是什么?
4. 分析 Spark SQL 出现的原因。

HBase 分布式数据库

HBase 是一个高可靠性、高性能、基于列进行数据存储的分布式数据库,可以随着存储数据的不断增加而实时、动态地增加列。本章主要介绍 HBase 系统架构和数据访问流程、HBase 数据表、HBase 安装与配置、HBase 的 Shell 操作、HBase 的 Java API 操作、HBase 案例实战和利用 Python 操作 HBase。

5.1 HBase 概述

HBase 概述

5.1.1 HBase 的技术特点

HBase 是一个建立在 HDFS 之上的分布式数据库。HBase 的主要技术特点如下:

(1) 容量大。HBase 中的一个表可以存储数十亿行、上百亿列。当关系数据库的单个表的记录在亿级时,查询和写入的性能都会呈现指数级下降;而 HBase 对于单表存储百亿级或更多的数据都没有性能问题。

(2) 无固定模式(表结构不固定)。HBase 可以根据需要动态地增加列,同一张表中不同的行可以有截然不同的列。

(3) 列式存储。HBase 中的数据在表中是按照列存储的,可动态地增加列,并且可以单独对列进行各种操作。

(4) 稀疏性。HBase 的表中的空列不占用存储空间,表可以非常稀疏。

(5) 数据类型单一。HBase 中的数据都是字符串。

5.1.2 HBase 与传统关系数据库的区别

HBase 与传统关系数据库的区别主要体现在以下几方面:

(1) 数据类型方面。关系数据库具有丰富的数据类型,如字符串型、数值型、日期型、二进制型等。HBase 只有字符串数据类型,即 HBase 把数据存储为未经解释的字符串,数据的实际类型都是交由用户自己编写程序对字符串进行解析的。

（2）数据操作方面。关系数据库包含了丰富的操作，如插入、删除、更新、查询等，其中还涉及各式各样的函数和连接操作。HBase 只有很简单的插入、查询、删除、清空等操作，表和表之间是分离的，没有复杂的表和表之间的关系。

（3）存储模式方面。关系数据库是基于行存储的。在关系数据库中读取数据时，需要按顺序扫描每个元组，然后从中筛选出要查询的属性。HBase 是基于列存储的。HBase 将列划分为若干列族（column family），每个列族都由几个文件保存，不同列族的文件是分离的。它的优点是：可以降低 I/O 开销，支持大量并发用户查询，仅需要处理要查询的列，不需要处理与查询无关的大量数据列。

（4）数据维护方面。在关系数据库中，更新操作会用最新的当前值替换元组中原来的旧值。而 HBase 执行的更新操作不会删除数据旧的版本，而是添加一个新的版本，旧的版本仍然保留。

（5）可伸缩性方面。HBase 分布式数据库就是为了实现灵活的水平扩展而开发的，所以它能够轻松增加或减少硬件的数量以实现性能的伸缩。而传统数据库通常需要增加中间层才能实现类似的功能，很难实现横向扩展，纵向扩展的空间也比较有限。

5.1.3　HBase 与 Hadoop 中其他组件的关系

HBase 作为 Hadoop 生态系统的一部分，一方面它的运行依赖于 Hadoop 生态系统中的其他组件；另一方面，HBase 又为 Hadoop 生态系统的其他组件提供了强大的数据存储和处理能力。HBase 与 Hadoop 生态系统中其他组件的关系如图 5-1 所示。

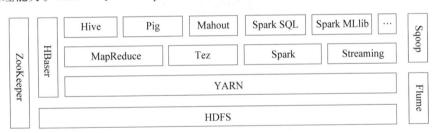

图 5-1　HBase 与 Hadoop 生态系统中其他组件的关系

HBase 使用 HDFS 作为高可靠的底层存储，利用廉价集群提供海量数据存储能力。

HBase 使用 MapReduce 处理海量数据，实现高性能计算。

HBase 用 ZooKeeper 提供协同服务，ZooKeeper 用于提供高可靠的锁服务。ZooKeeper 保证了集群中所有的计算机看到的视图是一致的。例如，节点 A 通过 ZooKeeper 抢到了某个独占的资源，那么就不会有节点 B 也宣称自己获得了该资源（因为 ZooKeeper 提供了锁机制），并且这一事件会被其他所有的节点观测到。HBase 使用 ZooKeeper 服务进行节点管理以及表数据的定位。

此外，为了方便在 HBase 上进行数据处理，Sqoop 为 HBase 提供了高效、便捷的 RDBMS 数据导入功能，Pig 和 Hive 为 HBase 提供了高层语言支持。

5.2 HBase 系统架构和数据访问流程

5.2.1 HBase 系统架构

HBase 采用主从架构，由客户端、HMaster 服务器、HRegionServer 和 ZooKeeper 服务器构成。在底层，HBase 将数据存储于 HDFS 中。HBase 系统架构如图 5-2 所示。

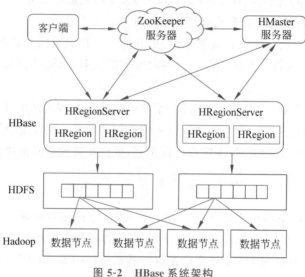

图 5-2　HBase 系统架构

1. 客户端

客户端包含访问 HBase 的接口，同时在缓存中维护着已经访问过的 HRegion 位置信息，用来加快后续数据访问过程。HBase 客户端使用 RPC（Remote Procedure Call，远程过程调用）机制与 HMaster 服务器和 HRegionServer 进行通信。对于管理类操作，客户端与 HMaster 服务器进行 RPC；对于数据读写类操作，客户端则会与 HRegionServer 进行 RPC。

2. ZooKeeper 服务器

ZooKeeper 服务器用来为 HBase 集群提供稳定可靠的协同服务，ZooKeeper 服务器存储了-ROOT-表的地址和 HMaster 的地址，客户端通过-ROOT-表可找到自己所需的数据。ZooKeeper 服务器并非一台单一的计算机，可能是由多台计算机构成的集群。每个 HRegionServer 会以短暂的方式把自己注册到 ZooKeeper 服务器中，ZooKeeper 服务器会实时监控每个 HRegionServer 的状态并通知给 HMaster 服务器，这样，HMaster 服务器就可以通过 ZooKeeper 服务器随时感知各个 HRegionServer 的工作状态。

具体来说，ZooKeeper 服务器的作用如下：

（1）保证任何时候集群中只有一个 HMaster 服务器作为集群的"总管"。HMaster 服务器记录了当前有哪些可用的 HRegionServer，以及当前哪些 HRegion 分配给了哪些

HRegionServer,哪些 HRegion 还没有被分配。当一个 HRegion 需要被分配时,HMaster 服务器从当前活着的 HRegionServer 中选取一个,向其发送一个装载请求,把 HRegion 分配给这个 HRegionServer。HRegionServer 得到请求后,就开始加载这个 HRegion。加载完成后,HRegionServer 会通知 HMaster 服务器加载的结果。如果加载成功,那么这个 HRegion 就可以对外提供服务了。

（2）实时监控 HRegionServer 的状态。ZooKeeper 服务器将 HRegionServer 上线和下线信息实时通知给 HMaster 服务器。

（3）存储 HBase 目录表的寻址入口。

（4）存储 HBase 的模式。HBase 的模式包括有哪些表、每个表有哪些列族等各种元信息。

（5）锁定和同步服务。锁定和同步服务机制可以帮助自动故障恢复,同时连接其他的分布式应用程序。

3. HMaster 服务器

每台 HRegionServer 都会和 HMaster 服务器通信,HMaster 服务器的主要任务就是告诉每个 HRegionServer 它主要维护哪些 HRegion。

当一台新的 HRegionServer 登录到 HMaster 服务器时,HMaster 服务器会告诉它先等待分配数据。而当一台 HRegionServer 发生故障失效时,HMaster 服务器会把它负责的 HRegion 标记为未分配,然后把它们分配给其他 HRegionServer。

HMaster 服务器用于协调多个 HRegionServer,侦测各个 HRegionServer 的状态,负责分配 HRegion 给 HRegionServer,平衡 HRegionServer 之间的负载。在 ZooKeeper 服务器的帮助下,HBase 允许多个 HMaster 服务器共存,但只有一个 HMaster 服务器提供服务,其他的 HMaster 服务器处于待命状态。当正在工作的 HMaster 服务器宕机时,ZooKeeper 服务器指定一个待命的 HMaster 服务器接管它。

HMaster 服务器主要负责表和 HRegion 的管理工作,具体包括:管理 HRegionServer,实现其负载均衡;管理和分配 HRegion,例如在 HRegion 拆分时分配新的 HRegion,在 HRegionServer 退出时迁移其上的 HRegion 到其他 HRegionServer 上;监控集群中所有 HRegionServer 的状态(通过 HeartBeat 监听);处理模式更新请求(创建、删除、修改表的定义)。

4. HRegionServer

HRegionServer 维护 HMaster 服务器分配给它的 HRegion,处理用户对这些 HRegion 的 I/O 请求,向 HDFS 文件系统中读写数据,此外,HRegionServer 还负责拆分在运行过程中变得过大的 HRegion。

HRegionServer 内部管理一系列 HRegion 对象,每个 HRegion 对应表中的一个分区。HBase 的表根据 Row Key 的范围被水平拆分成若干 HRegion。每个 HRegion 都包含了这个 HRegion 的 start key 和 end key 之间的所有行。HRegions 被分配给集群中的某些 HRegionServer 管理,由它们负责处理数据的读写请求。每个 HRegionServer 大约可以管理 1000 个 HRegion。HRegion 由多个 HStore 组成,每个 HStore 对应表中的一个列族的存储。每个列族其实就是一个集中的存储单元,因此最好将具备共同 I/O 特性的列放在一个列族中,这样最高效。

HStore 是 HBase 存储的核心。HStore 由两部分组成,一部分是 MemStore,另一部分是 StoreFiles。MemStore 是排序的内存缓冲区(sorted memory buffer),用户写入的数据首先会放入 MemStore,当 MemStore 满了以后会刷写(flush)成一个 StoreFile(其底层实现是 HFile)。当 StoreFile 文件数量达到一定阈值时,会触发合并(compact)操作,将多个 StoreFiles 合并成一个 StoreFile,合并过程中会进行版本合并和数据删除,因此,HBase 其实只增加数据,所有的更新和删除操作都是在后续的合并过程中进行的,这使得用户的写操作只要进入内存中就可以立即返回,保证了 HBase I/O 的高性能。

当 StoreFile 合并后,会逐步形成越来越大的 StoreFile,当单个 StoreFile 大小达到一定阈值后,会触发拆分(split)操作,同时把当前分区拆分成两个分区,父分区会下线,新拆分出的两个子分区会被 HMaster 服务器分配到相应的 HRegionServer 上,使得原先一个分区的压力得以分流到两个分区上。图 5-3 描述了 StoreFile 的合并和拆分过程。

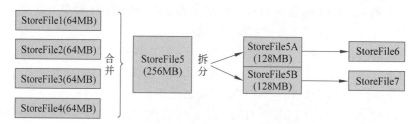

图 5-3   StoreFile 的合并和拆分过程

Hadoop 数据节点负责存储所有 HRegionServer 管理的数据。HBase 中的所有数据都是以 HDFS 文件的形式存储的。出于使 HRegionServer 管理的数据本地化的考虑,HRegionServer 是根据数据节点分布的。HBase 的数据在写入的时候都存储在本地。但当某一个 HRegion 被移除或被重新分配的时候,就可能产生数据不在本地的情况。名称节点负责维护构成文件的所有物理数据块的元信息。

5.2.2   HBase 数据访问流程

HRegion 是按照"表名+开始主键+分区号"(tablename+startkey+regionId)区分的,每个 HRegion 对应表中的一个分区。可以用上述标识符区分不同的 HRegion,这些标识符数据就是元数据,而元数据本身也是用一个 HBase 表保存在 HRegion 里面的,称这个表为.META.表(元数据表),其中保存的就是 HRegion 标识符和实际 HRegion 服务器的映射关系。

.META.表也会增长,并且可能被分割为几个 HRegion。为了定位这些 HRegion,采用-ROOT-表(根数据表)保存所有.META.表的位置,而-ROOT-表是不能被分割的,永远只保存在一个 HRegion 里。在客户端访问具体的业务表的 HRegion 时,需要先通过-ROOT-表找到.META.表,再通过.META.表找到 HRegion 的位置,即这两个表主要解决了 HRegion 的快速路由问题。

1. -ROOT-表

-ROOT-表记录了.META.表的 HRegion 信息。

-ROOT-表的结构如表 5-1 所示。

表 5-1　-ROOT-表的结构

Row Key	info			historian
	regioninfo	server	serverstartcode	
.META.，Table1，0，12345678，12657843		HRS1		
.META.，Table2，30000，12348765，12348675		HRS2		

下面分析-ROOT-表的结构，每行记录了一个.META.表的 HRegion 信息。

1）Row Key

Row Key(行键)由 3 部分组成：.META.表表名、StartRowKey 和创建时间戳。Row Key 存储的内容又称为.META.表对应的 HRegion 的名称。将组成 Row Key 的 3 部分用逗号连接，就构成了整个 Row Key。

2）info

info 中包含 regioninfo、server 和 serverstartcode。其中 regioninfo 就是 HRegion 的详细信息，包括 StartRowKey、EndRowKey 信息等。server 存储的是管理这个 HRegion 的 HRegionServer 的地址。所以，当 HRegion 被拆分、合并或者重新分配的时候，都需要修改-ROOT-表的内容。

2. .META.表

.META.表的结构如表 5-2 所示。

表 5-2　.META.表的结构

Row Key	info			historian
	regioninfo	server	serverstartcode	
Table1，RK0，12345678		HRS1		
Table1，RK10000，12345678		HRS2		
Table1，RK20000，12345678		HRS3		
⋮		⋮		
Table2，RK0，12345678		HRS1		
Table2，RK20000，12345678		HRS2		

HBase 的所有 HRegion 元数据被存储在.META.表中。随着 HRegion 的增多，.META.表的数据量也会增大，并拆分成多个新的 HRegion。为了定位.META.表中各个

HRegion 的位置,把.META.表中所有 HRegion 的元数据保存在-ROOT-表中,最后由 ZooKeeper 服务器记录-ROOT-表的位置信息。所有客户端访问用户数据前,需要首先访问 ZooKeeper 服务器获得-ROOT-表的位置,然后访问-ROOT-表获得.META.表的位置,最后根据.META.表中的信息确定用户数据存放的位置。

下面用一个例子介绍访问具体数据的过程。先构建-ROOT-表和.META.表。

假设 HBase 中只有两张用户表:Table1 和 Table2。Table1 非常大,被划分成很多 HRegion,因此在.META.表中有很多行,用来记录这些 HRegion。而 Table2 很小,只被划分成两个 HRegion,因此在.META.表中只有两行记录。这个.META.表如表 5-2 所示。

假设要从 Table2 中查询一条 Row Key 是 RK10000 的数据,应该按以下步骤进行:

(1) 从.META.表中查询哪个 HRegion 包含这条数据。

(2) 获取管理这个 HRegion 的 HRegionServer 地址。

(3) 连接这个 HRegionServer,查到这条数据。

对于步骤(1),.META.表也是一张普通的表,需要先知道哪个 HRegionServer 管理该 .META.表。因为 Table1 实在太大了,它的 HRegion 实在太多了,.META.表为了存储这些 HRegion 信息,自己也需要划分成多个分区,这就意味着可能有多个 HRegionServer 管理这个.META.表。HBase 的做法是用-ROOT-表记录.META.表的分区信息。假设.META.表被分成了两个分区,这个-ROOT-表如表 5-1 所示。客户端就需要先访问-ROOT-表。

查询 Table2 中 Row Key 是 RK10000 的数据的整个路由过程的主要代码在 org. apache.hadoop.hbase.client.HConnectionManager.TableServers 中:

```java
private HRegionLocation locateRegion(final byte[] tableName,
        final byte[] row, boolean useCache) throws IOException {
    if (tableName == null || tableName.length == 0) {
        throw new IllegalArgumentException("table name cannot be null or zero
length");
    }
    if (Bytes.equals(tableName, ROOT_TABLE_NAME)) {
        synchronized (rootRegionLock) {
            //防止两个线程同时查找 root 区域
            if (!useCache || rootRegionLocation == null) {
                this.rootRegionLocation = locateRootRegion();
            }
            return this.rootRegionLocation;
        }
    } else if (Bytes.equals(tableName, META_TABLE_NAME)) {
        return locateRegionInMeta(ROOT_TABLE_NAME, tableName, row, useCache,
            metaRegionLock);
    } else {
        //缓存中无此分区,需要访问 meta RS
        return locateRegionInMeta(META_TABLE_NAME, tableName, row, useCache,
userRegionLock);
    }
}
```

这是一个递归调用的过程。获取 Table 2 的 Row Key 为 RK10000 的 HRegionServer→获取.META.表的 Row Key 为"Table 2，RK10000，…，…"的 HRegionServer→获取-ROOT-表的 Row Key 为".META.，Table 2，RK10000，…，…"的 HRegionServer→获取-ROOT-表的 HRegionServer→从 ZooKeeper 服务器得到-ROOT-表的 HRegionServer→从-ROOT-表中查到 Row Key 最接近（小于）".META.，Table 2，RK10000，…，…"的一行，并得到.META.表的 HRegionServer→从.META.表中查到 Row Key 最接近（小于）"Table 2，RK10000，…"的一行，并得到 Table 2 的 HRegionServer→从 Table 2 中查到 RK10000 的行。

5.3　HBase 数据表

HBase
数据表

HBase 是基于 Hadoop HDFS 的数据库。HBase 数据表是一个稀疏的、分布式的、序列化的、多维排序的分布式多维表，表中的数据通过行键、列族、列名（column name）、时间戳（timestamp）进行索引和查询定位。表中的数据都是未经解释的字符串，没有数据类型。在 HBase 表中，每一行都有一个可排序的行键和任意多个列。表的水平方向由一个或多个列族组成，一个列族中可以包含任意多个列，同一个列族的数据存储在一起。列族支持动态扩展，可以添加列族，也可以在列族中添加列，无须预先定义列的数量，所有列均以字符串形式存储。

5.3.1　HBase 数据表逻辑视图

HBase 以表的形式存储数据，表由行和列组成，列可组合为若干列族，表 5-3 是一个班级学生 HBase 数据表的逻辑视图。此表中包含两个列族：StudentBasicInfo（学生基本信息）列族，由 Name（姓名）、Address（地址）、Phone（电话）3 列组成；StudentGradeInfo（学生课程成绩信息）列族，由 Chinese（语文）、Maths（数学）、English（英语）3 列组成。Row Key 为 ID2 的学生存在两个版本的电话，ID3 有两个版本的地址，时间戳较大的数据版本是最新的数据。

表 5-3　班级学生 HBase 数据表

Row Key	StudentBasicInfo			StudentGradeInfo		
	Name	Address	Phone	Chinese	Maths	English
ID1	LiHua	Building1	135××××××××	85	90	86
ID2	WangLi	Building1	t2：136×××××××× t1：158××××××××	78	92	88
ID3	ZhangSan	t2：Building2 t1：Building1	132××××××××	76	80	82

1. 行键

任何字符串都可以作为行键，HBase 表中的数据按照行键的字典序排序存储。在设计行键时，要充分利用排序存储这个特性，将经常一起读取的行存放到一起，从而充分利用空间局部性。如果行键是网站域名,如 www.apache.org、mail.apache.org、jira.apache.org,应该将网站域名进行反转(org.apache.www,org.apache.mail,org.apache.jira)再存储。这样,所有 apache 域名将会存储在一起。行键是最大长度为 64KB 的字节数组,实际应用中长度一般为 10~100B。

2. 列族和列名

HBase 表中的每个列都归属于某个列族,列族必须作为表的模式定义的一部分预先定义,如 create 'StudentBasicInfo', 'StudentGradeInfo'。在一个列族中可以存放很多列,而各个列族中列的数量可以不相同。

列族中的列名以列族名为前缀,例如 StudentBasicInfo:Name、StudentBasicInfo:Address 都是 StudentBasicInfo 列族中的列。可以按需要动态地为列族添加列。在具体存储时,一张表中的不同列族是分开独立存放的。HBase 把同一列族里面的数据存储在同一目录下,由几个文件保存。HBase 的访问控制、磁盘和内存的使用统计等都是在列族层面进行的,同一列族成员最好有相同的访问模式和大小。

3. 单元格

在 HBase 表中,通过行键、列族和列名确定一个单元格(cell)。每个单元格中可以保存一个字段数据的多个版本,每个版本对应一个时间戳。

4. 时间戳

在 HBase 表中,一个单元格往往保存着同一份数据的多个版本,根据唯一的时间戳区分不同版本,不同版本的数据按照时间倒序排序,最新版本的数据排在最前面。这样,在读取时,将先读取最新版本的数据。

时间戳可以由 HBase 在数据写入时自动用当前系统时间赋值,也可以由客户端显式赋值。当写入数据时,如果没有指定时间,那么默认的时间就是系统的当前时间;当读取数据时,如果没有指定时间,那么返回的就是最新版本的数据。保留版本的数量由每个列族的配置决定。默认的版本数量是 3。为了避免数据存在过多版本造成的存储和管理(包括索引)负担,HBase 提供了两种数据版本回收方式:

(1) 保存数据的最后 n 个版本。当版本数量过多时,HBase 会将过老的版本清除。

(2) 保存最近一段时间(例如最近 7 天)内的版本。

5. 区域

HBase 自动把表在纵向上分成若干区域,即 HRegion,每个 HRegion 会保存表中的一段连续的数据。刚开始表中只有一个 HRegion。随着数据的不断插入,HRegion 不断增大,当达到某个阈值时,HRegion 自动等分成两个新的 HRegion。

当 HBase 表中的行不断增多时,就会有越来越多的 HRegion,这样一张表就被保存在多个 HRegion 中。HRegion 是 HBase 中分布式存储和负载均衡的最小单位。最小单位的含义是:不同的 HRegion 可以分布在不同的 HRegionServer 上,但是一个 HRegion 不会拆分到多个 HRegionServer 上。

5.3.2　HBase 数据表物理视图

在逻辑视图层面，HBase 表是由许多行组成的；但在物理存储层面，HBase 表采用基于列的存储方式，而不是像传统关系数据库那样采用基于行的存储方式，这也是 HBase 和传统关系数据库的重要区别。可简单认为每个列族对应一张存储表，表中的行键、列族、列名和时间戳唯一确定一条记录。HBase 把同一列族里面的数据存储在同一目录下，由几个文件保存。在物理层面上，表的数据是通过 StoreFile 存储的，每个 StoreFile 相当于一个可序列化的映射（map），映射的键和值都是可解释型字符数组。

在实际的 HDFS 存储中，直接存储每个字段数据所对应的完整的键值对：

〈行键，列族，列名，时间戳〉→值

例如，表 5-3 中 ID2 行 Phone 字段下 t2 时间戳的数值 136×××××××在存储时的完整键值对是

〈ID2，StudentBasicInfo，Phone，t2 〉→136×××××××

也就是说，对于 HBase 来说，它根本不认为存在行和列这样的概念，在实现时只认为存在键值对这样的概念。键值对的存储是排序的，行概念是通过相邻的键值对比较而构建的，HBase 在物理实现上并不存在传统数据库中的二维表概念。因此，二维表中字段值的空值，对 HBase 来说在物理实现上是不存在的，而不是所谓的值为 null。

HBase 在 4 个维度（行键、列族、列名、时间戳）上以键值对的形式保存数据，其保存的数据量会比较大，因为对于每个字段来说，需要把对应的多个键值对都保存下来，而不像传统数据库以两个维度只需要保存一个值就可以了。

也可使用多维映射理解表 5-3 的班级学生 HBase 数据表，如图 5-4 所示。

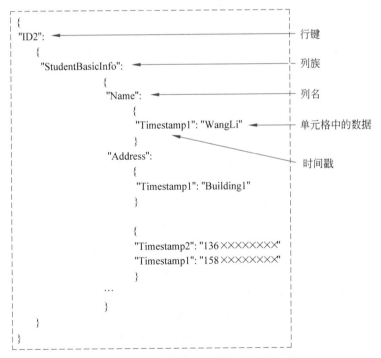

图 5-4　班级学生 HBase 数据表多维映射

行键映射一个列族的列表，列族映射一个列名的列表，列名映射一个时间戳的列表，每个时间戳映射一个值，也就是单元格中的数据。如果使用行键检索映射的数据，那么会得到所有的列。如果检索特定列族的数据，则会得到此列族中所有的列。如果检索列名映射的数据，则会得到所有的时间戳以及对应的数据。HBase 优化了返回数据，默认仅返回最新版本的数据。行键和关系数据库中的主键有相同的作用，不能改变列的行键。换句话说，如果表中已经插入数据，那么列族中的列名不能改变它所属的行键。

此外也可以使用键值对的方式理解，键就是行键，值就是列中的值，但是给定一个行键仅能确定一行数据。可以把行键、列族、列名和时间戳都看作键，而值就是单元格中的数据，班级学生 HBase 数据表的键值对结构如下所示：

```
ID2→{StudentBasicInfo:{Name:{Timestamp1: WangLi}, Address:{Timestamp1:
        Building1}, Phone:{Timestamp2: 136××××××××}}
    StudentGradeInfo:{Chinese:{Timestamp1: 78}, Maths:{Timestamp1: 92},
        English:{Timestamp2: 88}}}
ID2, StudentBasicInfo→{Name:{Timestamp1: WangLi}, Address:{Timestamp1:
                    Building1}, Phone:{Timestamp2: 136××××××××}}
ID2, StudentBasicInfo: Phone→{{Timestamp2: 136××××××××},
                    {Timestamp1: 158××××××××}}
ID2, StudentBasicInfo: Phone, Timestamp2→{:136××××××××}
```

5.3.3 HBase 数据表面向列的存储

在 HBase 中，HRegionServer 对应集群中的一个节点，而一个 HRegionServer 负责管理一系列 HRegion 对象。HBase 根据行键将一张表划分成若干 HRegion，一个 HRegion 代表一张表的一部分数据，所以 HBase 的一张表可能需要存储为很多个 HRegion。

HBase 在管理 HRegion 的时候会给每个 HRegion 定义一个行键的范围，落在特定范围内的数据将交给特定的 HRegion。HRegion 由多个 HStore 组成，每个 HStore 对应表中的一个列族的存储。即 HRegion 中的每个列族各用一个 HStore 存储，一个 HStore 代表 HRegion 的一个列族。另外，HBase 会自动调节 HRegion 所处的位置，如果一个 HRegionServer 变得繁忙（大量的请求落在这个 HRegionServer 管理的 HRegion 上），HBase 就会把一部分 HRegion 移动到相对空闲的节点上，以保证集群资源被充分利用。

由 HBase 面向列的存储原理可知，查询的时候要尽量减少不需要的列，而经常一起查询的列要组织到一个列族里。这是因为，需要查询的列族越多，意味着要扫描的 HStore 文件越多，需要的时间越多。

对表 5-3 班级学生 HBase 数据表进行物理存储时，会存成表 5-4、表 5-5 所示的两个小片段，也就是说，这个 HBase 表会按照 StudentBasicInfo 和 StudentGradeInfo 这两个列族分别存放，属于同一个列族的数据保存在一起（在一个 HStore 中）。

表 5-4　班级学生 HBase 数据表的 StudentBasicInfo 列族

Row Key	StudentBasicInfo		
	Name	Address	Phone
ID1	LiHua	Building1	135××××××××
ID2	WangLi	Building1	t2:136×××××××× t1:158××××××××
ID3	ZhangSan	t2:Building2 t1:Building1	132××××××××

表 5-5　班级学生 HBase 数据表的 StudentGradeInfo 列族

Row Key	StudentGradeInfo		
	Chinese	Maths	English
ID1	85	90	86
ID2	78	92	88
ID3	76	80	82

5.3.4　HBase 数据表的查询方式

HBase 通过行键、列族、列名、时间戳组成的四元组确定一个存储单元格。

HBase 支持以下几种查询方式：通过单个行键访问，通过行键的范围访问，全表扫描。

在上述 3 种查询方式中，第一种和第二种（在范围不是很大时）都是非常高效的，可以在毫秒级完成。如果一个查询无法利用行键定位（例如要基于某列查询满足条件的所有行），就需要全表扫描实现。因此，在针对某个应用设计 HBase 表结构时，要注意合理设计行键，使得最常用的查询可以高效地完成。

5.3.5　HBase 表结构设计

HBase 在行键、列族、列名、时间戳这 4 个维度上都可以任意设置，这给表结构设计提供了很大的灵活性。如果想要利用 HBase 很好地存储、维护和利用自己的海量数据，表结构设计至关重要。一个好的表结构可以从本质上提高操作速度，直接决定了 get、put、delete 等各种操作的效率。

在设计 HBase 表结构时需要考虑以下因素：

（1）列族。这个表应该有多少个列族，列族使用什么数据，每个列族应该有多少列。列族名字的长度影响到发送到客户端的数据长度，所以应尽量简洁。

（2）列。列名的长度影响数据存储的速度，也影响硬盘和网络 I/O 的开销，所以应该尽量简洁。

（3）行键。行键结构是什么，应该包含什么信息。行键在表结构设计中非常重要，决定应用中的交互以及提取数据的性能。行键的哈希可以使得行键有固定的长度和更好的分布，但是丢弃了使用字符串时的默认排序功能。

（4）单元格。单元格应该存放什么数据，每个单元格存储多少个版本的数据。

（5）表的深度和广度。深度大（行多列少）的表结构可以使得用户快速且简单地访问数据，但是丢掉了原子性；广度大（行少列多）的表结构可以保证行级别的原子操作，但是每行会有很多列。

5.4 HBase 的安装

本节介绍 HBase 的安装方法，包括下载安装文件、配置环境变量、添加用户权限等。

5.4.1 下载安装文件

HBase 是 Hadoop 生态系统中的一个组件，但是 Hadoop 在安装时并不包含 HBase，因此需要单独安装 HBase。从官网下载 HBase 安装文件 hbase-2.3.5-bin.tar.gz，将其保存到"/home/下载"目录下。

下载完安装文件以后，需要对文件进行解压。按照 Linux 系统使用的默认规范，用户安装的软件一般都是放在/usr/local/目录下。使用 Hadoop 用户身份登录 Linux 系统，打开一个终端，执行如下命令：

```
$ sudo tar -zxf ~/下载/hbase-2.3.5-bin.tar.gz -C /usr/local
```

将解压的文件名 hbase-2.3.5 改为 hbase，以方便使用，命令如下：

```
$ sudo mv /usr/local/hbase-2.3.5 /usr/local/hbase
```

5.4.2 配置环境变量

将 HBase 安装目录下的 bin 目录（即/usr/local/hbase/bin）添加到系统的 PATH 环境变量中，这样，每次启动 HBase 时就不需要到/usr/local/hbase 目录下执行启动命令，方便 HBase 的使用。使用 vim 编辑器打开~/.bashrc 文件，命令如下：

```
$ vim ~/.bashrc
```

打开.bashrc 文件以后，可以看到，已经存在如下所示的 PATH 环境变量的配置信息，这是因为在安装和配置 Hadoop 时，已经为 Hadoop 添加了 PATH 环境变量的配置信息：

```
export PATH=$PATH:/usr/local/hadoop/sbin:/usr/local/hadoop/bin
```

这里需要把 HBase 的 bin 目录（/usr/local/hbase/bin）追加到 PATH 中。当要在 PATH 中继续加入新的路径时，只要在末尾加上英文冒号，再把新的路径加到后面即可。追加 bin 目录后的结果如下：

```
export PATH=$PATH:/usr/local/hadoop/sbin:/usr/local/hadoop/bin:/usr/local/
hbase/bin
```

保存文件后,执行如下命令使设置生效:

```
$ source ~/.bashrc
```

5.4.3　添加用户权限

需要为当前登录 Linux 系统的 hadoop 用户添加访问 HBase 目录的权限。将 HBase 安装目录下的所有文件的所有者改为 hadoop,命令如下:

```
$ cd /usr/local
$ sudo chown -R hadoop ./hbase
```

5.4.4　查看 HBase 版本信息

可以通过如下命令查看 HBase 版本信息,以便确认 HBase 已经安装成功:

```
$ /usr/local/hbase/bin/hbase version
```

执行上述命令以后,如果出现如图 5-5 所示的信息,则说明安装成功。

图 5-5　查看 HBase 版本信息

5.5　HBase 的配置

HBase 有 3 种运行模式,即单机模式、伪分布式模式和分布式模式。

(1)单机模式。采用本地文件系统存储数据。

(2)伪分布式模式。采用伪分布式模式的 HDFS 存储数据。

（3）分布式模式。采用分布式模式的 HDFS 存储数据。

在进行 HBase 配置之前，需要确认已经安装了 3 个组件：JDK、Hadoop 和 SSH。HBase 单机模式不需要安装 Hadoop，伪分布式模式和分布式模式需要安装 Hadoop。

由于分布式模式与伪分布式模式的配置方式类似，本节只介绍单机模式和伪分布式模式的配置。

5.5.1 单机模式配置

1. 配置 hbase-env.sh 文件

使用 vim 编辑器打开/usr/local/hbase/conf/hbase-env.sh，命令如下：

```
$ vim /usr/local/hbase/conf/hbase-env.sh
```

打开 hbase-env.sh 文件以后，需要在 hbase-env.sh 文件中配置 Java 环境变量。在 Hadoop 配置中已经有了 JAVA_HOME=/opt/jvm/jdk1.8.0_181 的配置信息，这里可以直接复制该配置信息到 hbase-env.sh 文件中。此外，还需要添加 ZooKeeper 配置信息，配置 HBASE_MANAGES_ZK 为 true，表示由 HBase 自己管理 ZooKeeper，不需要单独的 ZooKeeper。由于 hbase-env.sh 文件中本来就存在这些环境变量的配置信息，因此只需要删除前面的注释符号（♯）并修改配置内容即可。修改后的 hbase-env.sh 文件应该包含如下两行信息：

```
export JAVA_HOME=/opt/jvm/jdk1.8.0_181
export HBASE_MANAGES_ZK=true
```

修改完成以后，保存 hbase-env.sh 文件并退出 vim 编辑器。

2. 配置 hbase-site.xml 文件

使用 vim 编辑器打开/usr/local/hbase/conf/hbase-site.xml 文件，命令如下：

```
$ vim /usr/local/hbase/conf/hbase-site.xml
```

在 hbase-site.xml 文件中，需要设置属性 hbase.rootdir，用于指定 HBase 数据的存储位置。如果没有设置该属性，则 hbase.rootdir 默认为/tmp/hbase-${user.name}，这意味着每次重启系统都会丢失数据。这里把 hbase.rootdir 设置为 HBase 安装目录下的 hbase-tmp 目录，即/usr/local/hbase/hbase-tmp。修改后的 hbase-site.xml 文件中的配置信息如下：

```
<configuration>
<property>
<name>hbase.rootdir</name>
<value>file:///usr/local/hbase/hbase-tmp</value>
```

```
</property>
</configuration>
```

修改完成以后，保存 hbase-site.xml 文件并退出 vim 编辑器。

3. 启动 HBase

启动 HBase 的命令如下：

```
$cd /usr/local/hbase
$ bin/start-hbase.sh                        #启动 HBase
```

4. 进入 HBase Shell 模式

启动 HBase 后，可以使用如下命令进入 HBase Shell(命令行交互界面)模式：

```
$ bin/hbase shell                           #进入 HBase Shell 模式
hbase(main):001:0>
```

为了简便起见，后面将 HBase Shell 命令提示符简写为"hbase>"。

进入 HBase Shell 模式之后，通过 status 命令查看 HBase 的运行状态，通过 exit 命令退出 HBase Shell：

```
hbase(main):001:0> status
1 servers, 0 dead, 2.0000 average load
hbase> exit
```

5. 停止 HBase

退出 Shell 后，可以使用如下命令停止 HBase 的运行：

```
$ bin/stop-hbase.sh
```

5.5.2　伪分布式模式配置

1. 配置 hbase-env.sh 文件

使用 vim 编辑器打开/usr/local/hbase/conf/hbase-env.sh，命令如下：

```
$ vim /usr/local/hbase/conf/hbase-env.sh
```

打开 hbase-env.sh 文件以后，需要在 hbase-env.sh 文件中配置 JAVA_HOME、HBASE_CLASSPATH 和 HBASE_MANAGES_ZK。其中，HBASE_CLASSPATH 设置为本机 Hadoop 安装目录下的 conf 目录(即/usr/local/Hadoop/conf)。JAVA_HOME

和 HBASE_MANAGES_ZK 的配置方法和单机模式相同。修改后的 hbase-env.sh 文件应该包含如下 3 行信息：

```
export JAVA_HOME= /opt/jvm/jdk1.8.0_181
export HBASE_CLASSPATH=/usr/local/hadoop/conf
export HBASE_MANAGES_ZK=true
```

修改完成以后，保存 hbase-env.sh 文件并退出 vim 编辑器。

2. 配置 hbase-site.xml 文件

使用 vim 编辑器打开/usr/local/hbase/conf/hbase-site.xml 文件，命令如下：

```
$ vim /usr/local/hbase/conf/hbase-site.xml
```

在 hbase-site.xml 文件中，需要设置属性 hbase.rootdir，用于指定 HBase 在伪分布式模式的 HDFS 上的存储路径。这里设置 hbase.rootdir 为 hdfs://localhost：9000/hbase。此外，由于采用了伪分布式模式，还需要将属性 hbase.cluster.distributed 设置为 true。修改后的 hbase-site.xml 文件中的配置信息如下：

```
<configuration>
<property>
<name>hbase.rootdir</name>
<value>hdfs://localhost:9000/hbase</value>
</property>
<property>
<name>hbase.cluster.distributed</name>
<value>true</value>
</property>
</configuration>
```

修改完成后，保存 hbase-site.xml 文件并退出 vim 编辑器。

3. 启动 HBase

完成以上操作后就可以启动 HBase 了。启动顺序是：先启动 Hadoop，再启动 HBase。关闭顺序是：先关闭 HBase，再关闭 Hadoop。

第一步：启动 Hadoop。

首先登录 SSH。由于之前已经设置了无密码登录，因此这里不需要密码。然后切换至/usr/local/hadoop/，启动 Hadoop，让 HDFS 进入运行状态，从而可以为 HBase 存储数据，具体命令如下：

```
$ ssh localhost
$ cd /usr/local/hadoop
```

```
$./sbin/start-dfs.sh                          #启动 Hadoop
$ jps                                          #查看进程
2833 NameNode
3162 SecondaryNameNode
2956 DataNode
```

执行 jps 命令后，如果能够看到 NameNode、SecondaryNameNode 和 DataNode 这 3 个进程，则表示已经成功启动 Hadoop。

注意：可先通过 jps 命令查看 Hadoop 集群是否启动。如果 Hadoop 集群已经启动，则不需要执行 Hadoop 集群启动操作。

第二步：启动 HBase。

启动 HBase 的命令如下：

```
$ cd /usr/local/hbase
$ bin/start-hbase.sh
$ jps                                          #查看进程
6369 NameNode
7794 Jps
6516 DataNode
7415 HRegionServer
7293 HMaster
7199 HQuorumPeer
6703 SecondaryNameNode
```

如果出现类似上面的进程信息，则表明 HBase 启动成功。

4. 进入 HBase Shell 模式

HBase 启动成功后，就可以进入 HBase Shell 模式，命令如下：

```
$ bin/hbase shell                             #进入 HBase Shell 模式
```

进入 HBase Shell 模式以后，用户可以通过输入 Shell 命令操作 HBase 数据库。

5. 退出 HBase Shell 模式

通过 exit 命令退出 HBase Shell 模式。

6. 停止 HBase 运行

退出 HBase Shell 模式后，可使用如下命令关闭 HBase：

```
$ bin/stop-hbase.sh
```

关闭 HBase 以后，如果不再使用 Hadoop，就可以运行如下命令关闭 Hadoop：

```
$ cd /usr/local/hadoop
$./sbin/stop-dfs.sh
```

需要特别注意启动和关闭 Hadoop 和 HBase 的顺序。

5.6 HBase 的 Shell 操作

**HBase 的
Shell 操作**

操作 HBase 常用的方式有两种：一种是 Shell 命令行；另一种是 Java API。HBase Shell 提供了大量操作 HBase 的命令，通过 Shell 命令可以很方便地操作 HBase 数据库，例如，创建、删除及修改表，向表中添加数据，列出表中的相关信息，等等。使用 Shell 命令操作 HBase 时，首先需要进入 HBase Shell 模式。

5.6.1 基本操作

1. 获取帮助

获取帮助的命令如下：

```
hbase> help
hbase> help 'status'                          #获取 status 命令的详细信息
```

2. 查看服务器状态

status 命令用来提供 HBase 的状态，例如服务器的数量。

```
hbase> status
1 servers, 1 dead, 2.0000 average load
```

3. 查看当前用户

查看当前用户的命令如下：

```
hbase> whoami
hadoop (auth:SIMPLE)
    groups: hadoop, sudo
```

4. 命名空间相关命令

在 HBase 中，命名空间（namespace）指对一组表的逻辑分组，类似 RDBMS 中的数据库，方便对表在业务上划分。可以创建、删除或更改命名空间。HBase 系统定义了两个默认的命名空间：hbase，系统命名空间，用于包含 HBase 内部表；default，用户建表时没有显式指定命名空间的表将自动落入此命名空间。

下面介绍与命名空间相关的命令。

（1）列出所有命名空间：

```
hbase> list_namespace
NAMESPACE
default
hbase
2 row(s) in 0.0730 seconds
```

（2）创建命名空间：

```
hbase> create_namespace 'ns1'
```

（3）查看命名空间：

```
hbase> describe_namespace 'ns1'
DESCRIPTION
{NAME => 'ns1'}
```

（4）在命名空间中创建表：

```
hbase> create 'ns1:t1', 'cf1'
```

该命令在命名空间 ns1 中新建一个表 t1 且表的列族为 cf1。

（5）查看命名空间下的所有表

```
hbase> list_namespace_tables 'ns1'
TABLE
t1
```

（6）删除命名空间中的表：

```
hbase> disable 'ns1:t1'          #删除表 t1 之前先禁用该表,否则无法删除
hbase> drop 'ns1:t1'             #删除命名空间 ns1 中的表 t1
```

（7）删除命名空间：

```
hbase> drop_namespace 'ns1'      #命名空间 ns1 必须为空,否则会报错
```

5.6.2　创建表

在关系数据库中,需要首先创建数据库,然后再创建表。但在 HBase 数据库中,不需要创建数据库,只需要直接创建表就可以了。HBase 创建表的语法格式如下：

```
create <表名称>, <列族名称 1>[, '列族名称 2',…]
```

HBase 中的表至少要有一个列族，列族直接影响 HBase 数据存储的物理特性。

下面以学生信息为例演示 HBase Shell 命令的用法。创建一个 student 表，其结构如表 5-6 所示。

表 5-6　student 表的结构

Row Key	baseInfo			score		
	Sname	Ssex	Sno	C	Java	Python
0001	ding	female	13440106	86	82	87
0002	yan	male	13440107	90	91	93
0003	feng	female	13440108	89	83	85
0004	wang	male	13440109	78	80	76

这里 baseInfo（学生个人信息）和 score（学生考试分数）对于 student 表来说是两个列族。baseInfo 列族由 3 个列组成：Sname、Ssex 和 Sno。score 列族由 3 个列组成：C、Java 和 Python。

创建 student 表，有 baseInfo 和 score 两个列族，且版本数量均为 2，命令如下：

```
hbase> create 'student',{NAME=>'baseInfo',VERSIONS=>2},{NAME=>'score',
VERSIONS=>2}
```

创建表时应注意以下几个问题：

（1）HBase Shell 里所有的名字都必须用引号括起来。

（2）HBase 的表不用定义有哪些列，因为列是可以动态增加和删除的。但 HBase 表需要定义列族。每张表有一个或者多个列族，每个列必须且仅属于一个列族。列族主要用来在存储上对相关的列分组，从而减少对无关列的访问，以提高性能。

默认情况下一个单元格只能存储一个数据，后面如果修改数据就会将原来的覆盖。可以通过指定 VERSIONS 使 HBase 一个单元格能存储多个值。VERSIONS 设为 2，则一个单元格能存储两个版本的数据。

student 表创建好之后，可使用 describe 命令查看 student 表的结构，查看的结果如图 5-6 所示。

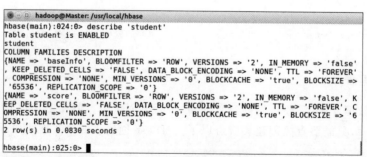

图 5-6　student 表的结构

可以看到,HBase 给这张表设置了很多默认属性,以下简要介绍这些属性:

(1) VERSIONS。版本数量,默认值是 1。建表时设置版本数量为 2,因此这里显示的是 2。

(2) TTL。生存期(Time To Live),一个数据在 HBase 中被保存的时限。也就是说,如果设置 TTL 是 7 天,那么 7 天后这个数据会被 HBase 自动清除。

下面两个创建表的命令等价:

```
hbase> create 'student1', 'baseInfo', 'score'
hbase> create 'student1',{NAME=>'baseInfo' },{NAME=>'score'}
```

下面再给出一个创建表的示例。创建表 st2,将表依据分割算法 HexStringSplit 分布在 10 个分区里,命令如下:

```
hbase> create 'st2','baseInfo', {NUMREGIONS=>10, SPLITALGO=>'HexStringSplit'}
```

5.6.3　插入与更新表中的数据

HBase 使用 put 命令添加或更新(如果已经存在的话)数据,一次只能为一个表的一个单元格添加一个数据,命令格式如下。

```
put <表名>,<行键>,<列族名:列名>,<值>[,时间戳]
```

例如,给表 student 添加数据,行键是 0001,列族名是 baseInfo,列名是 Sname,值是 ding。具体命令如下:

```
hbase>put 'student','0001','baseInfo:Sname', 'ding'
```

上面的 put 命令会为 student 表中行键是 0001、列族是 baseInfo、列名是 Sname 的单元格添加一个值 ding,系统默认把跟在表名 student 后面的第一个数据作为行键。命令 put 的最后一个参数是添加到单元格中的值。

可以指定时间戳,否则默认为系统当前时间。例如:

```
hbase> put 'student','0001','baseInfo:Sno', '13440106', 201912300909
```

下面再插入几条记录:

```
hbase> put 'student','0002','baseInfo:Sno', '13440107'
hbase> put 'student','0002','baseInfo:Sname', 'yan'
hbase> put 'student','0002','score:C', '90'
hbase> put 'student','0003','baseInfo:Sname', 'feng'
hbase> put 'student','0004','baseInfo:Sname', 'wang'
hbase> put 'student','0004','baseInfo:Ssex', 'male'
hbase> put 'student','0004','score:Python', '76'
```

5.6.4 查看表中的数据

HBase 中有两个用于查看表中数据的命令。

1. 查看某行数据的 get 命令

get 命令的语法格式如下:

```
get <表名>,<行键>[,<列族:列名>,…]
```

1) 查询某行

可以使用如下命令返回 student 表中 0001 行的数据:

```
hbase> get 'student', '0001'
COLUMN                      CELL
  baseInfo:Sname            timestamp=1580729648426, value=ding
  baseInfo:Sno              timestamp=201912300909, value=13440106
```

2) 查询某行某列

查询表 student 中行键为 0001 的 baseInfo 列族下的 Sname 的值:

```
hbase> get 'student','0001', 'baseInfo:Sname'
COLUMN             CELL
  baseInfo:Sname   timestamp=1580729648426, value=ding
```

3) 查询满足某限制条件的行

查询 student 表中行键为 0001 的这一行,只显示 baseInfo:Sname 这一列,并且只显示最新的两个版本:

```
hbase> get 'student', '0001', {COLUMNS => 'baseInfo:Sname', VERSIONS => 2}
COLUMN             CELL
  baseInfo:Sname   timestamp=1580729648426, value=ding
```

查看指定列的内容,并限定显示最新的两个版本和时间范围:

```
hbase(main):038:0> get 'student', '0001', {COLUMN => 'baseInfo:Sname ',
VERSIONS => 2, TIMERANGE => [1392368783980, 1392380169184]}
COLUMN             CELL
0 row(s) in 0.0140 seconds
```

2. 浏览表的全部数据的 scan 命令

scan 命令的语法如下:

```
scan <table>, {COLUMNS => [ <family:column>,… ], LIMIT => num}
```

1）浏览全表

浏览 student 表的全部数据：

```
hbase> scan 'student'
```

该命令的执行结果如图 5-7 所示。 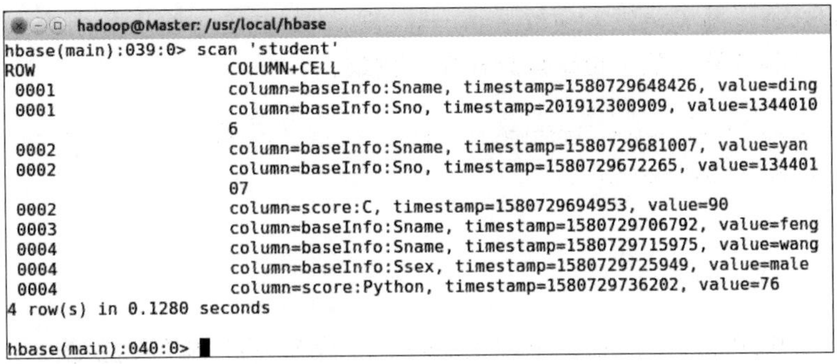

图 5-7　scan 'student'执行结果

2）浏览时指定列族

查询 student 表中列族为 baseInfo 的信息：

```
hbase> scan 'student', {COLUMNS => ['baseInfo']}
```

3）浏览时指定列族并限定显示最新的两个版本的内容

```
hbase> scan 'student', {COLUMNS => 'baseInfo', VERSIONS =>2}
```

4）设置开启 Raw 模式

开启 Raw 模式会把那些已添加删除标记但是未实际删除的数据也显示出来。例如：

```
hbase> scan 'student', {COLUMNS => 'baseInfo', RAW => true}
```

5）列的过滤浏览

查询 student 表中列族为 baseInfo、列名为 Sname 以及列族为 score、列名为 Python 的信息：

```
hbase> scan 'student', {COLUMNS => ['baseInfo:Sname', 'score:Python']}
```

查询 student 表中列族为 baseInfo、列名为 Sname 并且最新的两个版本的信息：

```
hbase> scan 'student', {COLUMNS => 'baseInfo:Sname', VERSIONS =>2}
```

查询 student 表中列族为 baseInfo，行键范围是[0001，0003)的数据：

```
hbase> scan 'student', {COLUMNS => 'baseInfo', STARTROW => '0001', ENDROW =>
'0003'}
```

此外，可用 count 命令查询表中的数据行数，其语法格式如下：

```
count <表名>, {INTERVAL => intervalNum, CACHE => cacheNum}
```

其中，INTERVAL 用来设置多少行显示一次，默认是 1000；CACHE 用来设置缓存区大小，默认是 10，调整该参数可提高查询速度。例如：

```
hbase> count 'student', {INTERVAL => 10, CACHE => 50}
4 row(s) in 0.0240 seconds
```

5.6.5 删除表中的数据

在 HBase 中用 delete、deleteall 以及 truncate 命令进行删除数据操作。三者的区别是：delete 命令用于删除一个单元格数据，deleteall 命令用于删除一行数据，truncate 命令用于删除表中的所有数据。

1）删除行中的某个单元格数据

delete 命令的语法格式如下：

```
delete <表名>, <行键>, <列族名:列名> , <时间戳>
```

删除 student 表中 0001 行中的 baseInfo：Sname 的数据，命令如下：

```
hbase> delete 'student','0001','baseInfo:Sname'
```

上述语句将删除 0001 行 baseInfo：Sname 列所有版本的数据。

2）删除行

使用 deleteall 命令删除 student 表中 0001 行的全部数据，命令如下：

```
hbase> deleteall 'student','0001'
```

3）删除表中的所有数据

删除 student 表的所有数据，命令如下：

```
hbase> truncate 'student'
```

5.6.6 表的启用/禁用

enable 和 disable 命令可以启用/禁用表，is_enabled 和 is_disabled 命令用来检查表

是否被启用/禁用。例如：

```
hbase> disable 'student'                    #禁用 student 表
hbase> is_disabled 'student'                #检查 student 表是否被禁用
true
hbase> enable 'student'                     #启用 student 表
hbase(main):048:0> is_enabled 'student'     #检查 student 表是否被启用
true
```

5.6.7　修改表结构

修改表结构必须先禁用表。例如：

```
hbase> disable 'student'                    #禁用 student 表
```

修改表结构使用 alter 命令。

1. 添加列族

语法格式如下：

```
alter '表名', '列族名'
```

例如：

```
hbase> alter 'student', 'teacherInfo'       #添加列族 teacherInfo
Updating all regions with the new schema...
1/1 regions updated.
Done.
```

2. 删除列族

语法格式如下：

```
alter '表名', {NAME =>'列族名', METHOD =>'delete'}
```

例如：

```
hbase> alter 'student', {NAME => 'teacherInfo', METHOD => 'delete'}
Updating all regions with the new schema...
1/1 regions updated.
Done.
```

3. 更改列族存储版本数量

默认情况下,列族只存储一个版本的数据。如果需要存储多个版本的数据,则需要修改列族的 VERSIONS 属性。例如：

```
hbase> alter 'student',{NAME=>'baseInfo',VERSIONS=>3}      #版本数量改为 3
```

5.6.8 删除 HBase 表

删除表需要两步操作：第一步禁用表，第二步删除表。例如，要删除 student 表，可以使用如下命令：

```
hbase> disable 'student'                    #禁用 student 表
hbase> drop 'student'                       #删除 student 表
```

5.7 HBase 的 Java API 操作

与 HBase 数据存储管理相关的 Java API 主要包括 HBaseAdmin、HBaseConfiguration、HTable、HTableDescriptor、HColumnDescriptor、Put、Get、Scan、Result。

5.7.1 HBase 数据库管理 API

1. HBaseAdmin

org.apache.hadoop.hbase.client.HBaseAdmin 类主要用于管理 HBase 数据库的表信息，包括创建或删除表、列出表项、使表有效或无效、添加或删除表的列族成员、检查 HBase 的运行状态等。HBaseAdmin 类的主要方法如表 5-7 所示。

表 5-7　HBaseAdmin 类的主要方法

方　法　名	返回值类型	方　法　描　述
addColumn(tableName, column)	void	向一个已存在的表中添加列
createTable(tableDescriptor)	void	创建表
disableTable(tableName)	void	使表无效
deleteTable(tableName)	void	删除表
enableTable(tableName)	void	使表有效
tableExists(tableName)	Boolean	检查表是否存在
listTables()	HTableDescriptor	列出所有表

用法示例：

```
HBaseAdmin admin = new HBaseAdmin(config);
admin.disableTable("tableName")
```

2. HBaseConfiguration

org.apache.hadoop.hbase.HBaseConfiguration 类主要用于管理 HBase 的配置信息。HBaseConfiguration 类的主要方法如表 5-8 所示。

表 5-8　HBaseConfiguration 类的主要方法

方　法　名	返回值类型	方法描述
create()	org. apache. hadoop. conf.Configuration	使用默认的 HBase 配置文件创建 Configuration
addHbaseResources(org. apache. hadoop. conf.Configuration conf)	org. apache. hadoop. conf.Configuration	向当前 Configuration 添加 conf 中的配置信息
merge （org. apache. hadoop. conf. Configuration destConf，org. apache. hadoop.conf.Configuration srcConf)	static void	合并两个 Configuration
set(String name，String value)	void	通过属性名设置值
get(String name)	void	获取属性名对应的值

用法示例：

```
HBaseConfiguration hconfig = new HBaseConfiguration();
hconfig.set("hbase.zookeeper.property.clientPort", "2081");
```

该方法设置 hbase.zookeeper.property.clientPort(客户端的端口号)为 2081。
一般情况下，HBaseConfiguration 会使用构造函数进行初始化，然后使用其他方法。

5.7.2　HBase 数据库表 API

1. HTable

org.apache.hadoop.hbase.client.HTable 类用于与 HBase 进行通信。如果多个线程对一个 HTable 对象进行 put 或者 delete 操作，则写缓冲器可能会崩溃。HTable 类的主要方法如表 5-9 所示。

表 5-9　HTable 类的主要方法

方　法　名	返回值类型	方　法　描　述
close()	void	释放所有资源
exists(Get get)	Boolean	检查 Get 实例所指的值是否存在于 HTable 的列中
get(Get get)	Result	从指定行的单元格中取得相应的值
getScanner(byte[] family)	ResultScanner	获取当前给定列族的 scanner 实例
getTableDescriptor()	HTableDescriptor	获得当前表的 HTableDescriptor 对象
getName()	TableName	获取当前表名
put(Put put)	void	向表中添加值

用法示例：

```
HTable table = new HTable(conf, Bytes.toBytes(tableName));
ResultScanner scanner = table.getScanner(family);
```

2. HTableDescriptor

org.apache.hadoop.hbase.HTableDescriptor 类包含了 HBase 表的详细信息，如表的列族、表的类型（-ROOT-表、.META.表）等。HTableDescriptor 类的主要方法如表 5-10 所示。

表 5-10　HTableDescriptor 类的主要方法

方 法 名	返回值类型	方 法 描 述
addFamily(HColumnDescriptor family)	HTableDescriptor	添加一个列族
getFamilies()	Collection＜HColumnDescriptor＞	返回表中所有列族的名称
getTableName()	TableName	返回表名实例
getValue(Bytes key)	Byte[]	获得某个属性的值
removeFamily(byte[] column)	HTableDescriptor	删除某个列族
setValue(byte[] key，byte[] value)	HTableDescriptor	设置属性的值

用法示例：

```
HTableDescriptor htd = new HTableDescriptor(table);
htd.addFamily(new HColumnDescriptor("family"));
```

上述命令通过一个 HTableDescriptor 实例为 HTableDescriptor 添加了一个列族 family。

3. HColumnDescriptor

org.apache.hadoop.hbase.HColumnDescriptor 类维护关于列族的信息，例如版本号、压缩设置等。它通常在创建表或者为表添加列族的时候使用。列族被创建后不能直接修改，只能删除后重新创建。列族被删除的时候，列族里面的数据也会同时被删除。HColumnDescriptor 类的主要方法如表 5-11 所示。

表 5-11　HColumnDescriptor 类的主要方法

方 法 名	返回值类型	方 法 描 述
getName()	Byte[]	获得列族的名称
getValue(byte[] key)	Byte[]	获得某列单元格的值
setValue(byte[] key，byte[] value)	HColumnDescriptor	设置某列单元格的值

用法示例：

```
HTableDescriptor htd = new HTableDescriptor(tableName);
HColumnDescriptor col = new HColumnDescriptor("content");
htd.addFamily(col);
```

5.7.3　HBase 数据库表行列 API

1. Put

org.apache.hadoop.hbase.client.Put 类用于向单元格添加数据。Put 类的主要方法如表 5-12 所示。

表 5-12　Put 类的主要方法

方　法　名	返回值类型	方　法　描　述
addColumn(byte[] family，byte[] qualifier，byte[] value)	Put	将指定的列族、列名、对应的值添加到 Put 实例中
get(byte[] family，byte[] qualifier)	List<Cell>	获取列族和列名指定的列中的所有单元格
has(byte[] family，byte[] qualifier)	Boolean	检查列族和列名指定的列是否存在
has(byte[] family，byte[] qualifier，byte[] value)	Boolean	检查列族和列名指定的列中是否存在指定的值

用法示例：

```
HTable table = new HTable(conf,Bytes.toBytes(tableName));
Put p = new Put(brow);                    //为指定行创建一个 Put 操作
p.add(family,qualifier,value);
table.put(p);
```

2. Get

org.apache.hadoop.hbase.client.Get 类用来获取单行的信息。Get 类的主要方法如表 5-13 所示。

表 5-13　Get 类的主要方法

方　法　名	返回值类型	方　法　描　述
addColumn(byte[] family，byte[] qualifier)	Get	根据列族和列名获取对应的列
setFilter(Filter filter)	Get	通过设置过滤器获取具体的列

用法示例：

```
HTable table = new HTable(conf, Bytes.toBytes(tableName));
```

```
Get g = new Get(Bytes.toBytes(row));
table.get(g);
```

3. Scan

可以利用 org.apache.hadoop.hbase.client.Scan 类限定需要查找的数据,如限定版本号、起始行号、列族、列名、返回数量的上限等。Scan 类的主要方法如表 5-14 所示。

表 5-14   Scan 类的主要方法

方　法　名	返回值类型	方　法　描　述
addFamily(byte[] family)	Scan	限定需要查找的列族
addColumn (byte [ ] family, byte [ ] qualifier)	Scan	限定列族和列名指定的列
setMaxVersions() setMaxVersions(int maxVersions)	Scan	限定版本的最大个数。如果不带任何参数调用该方法,表示取所有的版本。如果不调用该方法,只会取到最新的版本
setTimeRange (long minStamp, long maxStamp)	Scan	限定时间戳范围
setFilter(Filter filter)	Scan	指定过滤器过滤不需要的数据
setStartRow(byte[] startRow)	Scan	限定开始的行,否则从头开始
setStopRow(byte[] stopRow)	Scan	限定结束的行(不包含此行)

4. Result

org.apache.hadoop.hbase.client.Result 类用于存放 Get 或 Put 操作后的结果,并以键值对的格式存放在 map 结构中。Result 类的主要方法如表 5-15 所示。

表 5-15   Result 类的主要方法

方　法　名	返回值类型	方　法　描　述
containsColumn(byte[] family, byte[] qualifier)	Boolean	检查是否包含列族和列名指定的列
getColumnCells(byte[] family, byte[] qualifier)	List<Cell>	获得列族和列名指定的列中的所有单元格
getFamilyMap(byte[] family)	NavigableMap<byte[], byte[]>	根据列族获得包含列和值的所有行的键值对
getValue (byte [ ] family, byte [ ] qualifier)	Byte[]	获得列族和列指定的单元格的最新值

5.8　HBase 案例实战

本节采用 Eclipse 进行程序开发。在进行 HBase 编程之前，需要首先启动 Hadoop 和 HBase，具体命令如下：

```
$ cd /usr/local/hadoop
$ ./sbin/start-dfs.sh
$ cd /usr/local/hbase
$ ./bin/start-hbase.sh
```

5.8.1　在 Eclipse 中创建工程

由于以 hadoop 用户身份登录了 Linux 系统，Eclipse 启动以后，默认的工作目录还是之前设定的/home/hadoop/eclipse-workspace。

在 Eclipse 主界面中选择 File→New→Java Project 命令，创建一个 Java 工程，弹出如图 5-8 所示的创建 Java 工程向导。

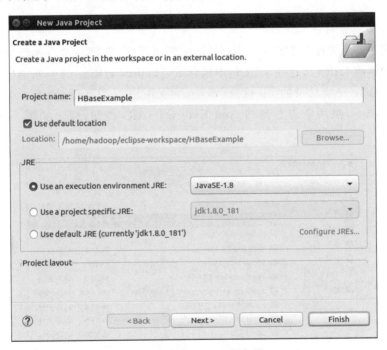

图 5-8　创建 Java 工程向导

在 Project name 文本框中输入工程名称 HBaseExample，选中 Use default location 复选框，然后单击 Next 按钮，进入下一步设置。

5.8.2 添加项目用到的 JAR 包

进入下一步设置以后，会出现如图 5-9 所示的界面。

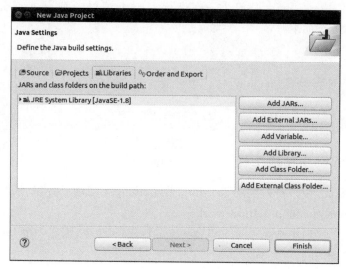

图 5-9　添加 JAR 包

为了编写一个能够与 HBase 交互的 Java 应用程序，需要在这个界面中加载该 Java 工程需要用到的 JAR 包，这些 JAR 包中包含了可以访问 HBase 的 Java API。这些 JAR 包都位于 HBase 安装目录的 lib 目录（即/usr/local/hbase/lib 目录）下。单击界面中的 Libraries 选项卡，然后单击右侧的 Add External JARs 按钮，弹出如图 5-10 所示的对话框。

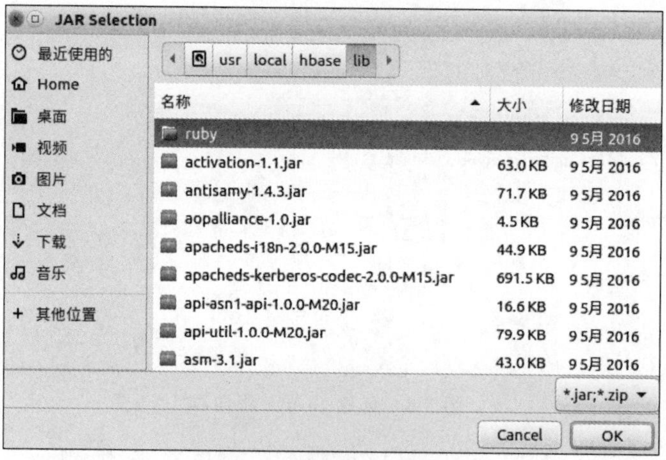

图 5-10　添加外部 JAR 包

选中/usr/local/hbase/lib 目录下除了 ruby 目录以外的所有 JAR 包，然后单击 OK 按钮完成 JAR 包的添加。最后单击创建 Java 工程向导界面右下角的 Finish 按钮完成

Java 工程 HBaseExample 的创建。

5.8.3　编写 Java 应用程序

1. 创建建表类 CreateHTable

在 Eclipse 工作界面左侧的 Package Explorer 面板中找到刚才创建的工程名称 HBaseExample,然后在该工程名称上右击,在弹出的快捷菜单中选择 New→Class 命令, 出现如图 5-11 所示的界面。

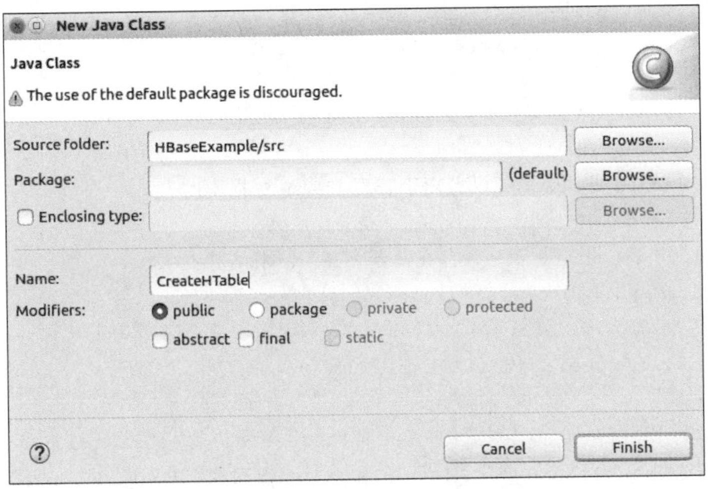

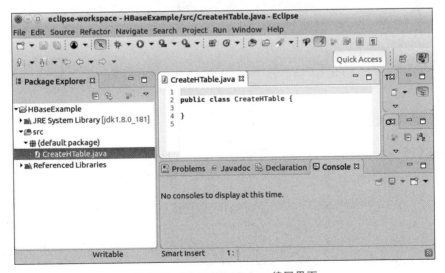

图 5-11　创建 Java 类

在图 5-11 中,在 Name 文本框中输入新建的 Java 类文件的名称 CreateHTable,其他 采用默认设置,然后单击 Finish 按钮,出现如图 5-12 所示的界面。

图 5-12　CreateHTable.java 编写界面

可以看到，Eclipse 自动创建了一个名为 CreateHTable.java 的源代码文件，在该文件中输入以下代码：

```
import org.apache.hadoop.conf.Configuration;
import org.apache.hadoop.hbase.HBaseConfiguration;
import org.apache.hadoop.hbase.HColumnDescriptor;
import org.apache.hadoop.hbase.HTableDescriptor;
import org.apache.hadoop.hbase.client.HBaseAdmin;
import java.io.IOException;
public class CreateHTable{
    public static void create(String tableName,String[] columnFamily) throws
IOException {
        Configuration cfg =  HBaseConfiguration.create();
                                                //生成 Configuration 对象
        //生成 HBaseAdmin 对象,用于管理 HBase 数据库的表
        HBaseAdmin admin = new HBaseAdmin(cfg);
        //创建表。先判断表是否存在。若存在,先删除,再建表
        if(admin.tableExists(tableName)){
            admin.disableTable(tableName);          //禁用表
            admin.deleteTable(tableName);           //删除表
        }
        //利用 HBaseAdmin 对象的 createTable(HTableDescriptor desc)方法创建表
        //通过 tableName 创建 HTableDescriptor 对象(包含了 HBase 表的详细信息)
        //通过 HTableDescriptor 对象的 addFamily(HColumnDescriptor hcd)方法添加列族
        //HColumnDescriptor 对象则是以列族名作为参数创建的
        HTableDescriptor htd = new HTableDescriptor(tableName);
        for(String column:columnFamily){
            htd.addFamily(new HColumnDescriptor(column));
        }
        admin.createTable(htd);                 //创建表
    }
}
```

2. 创建插入数据类 InsertHData

利用前面在 HBaseExample 工程中创建 CreateHTable 类的方法创建插入数据类 InsertHData。在 InsertHData.java 的源代码文件中输入以下代码：

```
import org.apache.hadoop.conf.Configuration;
import org.apache.hadoop.hbase.HBaseConfiguration;
import org.apache.hadoop.hbase.client.HTable;
import org.apache.hadoop.hbase.client.Put;
import java.io.IOException;
```

```
public class InsertHData {
    public static void insertData (String tableName, String row, String
columnFamily,String column,String data) throws IOException {
        Configuration cfg = HBaseConfiguration.create();
        //HTable 对象用于与 HBase 进行通信
        HTable table = new HTable(cfg,tableName);
        //通过 Put 对象为已存在的表添加数据
        Put put = new Put(row.getBytes());
        if(column==null)   //判断列名是否为空。如果为空,则直接添加列数据
            put.add(columnFamily.getBytes(),null,data.getBytes());
        else
            put.add(columnFamily.getBytes(),column.getBytes(),data.getBytes());
        //table 对象的 put()方法的输入参数——put 对象表示单元格数据
        table.put(put);
    }
}
```

3. 创建建表测试类 TestCreateHTable

利用前面在 HBaseExample 工程中创建 CreateHTable 类的方法创建建表测试类 TestCreateHTable。在 TestCreateHTable 的源代码文件中输入以下代码:

```
import java.io.IOException;
public class TestCreateHTable{
    public static void main(String[] args) throws IOException {
        //先创建一个 Student 表,列族有 baseInfo 和 scoreInfo
        String[] columnFamily = {"baseInfo","scoreInfo"};
        String tableName = "Student";
        CreateHTable.create(tableName,columnFamily);
        //插入数据
        //插入 Ding 的信息和成绩
        InsertHData.insertData("Student","Ding","baseInfo","Ssex","female");
        InsertHData.insertData("Student","Ding","baseInfo","Sno","10106");
        InsertHData.insertData("Student","Ding","scoreInfo","C","86");
        InsertHData.insertData("Student","Ding","scoreInfo","Java","82");
        InsertHData.insertData("Student","Ding","scoreInfo","Python","87");
        //插入 Yan 的信息和成绩
        InsertHData.insertData("Student","Yan","baseInfo","Ssex","female");
        InsertHData.insertData("Student","Yan","baseInfo","Sno","10108");
        InsertHData.insertData("Student","Yan","scoreInfo","C","90");
        InsertHData.insertData("Student","Yan","scoreInfo","Java","91");
        InsertHData.insertData("Student","Yan","scoreInfo","Python","93");
        //插入 Feng 的信息和成绩
```

```
        InsertHData.insertData("Student","Feng","baseInfo","Ssex","female");
        InsertHData.insertData("Student","Feng","baseInfo","Sno","10107");
        InsertHData.insertData("Student","Feng","scoreInfo","C","89");
        InsertHData.insertData("Student","Feng","scoreInfo","Java","83");
        InsertHData.insertData("Student","Feng","scoreInfo","Python","85");
    }
}
```

5.8.4 编译运行程序

在开始编译运行程序之前,一定要确保 Hadoop 和 HBase 已经启动运行。对于 5.8.3 节创建的 TestCreateHTable 类,在 Run 菜单中选择 Run as→Java Application 命令运行程序。程序运行结束后,在 Linux 的终端中启动 HBase Shell,使用 list 命令查看是否存在名称为 Student 的表:

```
hbase> list
TABLE
Student
student
t2
3 row(s) in 0.3810 seconds
```

从上面的输出结果可以看出,已经存在 Student 表,执行 scan "Student"命令,浏览表的全部数据,结果如图 5-13 所示。

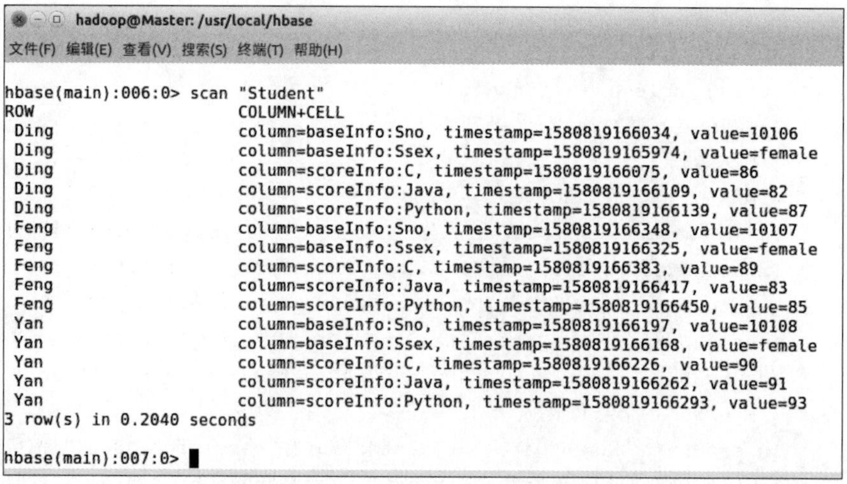

图 5-13 执行 scan "Student"命令的结果

从图 5-13 的输出结果可以看出,Student 表已经插入了数据,而且是根据行键的字典序排列的,与插入顺序无关。

5.9　利用 Python 操作 HBase

HappyBase 是 FaceBook 公司开发的操作 HBase 的 Python 库。它基于 Python Thrift,但使用方式比 Thrift 简单,已得到广泛应用。

5.9.1　HappyBase 的安装

打开一个终端,通过如下命令安装 HappyBase：

```
$ pip install happybase
```

执行上述命令将安装 HappyBase 以及 Thrift。

在终端中执行如下命令打开 Hadoop 和 Hbase：

```
$ hbase thrift start
```

执行该命令后,终端不能关闭。然后就可以利用 Python 操作 HBase 了。

HappyBase 主要由 4 个大类构成,分别是 Connection(连接)类、Table(表)类、Batch (批处理)类、ConnectionPool(连接池)类。下面简要介绍 Connection 类和 Table 类。

5.9.2　Connection 类

Connection 类用来建立连接 HBase 的对象,但需要通过 Thrift 服务才能连接到 HBase。

Connection 类的构造函数的语法格式如下：

```
happybase.Connection(host='localhost', port=9090, timeout=None, autoconnect
=true, table_prefix=None, table_prefix_separator=b'_', compat='0.98',
transport='buffered', protocol='binary')
```

相关参数说明如下：
- host：要连接的 HBase Thrift 服务器的地址。
- port：要连接的服务器的端口,默认为 9090。
- timeout：要创建的 Socket 连接对象的通信超时时间,单位是毫秒。
- autoconnect：连接是否直接打开。默认为 true,即直接打开连接。
- table_prefix：用于构造表名的前缀,非强制配置。
- table_prefix_separator：用于表名前缀的分隔符。
- compat：通信协议版本。
- transport：传输模式。
- protocol：协议。

Connection 类中的函数大部分用于打开或关闭连接以及对表进行操作。

下面给出 Connection 类的应用示例。

首先输入以下命令启动 Hadoop、Hbase 和 Thrift：

```
$ cd /usr/local/hadoop
$ ./sbin/start-dfs.sh
$ cd /usr/local/hbase
$ bin/start-hbase.sh
$ hbase thrift start
```

打开一个新的终端，进入 PySpark，用 Python 连接 HBase：

```
>>> import happybase
>>> connection = happybase.Connection('localhost')
>>> connection.tables()                    #列出可用的表
[b'student', b'student1']
```

Connection 类的主要函数介绍如下：

- connection.open()：建立与服务器的连接。
- connection.close()：关闭与服务器的连接。
- connection.create_table(name,families)：创建表，name 用来指定表名，families 用来指定列族，用字典数据类型表示。
- connection.delete_table(name,disable=false)：删除表，disable 表示是否先禁用表。
- connection.disable_table(name)：禁用表。
- enable_table(name)：启用表。
- disable_table(name)：禁用表。
- connection.table(name,user_prefix=true)：获取一个表对象，返回一个 happybase.Table 对象。user_prefix 表示是否使用表名前缀，默认为 true。

5.9.3 Table 类

Table 类是与表中数据交互的主要类，该类提供了数据检索和操作方法。例如：

```
>>> stu = connection.table('student')        #通过 Connection 类获取 Table 对象
>>> type(stu)
<class 'happybase.table.Table'>
>>> stu.families                             #获取列族信息
<bound method Table.families of <happybase.table.Table name=b'student'>>
>>> scanner = stu.scan()         #通过 scan() 函数获取数据,返回结果是一个迭代器
>>> for key, data in scanner:                #获取迭代器中的数据
...     print(key,data)
```

5.10　拓展阅读——HBase 存储策略的启示

HBase 将数据表的列组合成多个列族,同一个列族下的数据集中存放。由于查询操作通常是基于列名进行的条件查询,可以把经常查询的列组成一个列族,查询时只需要扫描相关列名下的数据,避免了关系数据库基于行存储的方式下需要扫描所有行的数据记录的额外资源开销,可大大提高访问性能。HBase 基于列族存储数据的策略充分利用了整体与部分这一重要哲学思想。

(1) 整体居于主导地位,统率部分;离开了整体,部分就不成其为部分。这要求我们应当树立全局观念,立足整体,选择最佳方案,实现整体的最优目标,从而达到整体功能大于部分功能之和的理想效果。俗话说:"单丝不成线,独木难成林。""花在树则生,离树则死;鸟在林则乐,离群则悲。""站得高,看得远。""大处着眼,小处着手。"

(2) 整体是由部分构成的,部分的功能及其变化会影响整体的功能,关键部分的功能及其变化甚至对整体的功能起决定作用。这要求我们必须重视局部的作用,做好局部工作,用局部的发展推动全局的发展。一堆沙子是松散的,可是它和水泥、石子、水混合后,就会形成比花岗岩还坚硬的混凝土。古语说:"千里之堤,溃于蚁穴。""天下兴亡,匹夫有责。""不积跬步,无以至千里;不积小流,无以成江海。"

5.11　习题

1. 简述 HBase 与传统关系数据库的区别。
2. 举例说明 HBase 数据表的逻辑视图和物理视图。
3. 在设计 HBase 表时需要考虑哪些因素?
4. 在 HBase 中如何确定用户数据的存放位置?
5. 简述 HBase 中两个用于查看表中数据的 get 命令与 scan 命令的用法。

Spark Streaming 流计算

随着社交网络的兴起,实时流数据的处理变得越来越重要。例如,在使用微信朋友圈的时候,想知道当前最热门的话题有哪些,想知道当前最新的评论等,这些都会涉及实时流数据的处理。本章主要介绍 Spark Streaming 工作原理、Spark Streaming 编程模型以及 DStream 的创建和操作。

6.1 流计算概述

6.1.1 流数据

流数据是大量、快速、连续到达的有序数据序列,可被视为一个随时间延续而无限增长的动态数据集合。流数据具有 4 个特点:

(1) 数据实时到达。

(2) 数据到达次序独立,不受应用系统所控制。

(3) 数据规模宏大且不能预知其最大值。

(4) 数据一经处理,除非特意保存,否则不能被再次取出处理,或者再次提取数据代价昂贵。

对于持续生成动态新数据的大多数场景,采用流数据处理是有利的。这种处理方法适用于大多数行业和大数据使用案例。例如:

- 交通工具、工业设备和农业机械上的传感器将监测数据源源不断地实时传输到数据中心,然后由流处理应用程序进行分析,获得设备的性能状况,提前发现潜在缺陷,应用程序自动订购备用部件,从而防止设备停机。

- 电子书网站通过对众多用户的在线内容点击流记录进行流处理,优化网站的内容投放,为用户实时推荐相关内容,让用户获得最佳的阅读体验。

- 网络游戏公司收集关于玩家与游戏间互动的流数据,并将这些数据提供给游戏平台。游戏平台再对这些数据进行实时分析,并提供各种激励措施和动态体验以吸引玩家。

6.1.2 流计算处理流程

传统的数据处理是以数据库为中心的,多用于存储事务性数据,适用于事务性数据的处理。在传统的数据处理架构下,数据往往是以批量的方式进行处理的,例如批量向数据库写入数据、批量从数据库读取数据并进行处理等。在对实时性要求较低的应用场景中,传统的数据处理架构较为有效;但是传统的数据处理架构无法胜任对实时性要求较高的场景,例如自动驾驶场景、工业机器人场景等。

典型的流计算处理流程如图 6-1 所示。

流处理系统会对随时进入系统的数据进行计算。流处理方式无须针对整个数据集执行操作,而是对通过系统传输的每个数据项执行操作。

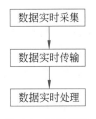

图 6-1　流计算处理流程

流处理中的数据集是"无边界"的,完整数据集只能代表截至目前已经进入系统的数据总量;处理工作是基于事件的,除非明确停止,否则没有"尽头";处理结果立刻可用,并会随着新数据的抵达持续更新。

流处理很适合用来处理必须对变动或峰值做出响应,并且关注一段时间内变化趋势的数据。

6.2　Spark Streaming 工作原理

Spark Streaming 是构建在 Spark Core 上的实时流计算框架,扩展了 Spark Core 处理流式大数据的能力。Spark Streaming 将数据流以时间片为单位分割形成一系列 RDD(一个 RDD 对应一块分割数据),这些 RDD 在 Spark Streaming 中用一个抽象数据模型 DStream 描述,其英文全称为 Discretized Stream,中文翻译为"离散流"。DStream 表示一个连续不断的数据流。它可以用 Kafka、Flume、Kinesis、Twitter、TCP Sockets 等数据源的输入数据流创建,也可以通过对其他 DStream 应用 map()、reduce()、join() 等操作进行转换创建。DStream 与 RDD 的对应关系如图 6-2 所示。DStream 用一个 RDD 序列表示。

图 6-2　DStream 与 RDD 的对应关系

Spark Streaming 的基本工作原理如图 6-3 所示,Spark Streaming 使用"微批次"的架构,把流式计算当作一系列连续的小规模批处理。Spark Streaming 从输入源中读取数据,并把数据分组为小的批次。新的批次按均匀的时间间隔创建出来。在每个时间区间开始的时候,一个新的批次就创建出来,在该区间内收到的数据都会被添加到这个批次中;在时间区间结束时,批次停止增长。时间区间的大小是由批处理间隔这个参数决定的。批处理间隔一般设为 500 毫秒到几秒,由应用开发者配置。每个输入批次都形成一个 RDD,Spark 以作业的方式处理并生成其他的 RDD,然后就可以对 RDD 进行转换操作,最后将 RDD 经过行动操作生成的中间结果保存在内存中。整个流式计算根据业务的需求可以对中间的结果进行叠加,最后生成批形式的结果流给外部系统。

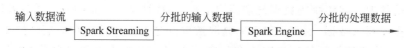

图 6-3　Spark Streaming 的基本工作原理

6.3　Spark Streaming 编程模型

6.3.1　编写 Spark Streaming 程序的步骤

编写 Spark Streaming 程序的基本步骤如下:

(1) 创建 StreamingContext 对象。

(2) 为 StreamingContext 对象指定输入源,得到 DStream 对象。DStream 对象的数据输入源可以是文件流、套接字流、RDD 队列流、Kafka 流等。

(3) 操作 DStream。对从数据源得到的 DStream,用户通过定义转换操作和输出操作来定义流计算。

(4) 通过调用 StreamingContext 对象的 start()方法开始接收数据和处理流数据。上面的步骤只是创建了执行流程,程序没有真正连接数据源,也没有对数据进行任何操作。只有 StreamingContext.start()执行后才真正启动程序进行所有预期的操作,此后就不能再添加任何计算逻辑了。同时只能有一个 StreamingContext 对象执行 start()方法并使该对象处于活跃状态。

(5) 通过调用 StreamingContext 对象的 awaitTermination()方法等待流计算流程结束,或者通过调用 StreamingContext 对象的 stop()方法手动结束流计算流程。调用 stop()方法时,会同时停止内部的 SparkContext。如果不希望如此,还希望后面继续使用 SparkContext 创建其他类型的 Context,例如 SQLContext,那么就用 stop(false)。一个 StreamingContext 停止之后是不能重启的,即调用 stop()之后不能再调用 start()。

6.3.2　创建 StreamingContext 对象

在 RDD 编程中需要先创建一个 SparkContext 对象。SparkContext 是 Spark Core 应用程序的上下文和入口。在 Spark SQL 编程中,需要先创建一个 SparkSession 对象。SparkSession 对象是 Spark SQL 应用程序的上下文和入口。

在 Spark Streaming 编程中,需要先创建一个 StreamingContext 对象,它是 Spark Streaming 应用程序的上下文和入口。在 Spark Core 中,通过在 RDD 上进行转换操作(如 map()、filter()等)和行动操作(如 count()、collect()等)进行数据处理。在 Spark Streaming 中,通过对 DStream 执行转换操作和输出操作进行数据处理。

进入 PySpark 的交互界面后,默认生成一个 SparkContext 对象 sc。通过 SparkContext 对象创建 StreamingContext 对象的语法格式如下:

```
ssc = StreamingContext(SparkContext,Interval)
```

上述命令将创建一个 StreamingContext 对象 ssc。StreamingContext()方法的参数有两个：一个是 SparkContext 对象；另一个是 Interval，该参数指定了 Spark Streaming 处理流数据的时间间隔，即每隔多少秒处理一次到达的流数据。interval 参数需要根据用户的需求和集群的处理能力进行适当的设置。

StreamingContext(SparkContext, Interval)方式一般用于在 PySpark 交互式执行环境中创建 StreamingContext 对象。进入 PySpark 交互式执行环境后，会默认创建一个 SparkContext 对象 sc，但不会自动创建 StreamingContext 对象，需要用户手工创建。在建立 StreamingContext 对象之前需要先导入 StreamingContext 模块，具体创建过程如下：

```
>>> from pyspark.streaming import StreamingContext
>>> ssc = StreamingContext(sc, 1)
```

注意：一个 SparkContext 对象可以创建多个 StreamingContext 对象，只要调用 stop(false)方法停止前一个 StreamingContext 对象，就可以再创建下一个 StreamingContext 对象。

如果要编写一个独立的 Spark Streaming 程序，而不是在 PySpark 中运行，则需要在代码文件中通过如下方式创建 StreamingContext 对象：

```
from pyspark import SparkConf, SparkContext
from pyspark.streaming import StreamingContext
conf = SparkConf().setMaster('local[2]').setAppName('SelfStreaming')
sc = SparkContext(conf=conf)                    #创建 SparkContext 对象
ssc = StreamingContext(sc, 1)
```

setAppName()方法中的 AppName 表示编写的应用程序显示在集群上的名字，如 'SelfStreaming'。setMaster(master)中的参数 master 可以是一个 Spark、Mesos、YARN 集群 URL；也可以是一个特殊字符串"local[*]"，表示程序用本地模式运行，* 的值至少为 2，表示有两个线程执行流计算，一个接收数据，另一个处理数据。

当程序运行在集群中时，一般不在程序中设置 master，而是用 spark-submit 启动应用程序，并从 spark-submit 中得到 master 的值。对于本地模式运行，可以将 master 参数设置为"local[*]"字符串。

6.4　创建 DStream

创建好 StreamingContext 对象之后，需要为其指定输入源以创建 DStream 对象。

6.4.1　创建输入源为文件流的 DStream 对象

在文件流的应用场景中，用户编写 Spark Streaming 应用程序对文件系统中的某个目录进行监控，一旦发现有新的文件生成，Spark Streaming 应用程序就会自动把文件内容读取过来,使用用户自定义的流处理逻辑进行处理。

1. 在 PySpark 中创建文件流

下面给出在 PySpark 中创建输入源为文件流的 DStream 对象的创建过程。

首先,在 Linux 系统中打开一个终端(为了便于区分多个终端,称这里打开的终端为数据源终端),创建 logfile 目录,命令如下:

```
$ mkdir -p /usr/local/spark/mydata/streaming/logfile    #递归创建 logfile 目录
$ cd /usr/local/spark/mydata/streaming/logfile
```

然后,在 Linux 系统中再打开一个终端(称这里打开的终端为流计算终端),启动 PySpark,依次输入如下语句:

```
>>> from pyspark.streaming import StreamingContext
>>> ssc = StreamingContext(sc, 30)              #创建 StreamingContext 对象
>>> FileDStream = ssc.textFileStream("file:///usr/local/spark/mydata/
streaming/logfile")
>>> words = FileDStream.flatMap(lambda x: x.split(" "))
>>> wordPair = words.map(lambda x:(x,1))
>>> wordCounts = wordPair.reduceByKey(lambda a,b:a+b)
>>> wordCounts.pprint()
>>> ssc.start()
>>> ssc.awaitTermination()
```

在上面的代码中,ssc.textFileStream()表示调用 StreamingContext 对象的 textFileStream()方法创建一个输入源为文件流的 DStream 对象。接下来的 FileDStream.flatMap()、words.map()、wordPair.reduceByKey()和 wordCounts.pprint() 是流计算处理过程,负责对从文件流获取流数据而得到的 DStream 对象进行操作。ssc. start()语句用于启动流计算过程,执行该语句后就开始循环监听/usr/local/spark/ mydata/streaming/logfile 目录。最后的 ssc.awaitTermination()方法用来等待流计算流程结束,该语句是无法输入到命令提示符后面的,但是为了程序的完整性,这里还是给出了 ssc.awaitTermination()。可以使用 Ctrl+C 组合键随时手动停止流计算流程。

在 PySpark 中执行 ssc.start()以后,自动进入循环监听状态,屏幕上会不断显示与下面类似的信息:

```
…          #这里省略若干屏幕信息
-------------------------------------------
Time: 2021-12-08 21:29:00
-------------------------------------------
```

这时切换到数据源终端,在/usr/local/spark/mydata/streaming/logfile 目录下新建一个名为 log1.txt 的文件,在该文件中输入一些英文语句后保存并退出,具体命令如下:

```
$ cat > log1.txt                              #创建文件
Hello World
Hello Scala
Hello Spark
Hello Python
```

执行 cat ＞ log1.txt 命令后,会生成一个名为 log1.txt 的文件。然后下面会显示空行,此时输入上述内容。输入完成后,按 Ctrl＋D 组合键存盘并退出 cat。此时可在当前目录下创建一个包含刚才的输入内容的名为 log1.txt 的文件。

然后,切换到流计算终端,最多等待 30s,就可以看到词频统计结果,具体输出结果如下:

```
('Hello', 4)
('World', 1)
('Scala', 1)
('Spark', 1)
('Python', 1)
```

如果监测的路径是 HDFS 上的路径,直接通过 hadoop fs -put ***命令将文件***放到监测路径中就可以;如果监测的路径是本地目录 file:///home/data,必须用流的形式写入这个目录形成文件才能被监测到。

2. 以程序文件的方式创建文件流

在/usr/local/spark/mydata/streaming/logfile 目录下创建 FileStreaming.py 代码文件,具体命令如下:

```
$ cd /usr/local/spark/mydata/streaming/logfile
$ touch FileStreaming.py                      #创建代码文件
```

使用 gedit 编辑器打开 FileStreaming.py 文件,具体命令如下:

```
$ gedit FileStreaming.py                      #打开 FileStreaming.py 文件
```

在打开的文件中输入以下代码:

```
from pyspark import SparkConf, SparkContext
from pyspark.streaming import StreamingContext
conf = SparkConf().setMaster('local[2]').setAppName('SelfStreaming')
sc = SparkContext(conf=conf)                  #创建 SparkContext 对象
ssc = StreamingContext(sc, 30)
FileDStream = ssc.textFileStream("file:///usr/local/spark/mydata/streaming/
logfile")
words = FileDStream.flatMap(lambda x: x.split(" "))
```

```
wordPair = words.map(lambda x:(x,1))
wordCounts = wordPair.reduceByKey(lambda a,b:a+b)
wordCounts.pprint()
ssc.start()
ssc.awaitTermination()
```

保存并关闭 FileStreaming.py 文件，执行如下命令运行 FileStreaming.py：

```
$ python FileStreaming.py
```

执行 python FileStreaming.py 命令的终端称为流计算终端。再打开一个终端，称为数据源终端，在/usr/local/spark/mydata/streaming/logfile 目录下新建一个名为 log2.txt 的文件，并输入一些英文句子：

```
$ cat > log2.txt                                    #创建文件
Hello World
Hello Scala
Hello Spark
Hello Python
```

按 Ctrl+D 组合键存盘并退出 cat。回到执行 FileStreaming.py 代码文件的流计算终端，最多等待 30s，就会输出单词统计信息。使用 Ctrl+C 组合键即可停止流计算。

6.4.2 定义 DStream 的输入数据源为套接字流

Spark Streaming 可以通过 Socket 端口监听并接收数据，然后进行相应处理。

1. Socket 工作原理

Socket 的原意是插座。在计算机通信领域，Socket 被翻译为套接字，它是计算机之间进行通信的一种约定或一种方式。通过这种约定，一台计算机可以接收其他计算机的数据，也可以向其他计算机发送数据。

Socket 的典型应用就是 Web 服务器和浏览器。浏览器获取用户输入的网址，向服务器发起请求；服务器分析接收到的网址，将对应的网页内容返回给浏览器；浏览器再经过解析和渲染，将文字、图片、视频等元素呈现给用户。

通常用一个 Socket 表示打开一个网络连接。网络通信归根到底还是不同计算机上的进程间通信。在网络中，每一个节点都有一个网络地址，也就是 IP 地址。两个进程通信时，首先要确定各自所在的网络节点的网络地址。但是，网络地址只能确定进程所在的计算机，而一台计算机上很可能同时运行着多个进程，所以仅凭网络地址还不能确定到底是和网络中的哪一个进程通信，因此 Socket 中还需要包括其他的信息，也就是端口号。在一台计算机中，一个端口号一次只能分配给一个进程，端口号和进程之间是一一对应的关系。Socket 使用(IP 地址，协议，端口号)标识一个进程。

2. NetCat

NetCat,简称 nc,是一款易用、专业的网络辅助工具,号称 TCP/IP 的"瑞士军刀",可以使用这款软件建立 TCP 和 UDP 连接,它还支持对各种端口上的连接请求进行监测。通常,Linux 发行版中都带有 NetCat。

NetCat 的基本功能如下。

(1) 连接到远程主机。语法格式如下:

```
nc [-options] hostname ports
```

其中:

- -options：选项,以"-"开头。
- hostname：主机名。
- ports：端口号(多个端口号用空格分隔)。

(2) 绑定端口等待连接。语法格式如下:

```
nc -l -p port [-options] [hostname] [ports]
```

nc 命令的选项如表 6-1 所示。

表 6-1　nc 命令选项

选　　项	说　　明
-C	类似-L 选项,一直不断连接
-d	后台执行
-e prog	程序重定向,一旦连接就执行程序,应慎重使用
-g gateway	源路由跳数,最大值为 8
-h	帮助信息
-i secs	延时的间隔
-l	监听模式,用于入站连接
-L	更"卖力"的监听,一直不断连接
-n	指定数字的 IP 地址,不能用主机名
-o file	记录十六进制的传输
-p port	本地端口号
-r	任意指定本地及远程端口
-s addr	本地源地址
-u	UDP 模式
-v	给出详细的输出内容,用两个-v 可得到更详细的内容

续表

选　　项	说　　明
-w secs	指定超时时间
-z	将输入输出关闭,用于扫描时

3. 编写 Spark Streaming 独立应用程序

在套接字流作为数据源的应用场景中,Spark Streaming 应用程序相当于 Socket 通信的客户端,它通过 Socket 方式请求数据,获取数据以后启动流计算过程进行处理。

打开一个终端,在/usr/local/spark/mydata/streaming 目录下创建 SocketWordCount.py 文件,具体命令如下:

```
$ cd /usr/local/spark/mydata/streaming
$ touch SocketWordCount.py                    #创建 SocketWordCount.py 文件
```

使用 gedit 编辑器打开 SocketWordCount.py 文件,具体命令如下:

```
$ gedit SocketWordCount.py                    #打开 SocketWordCount.py 文件
```

在打开的文件中输入以下代码,实现流数据的词频统计功能:

```
from pyspark import SparkConf, SparkContext
from pyspark.streaming import StreamingContext
conf = SparkConf().setMaster('local[2]').setAppName('SelfStreaming')
sc = SparkContext(conf=conf)                    #创建 SparkContext 对象
ssc = StreamingContext(sc,5)
lines = ssc.socketTextStream("localhost",8888)
words = lines.flatMap(lambda x: x.split(" "))
wordPair = words.map(lambda x:(x,1))
wordCounts = wordPair.reduceByKey(lambda a,b:a+b)
wordCounts.pprint()
ssc.start()
ssc.awaitTermination()
```

在上面的代码中,ssc.socketTextStream("localhost",8888)表示调用 StreamingContext 对象的 socketTextStream("localhost",8888)方法创建一个输入源为套接字流的 DStream 对象,"localhost"为主机地址,8888 为通信端口号,Socket 客户端使用该主机地址和端口号与服务器通信。lines.flatMap(lambda x:x.split(" "))、words.map(lambda x:(x,1))、wordPair.reduceByKey(lambda a,b:a+b)是自定义的处理逻辑,用于实现对源源不断地到达的流数据执行词频统计。

保存并关闭 SocketWordCount.py 文件。执行如下命令运行 SocketWordCount.py:

```
$ cd /usr/local/spark/mydata/streaming
$ pythonSocketWordCount.py
```

运行 SocketWordCount.py，就相当于启动了 Socket 客户端。再打开一个终端（称为数据源终端），启动一个 Socket 服务器端，让该服务器端接收客户端的请求，并向客户端不断地发送数据流。使用如下命令生成一个 Socket 服务器端：

```
$ nc -l -p 8888
```

在上面的 nc 命令中，-l 表示启动监听模式，也就是作为 Socket 服务器端，nc 会监听本地主机（localhost）的 8888 号端口，只要监听到来自客户端的连接请求，就会与客户端建立连接，把数据发送给客户端。-p 表示监听的是本地端口号。

由于前面已经运行了 SocketWordCount.py 程序，启动了 Socket 客户端，该客户端会向本地主机（localhost）的 8888 号端口发起连接请求，服务器端的 nc 程序就会监听到本地主机的 8888 号端口有来自客户端（SocketWordCount.py 程序）的连接请求，于是就会建立服务器端（nc 程序）和客户端（SocketWordCount.py 程序）之间的连接。连接建立以后，nc 程序就会把人们在服务器端窗口内手动输入的内容全部发送给 SocketWordCount.py 程序进行处理。为了测试程序运行效果，在服务器端窗口内执行上面的 nc 命令后，可以通过键盘输入一行英文句子后按 Enter 键，反复多次输入英文句子并按 Enter 键，nc 程序就会自动把一行又一行的英文句子不断发送给 SocketWordCount.py 程序进行处理。例如，输入以下两行英文内容：

```
For man is man and master of his fate
Better late than never
```

SocketWordCount.py 程序会不断接收到 nc 发来的数据，每隔 5s 就会执行词频统计，并输出词频统计信息，词频统计结果如下所示：

```
-------------------------------------------
Time: 2021-12-09 09:19:05
-------------------------------------------
('is', 1)
('master', 1)
('of', 1)
('his', 1)
('For', 1)
('man', 2)
('and', 1)
('fate', 1)
-------------------------------------------
Time: 2021-12-09 09:19:10
-------------------------------------------
```

```
('Better', 1)
('late', 1)
('than', 1)
('never', 1)
```

6.4.3 定义 DStream 的输入数据源为 RDD 队列流

可以调用 streamingContext 对象的 queueStream(queue of RDD)方法创建以 RDD 队列为数据源的 DStream 对象,"queue of RDD"表示 RDD 队列。

下面给出定义 DStream 的输入数据源为 RDD 队列流的整个过程。

登录 Linux 系统,打开一个终端,首先创建一个 rddqueue 目录。

```
$ mkdir -p /usr/local/spark/mydata/streaming/rddqueue    #创建 rddqueue 目录
$ cd /usr/local/spark/mydata/streaming/rddqueue          #切换到 rddqueue 目录
```

在/usr/local/spark/mydata/streaming/rddqueue 目录下,使用 gedit 编辑器新建代码文件 rddQueueStream.py:

```
$ gedit rddQueueStream.py
```

在打开的 rddQueueStream.py 文件中输入以下代码:

```python
from pyspark import SparkConf, SparkContext
from pyspark.streaming import StreamingContext
import time
conf = SparkConf().setAppName('SelfRddStreaming')
sc = SparkContext(conf=conf)                    #创建 SparkContext 对象
ssc = StreamingContext(sc,5)
rddQueue = []                                   #创建一个队列
for i in range(5):
    rddQueue += [ssc.sparkContext.parallelize([k for k in range(1,1001)], 5)]
    time.sleep(1)
queueStream = ssc.queueStream(rddQueue)
result = queueStream.map(lambda r: (r % 5, 1)).reduceByKey(lambda a,b: a+b)
result.pprint()
ssc.start()
ssc.stop(stopSparkContext=True, stopGraceFully=True)
```

在上面的代码中,ssc = StreamingContext(sc,5)语句用于创建每隔 5s 对数据进行处理的 StreamingContext 对象。

queueStream = ssc.queueStream(rddQueue)语句用于创建一个以 RDD 队列流为数据源的 DStream 对象。

执行 ssc.start()语句以后,流计算过程就开始了,Spark Streaming 每隔 5s 从

rddQueue 这个队列中取出数据(若干 RDD)进行处理,通过 for i in range(5)循环不断向 rddQueue 中加入新生成的 RDD。ssc.sparkContext.parallelize([k for k in range(1, 1001)],5)的功能是创建一个 RDD,这个 RDD 被分成 5 个分区,RDD 中包含 1000 个元素,即 1,2,…,1000。

执行 for 循环 5 次以后,ssc.stop(stopSparkContext＝True,stopGraceFully＝True)语句被执行,整个流计算过程停止。

保存并关闭 rddQueueStream.py 文件。执行如下命令运行 rddQueueStream.py:

```
$ cd /usr/local/spark/mydata/streaming/rddqueue
$ python rddQueueStream.py
```

执行上述命令以后,程序就开始运行,可以看到类似下面的结果:

```
-------------------------------------------
Time: 2021-12-09 10:13:00
-------------------------------------------
(1, 200)
(2, 200)
(3, 200)
(4, 200)
(0, 200)
```

6.5 DStream 操作

与 RDD 类似,DStream 对象也提供了一系列操作方法,这些操作可以分成 3 类:无状态转换操作、有状态转换操作、输出操作。

6.5.1 DStream 无状态转换操作

所谓 DStream 无状态转换操作,指的是每次对新的批次数据进行处理时,只会记录当前批次数据的状态,不会记录历史数据的状态。表 6-2 给出了常用的 DStream 无状态转换操作。

表 6-2 常用的 DStream 无状态转换操作

操 作	描 述
map(func)	对 DStream 对象中的每个元素,采用 func 函数进行转换,返回一个新的 DStream 对象
flatMap(func)	与 map 操作类似,不同的是 DStream 对象中的每个元素可以被映射为 0 个或多个元素
filter(func)	返回一个新的 DStream 对象,仅包含源 DStream 对象中满足 func 函数的元素

续表

操　作	描　　述
repartition (numPartitions)	增加或减少 DStream 对象中的分区数，从而改变 DStream 对象的并行度
union(otherStream)	将源 DStream 对象和参数 otherDStream 指定的流数据的元素合并，并返回一个新的 DStream 对象
count()	对 DStream 对象中的各个 RDD 中的元素进行计数，返回只有一个元素的 RDD 构成的 DStream
reduce(func)	对源 DStream 对象中的各个 RDD 中的元素利用 func 函数（有两个参数并返回一个结果）进行聚合操作，返回一个包含单元素 RDD 的新的 DStream 对象
countByValue()	计算 DStream 对象中每个 RDD 内的元素出现的频次并返回一个(K,V)键值对类型的 DStream 对象，其中 K 是 RDD 中元素的值，V 是 K 出现的次数
reduceByKey(func, [numTasks])	当在(K,V)键值对组成的 DStream 对象上调用时，返回一个新的由键值对组成的 DStream，其中每个键的值由源 DStream 中相同键的值使用 func 函数聚合而成
groupByKey()	将构成 DStream 对象的 RDD 中的元素进行分组
join(otherStream, [numTasks])	当在两个分别为(K,V)和(K,W)键值对的 DStreams 对象上调用时，返回(K, (V,W))键值对类型的 DStream 对象
cogroup(otherStream, [numTasks])	当在两个分别为(K,V)和(K,W)键值对的 DStreams 对象上调用时，返回(K, Seq[V], Seq[W])键值对类型的 DStream 对象
transform(func)	通过对源 DStream 对象的每个 RDD 应用 RDD-to-RDD 函数，创建一个新的 DStream 对象

使用 gedit 编辑器打开求每个人的总成绩的 sumStreaming.py 文件，具体命令如下：

```
$ gedit sumStreaming.py                    #打开 sumStreaming.py 文件
```

在打开的文件中输入以下代码：

```python
from pyspark import SparkConf, SparkContext
from pyspark.streaming import StreamingContext
conf = SparkConf().setMaster('local[2]').setAppName('SelfStreaming')
sc = SparkContext(conf=conf)                   #创建 SparkContext 对象
ssc = StreamingContext(sc, 30)
FileDStream = ssc.textFileStream("file:///home/hadoop/filedir")
Pair = FileDStream.map(lambda x:(x.split(" ")[0],int(x.split(" ")[1])))
Sum = Pair.reduceByKey(lambda x,y:x+y)
Sum.pprint()
ssc.start()
ssc.awaitTermination()
```

在上面的代码中，ssc.textFileStream()表示调用 StreamingContext 对象的 textFileStream()方法创建一个输入源为文件流的 DStream 对象。ssc.start()语句用于

启动流计算过程,执行该语句后就开始循环监听/home/hadoop/filedir 目录。最后的 ssc.awaitTermination()方法用来等待流计算流程结束。可以使用 Ctrl+C 组合键随时手动停止流计算过程。

保存并关闭 sumStreaming.py 文件。执行如下命令运行 sumStreaming.py:

```
$ python sumStreaming.py
```

在 PySpark 中执行 ssc.start()以后,自动进入循环监听状态,屏幕上会不断显示类似下面的信息:

```
…              #这里省略若干屏幕信息
--------------------------------------------
Time: 2021-12-11 10:34:00
--------------------------------------------
```

这时切换到数据源终端,在/home/hadoop/filedir 目录下新建一个名为 file1.txt 的文件,在文件中输入一些数据后保存并退出,具体命令如下:

```
$ cat > file1.txt                    #创建文件
LiLi89
LiHua95
ZhangQian 88
LiLi 94
LiHua 98
ZhangQian 98
```

执行 cat > file1.txt 命令后,它会生成一个名为 file1.txt 的文件,然后下面会显示空行。此时输入上述数据,输入完成后,按 Ctrl+D 组合键存盘并退出 cat。此时可在当前文件夹下创建一个包含刚才输入内容的叫 file1.txt 的文件。

然后,切换到流计算终端,最多等待 30s,就可以看到每个人的总成绩,具体输出结果如下:

```
('LiLi', 183)
('LiHua', 193)
('ZhangQian', 186)
```

下面给出 transform(func)方法的用法示例。首先创建 Transform.py 文件,在文件中输入以下代码:

```
from pyspark import SparkConf, SparkContext
from pyspark.streaming import StreamingContext
conf = SparkConf().setMaster('local[2]').setAppName('Transform')
sc = SparkContext(conf=conf)                    #创建 SparkContext 对象
```

```
ssc = StreamingContext(sc, 20)
FileDStream = ssc.textFileStream("file:///home/hadoop/filedir")
out1 = FileDStream.map(lambda x: (len(x), x))
out1.pprint()
out2 = out1.transform(lambda x: x.sortByKey())
out2.pprint()
out3 = out1.transform(lambda x: x.mapValues(lambda m:m * 3))
out3.pprint()
ssc.start()
ssc.awaitTermination()
```

保存并关闭 Transform.py 文件。执行如下命令运行 Transform.py：

```
$ python Transform.py
```

这时切换到数据源终端,在/home/hadoop/filedir 目录下新建一个名为 file2.txt 的
文件,具体命令如下：

```
$ cat > file2.txt                          #创建文件
spark
streaming
hadoop
```

然后,切换到流计算终端,最多等待 20s,就可以得到如下输出结果：

```
-------------------------------------------
Time: 2021-12-11 11:09:00
-------------------------------------------
(5, 'spark')
(9, 'streaming')
(6, 'hadoop')
-------------------------------------------
Time: 2021-12-11 11:09:00
-------------------------------------------
(5, 'spark')
(6, 'hadoop')
(9, 'streaming')
-------------------------------------------
Time: 2021-12-11 11:09:00
-------------------------------------------
(5, 'sparkspark')
(9, 'streamingspark')
(6, 'hadoopspark')
```

6.5.2　DStream 有状态转换操作

在 Spark Streaming 中,数据处理是按批进行的,而数据采集是逐条进行的。因此,在 Spark Streaming 中会先设置好批处理间隔,当超过批处理间隔时,就会把采集到的数据汇总为一批数据,交给系统处理。

DStream 的有状态转换操作是跨时间区间跟踪数据的操作,也就是说,一些先前批次的数据也被用来参与新的批次中的数据计算。有状态转换操作包括滑动窗口转换操作和 updateStateByKey() 操作。

对于窗口转换操作而言,在其窗口内部会有多个批处理数据。批处理数据的大小由窗口间隔(也称窗口长度)决定,窗口间隔指的就是窗口的持续时间。在窗口转换操作中,只有达到窗口间隔,才会触发批数据的处理。除了窗口间隔,窗口操作还有另一个重要的参数,即滑动间隔,它指的是窗口经过多长时间滑动一次,形成新的窗口。滑动间隔默认情况下和批处理间隔相同,而窗口间隔一般设置得要比它们大。注意,滑动间隔和窗口间隔的大小一定得设置为批处理间隔的整数倍。

如图 6-4 所示,批处理间隔是 1 个时间单位,窗口间隔是 3 个时间单位,滑动间隔是 2 个时间单位。对于初始的窗口(时刻 1~3),只有达到窗口间隔才会触发数据的处理。

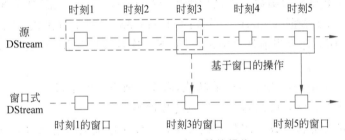

图 6-4　DStream 窗口转换操作

每经过 2 个时间单位,窗口滑动一次,这时会有新的数据流入窗口,窗口则移去最早的 2 个时间单位的数据,而与最新的 2 个时间单位的数据进行汇总,形成新的窗口(时刻 3~5)。

通过滑动窗口对数据进行转换的窗口转换操作如表 6-3 所示。

表 6-3　DStream 窗口转换操作

操　作	描　述
window(windowLength,slideInterval)	返回一个基于源 DStream 对象的窗口批次计算后得到新的 DStream 对象
countByWindow(windowLength,slideInterval)	返回流中元素的滑动窗口数量
reduceByWindow(func,windowLength,slideInterval)	使用 func 函数对滑动窗口内的元素进行聚合,得到一个单元素流
reduceByKeyAndWindow(func,windowLength,slideInterval,[numTasks])	当在元素类型为(K,V)键值对的 DStream 对象上调用时,返回一个元素类型为(K,V)键值对的新的 DStream 对象,其中每个键的值在滑动窗口中使用给定的 func 函数进行聚合计算

续表

操　作	描　述
reduceByKeyAndWindow(func, invFunc, windowLength, slideInterval, [numTasks])	上一个 reduceByKeyAndWindow()的更高效的版本,其中每个窗口的 reduce 值是使用前一个窗口的 reduce 值递增计算的
countByValueAndWindow(windowLength, slideInterval, [numTasks])	在元素类型为(K,V)键值对的 DStream 对象上调用时,基于滑动窗口计算源 DStream 对象中每个 RDD 内每个元素出现的频次并返回 DStream[(K, Long)],其中 Long 是元素出现的频次

上面介绍的滑动窗口转换操作只能对当前窗口内的数据进行计算,无法在不同批次之间维护状态。如果要跨批次维护状态,就必须使用 updateStateByKey(func)操作。

有时需要在 DStream 中跨批次维护状态(例如流计算中累加词频),updateStateByKey()通过对状态变量的访问达到状态维护的目的。updateStateByKey()用于(键,事件)键值对形式的 DStream 对象,传递一个指定如何根据新的事件更新每个键对应状态的函数,以此根据根据新的批次数据构建一个新的 DStream 对象,其内部数据为(键,状态)键值对。

updateStateByKey()函数可以进行带历史状态的计算,但是需要设置 chekcpoint(检查点)目录保存历史数据。Spark 在设置的 checkpoint 目录中有优化,该目录并不保存所有的历史数据,而只保存当前计算结果,以便下一次计算时调用,这也大大简化了历史数据的读写。

要想使用 updateStateByKey()的功能,需要完成下面两个操作:

(1) 定义状态。状态可以是一个任意的数据类型。

(2) 定义状态更新函数。用此函数实现如何使用以前的状态和来自输入流的新值对状态进行更新。

下面演示 updateStateByKey()的用法。首先创建 updateStateByKey.py 文件,在文件中输入以下代码:

```python
from pyspark import SparkConf, SparkContext
from pyspark.streaming import StreamingContext
def updateFunction(newValues, previousCount):
    if previousCount is None:
        previousCount = 0
    #将 newValues 加到前面的统计值上,得到新的统计值
    return sum(newValues, previousCount)
conf = SparkConf().setMaster('local[2]').setAppName('updateStateByKey')
sc = SparkContext(conf=conf)                          #创建 SparkContext 对象
ssc = StreamingContext(sc, 20)
ssc.checkpoint('file:///home/hadoop')                 #设置检查点
FileDStream = ssc.textFileStream("file:///home/hadoop/filedir")
```

```
out1 = FileDStream.map(lambda x: (x, 1)).reduceByKey(lambda x, y: x + y)
runningCounts = out1.updateStateByKey(updateFunction)      #更新状态
runningCounts.pprint()
ssc.start()
ssc.awaitTermination()
```

保存并关闭 updateStateByKey.py 文件。执行如下命令运行 updateStateByKey.py：

```
$ python updateStateByKey.py
```

这时切换到数据源终端，在/home/hadoop/filedir 目录下新建一个名为 file2.txt 的
文件，具体命令如下：

```
$ cat > file4.txt                              #创建文件
spark
streaming
hadoop
$ cat > file5.txt                              #创建文件
spark
streaming
hadoop
```

然后，切换到流计算终端，就可以得到如下输出结果：

```
-------------------------------------------
Time: 2021-12-11 23:34:40
-------------------------------------------
('streaming', 1)
('hadoop', 1)
('spark', 1)
-------------------------------------------
Time: 2021-12-11 23:35:00
-------------------------------------------
('streaming', 2)
('hadoop', 2)
('spark', 2)
```

6.5.3　DStream 输出操作

　　Spark Streaming 可以使用 DStream 的输出操作把 DStream 对象中的数据输出到外
部系统，如数据库或文件系统。DStream 的输出操作触发所有对 DStream 对象的转换操
作的实际执行(类似于 RDD 操作)。表 6-4 列出了主要的输出操作。

表 6-4　DStream 输出操作

操　作	描　述
print()	在运行流应用程序的驱动程序节点上打印 DStream 对象中每批数据的前 10 个元素
saveAsTextFiles (prefix，[suffix])	将 DStream 对象的内容保存为文本文件。每个批处理间隔的文件的文件名基于前缀(prefix)和后缀(suffix)生成,其格式为 prefix-TIME_IN_MS [.suffix]
saveAsObjectFiles (prefix，[suffix])	将 DStream 对象的内容保存为序列化的文件。每个批处理间隔的文件名基于前缀和后缀生成,其格式为 prefix-TIME_IN_MS [.suffix]
saveAsHadoopFiles (prefix，[suffix])	将 DStream 对象的内容保存为 Hadoop 文件。每个批处理间隔的文件名基于前缀和后缀生成,其可知式为 prefix-TIME_IN_MS [.suffix]
foreachRDD(func)	最通用的输出操作,将 func 函数应用于从流中生成的每个 RDD,将每个 RDD 中的数据推送到外部系统,例如将 RDD 保存到文件或通过网络将其写入数据库

6.6　拓展阅读——Spark Streaming 流处理过程的启示

　　每种大数据处理框架都有自己的大数据处理流程。编写 Spark Streaming 流处理程序包括 5 个步骤,在编写具体的流处理程序时要严格按照这 5 个步骤的顺序进行。

　　符合编程规则,才能编写出能够正确运行的程序,才能解决想要解决的问题。在日常学习生活中,做任何事情都要符合行业和所在集体的规则,俗话说:"欲知平直,则必准绳;欲知方圆,则必规矩。"意思是:要想知道平直与否,就必须借助水准墨线;要想知道方圆与否,就必须借助圆规和直尺。正所谓"国不可一日无法,家不可一日无规",规则规范着人们的行为。一个文明的社会必然是崇尚法治的社会。法治是调整和规范社会生活的重要途径,是现代国家社会文明的重要标志。因此,为了提高社会文明程度,必须加强法治建设。诚然,文明行为的教育、引导和规范,需要德法兼治,但是仅仅依靠道德教育和思想教育是远远不够的。针对一些不文明的行为,除了道德约束和个人自觉外,必须依靠立法加以规范和管理,从而唤起人们对文明的敬畏,最终让文明内化于心、外化于行。

6.7　习题

　　1. 简述流数据的特点。
　　2. 简述批处理和流处理的区别。
　　3. 简述 Spark Streaming 的工作原理。
　　4. 简述编写 Spark Streaming 程序的步骤。

第7章

Spark MLlib 机器学习

MLlib 是 Spark 提供的可扩展的机器学习库。MLlib 中包含了一些通用的学习算法和工具,如分类、回归、聚类、协同过滤、降维以及底层优化等。本章主要介绍 MLlib 基本数据类型、机器学习流水线、基本统计、特征提取/转换/选择、分类算法、回归算法、聚类算法和协同过滤推荐算法。

7.1 MLlib 概述

7.1.1 机器学习

学习是人类具有的一种重要智能行为,但究竟什么是学习,长期以来却众说纷纭。社会学家、逻辑学家和心理学家都各有其不同的看法。同样,不同的人所站的角度不同,对机器学习的定义也不同。

Langley(1996)定义的机器学习是:机器学习是一门人工智能的科学,该领域的主要研究对象是人工智能,特别是如何在经验学习中改善具体算法的性能。

Tom Mitchell(1997)定义的机器学习是:机器学习是对能通过经验自动改进的计算机算法的研究。

Alpaydin(2004)定义的机器学习是:机器学习是利用数据或以往的经验优化计算机程序的性能标准。

对于某类任务 T 和性能度量 P,如果一个计算机程序在 T 上以 P 衡量的性能随着经验 E 而自我完善,那么称这个计算机程序从经验 E 学习。

稍为严格的提法是:机器学习是一门研究计算机获取新知识和新技能,并识别现有知识的学问。

按照机器学习形式的不同,机器学习分为监督学习、无监督学习和强化学习。

1. 监督学习

监督学习是最常见的一类机器学习形式。监督学习是从具有标签的训练数据集学习(训练)出一个推断功能模型的机器学习任务,所得的推断功能模型可用于预测新的特征向量对应的标签。每一条训练数据都含有两部分信息：特征向量与标签。所谓监督是指训练数据集中的每一条训练数据均有一个已知的标签。

监督学习分为分类和回归两类。

1）利用分类预测离散值

分类是监督学习的一个子类，其目的是基于对已知标签的训练实例的观察与学习，得到一个训练好的预测模型，使用该模型能够预测新样本的标签。分类中的标签是离散的，它们被视为样本的类别信息。以下是标签的例子：将图片分类为"猫"或"狗"；在电子邮箱中，收到邮件之后，电子邮箱会将收到的邮件分为广告邮件、垃圾邮件和正常邮件；在手写数字识别问题中，标签只取 0～9 这 10 个可能值，这是含有 10 个类别的分类问题。

分类问题是机器学习的基础，很多应用都可以从分类问题演变而来，很多问题都可以转化成分类问题。

在机器学习中，通常将能够完成分类任务的算法称作一个分类器（classifier）。在评价一个分类器好坏的指标中，最常用的就是准确率（accuracy），它是指被分类器正确分类的实例数量占所有实例数量的百分比。

2）使用回归预测连续值

分类算法用于离散型分布预测。回归算法用于连续型分布预测，针对的是数值型样本。回归分析研究某一随机变量（因变量）与其他一个或几个普通变量（自变量）之间的数量变动的关系。回归的目的是建立输入变量和输出变量之间的连续函数对应关系，也称建立回归方程，回归问题的求解就是求这个回归方程的参数。根据自变量数目的多少，回归模型可以分为一元回归模型和多元回归模型；根据自变量与因变量之间是否为线性关系，回归模型可以分为线性回归模型和非线性回归模型。

2. 无监督学习

在监督学习中，训练模型之前，已经知道各训练样本对应的目标值。在无监督学习中，训练样本对应的目标值未知。无监督学习的任务是学习无标签数据的分布或数据与数据之间的关系，训练目标是能对观察值进行分类或者区分等。例如，无监督学习通过学习所有"猫"的图片的特征，能够将"猫"的图片从大量的各种各样的图片中区分出来。

无监督学习的典型例子是聚类。聚类是在没有任何相关先验信息的情况下，将数据分类到不同的簇的过程，使得同一个簇中的对象有很大的相似性，而不同簇间的对象有很大的相异性，这也是聚类有时被称为无监督分类的原因。簇内的相似性越大，簇间差别越大，聚类就越好。聚类是获取数据的组织结构信息，根据获取的组织结构信息可将一个新样本归为某一簇。

3. 强化学习

强化学习强调如何基于环境而行动，以取得最大化的预期利益。其灵感来源于心理学中的行为主义理论，该理论认为，有机体在环境给予的奖励或惩罚的刺激下，会逐步形成对刺激的预期，产生能获得最大利益的习惯性行为。

强化学习的目标是构建一个系统，在与环境交互的过程中提高系统的性能。环境的当前状态信息中通常包含一个反馈值,这个反馈值不是一个确定的标签或者连续类型的值,而是一个通过反馈函数产生的对当前系统行为的评价。通过与环境的交互和强化学习,系统可以得到一系列行为,通过试探性的试错或者借助精心设计的激励系统使得正向反馈最大化。

强化学习简单来说就如同将一条狗放在迷宫里面,让狗自己找到出口。如果它走向正确的方向,就会给它正反馈(奖励食物);否则给它负反馈(轻拍头部)。当它多次走完所有的道路后,无论把它放到哪儿,它都能通过以往的学习经验找到通往出口的正确道路。

7.1.2　PySpark 机器学习库

MLlib 是 Spark 的机器学习库,旨在简化机器学习的工程实践。MLlib 由一些通用的学习算法和工具组成,包括分类、回归、聚类、协同过滤、降维等,可在 Spark 支持的所有编程语言中使用。MLlib 的设计理念是将数据以 RDD 的形式表示,然后在 RDD 上调用各种算法。实际上,MLlib 就是 RDD 上一系列可供调用的函数的集合。

MLlib 分为两个代码包:一个是 spark.mllib,包含基于 RDD 的 API,spark.mllib 中的算法接口是基于 RDD 的;另一个是 spark.ml,提供了基于 DataFrame 的高层次 API,spark.ml 中的算法接口是基于 DataFrame 的。针对目前常用的机器学习功能,mllib 和 ml 两个包都能满足需求。Spark 官方推荐使用 ml,因为 ml 功能更全面、更灵活。Spark 未来主要支持 ml。

本章内容采用 MLlib 的 spark.ml 包介绍 Spark 机器学习。

7.2　MLlib 基本数据类型

MLlib 提供了一系列基本数据类型以支持底层的机器学习算法,具体包括本地向量(local vector)、带标签的点(labeled point)、本地矩阵(local matrix)等。

MLlib
基本数据
类型

7.2.1　本地向量

本地向量由从 0 开始的整数类型的索引和 double 类型的值组成。本地向量存储在单机上,主要向 Spark 提供一组可进行操作的数据集合。MLlib 支持两种类型的本地向量:稠密向量(dense vector)和稀疏向量(sparse vector)。稠密向量使用一个双精度浮点型数组表示向量中的每个元素,而稀疏型向量由一个整型索引数组和一个双精度浮点型数组分别表示非零元素在向量中的索引和向量中的非零元素。例如,向量(1.0, 0.0, 3.0)的稠密向量表示是[1.0, 0.0, 3.0];稀疏向量表示是(3, [0,2], [1.0, 3.0]),其中,3 是向量的长度,[0,2]是向量的非零元素的索引数组,[1.0, 3.0]是向量中的非零元素数组。

所有本地向量的基类都是 pyspark.ml.linalg.Vectors,DenseVector 和 SparseVector 分别是它的两个实现类,即这两个类都是 Vectors 类的具体实现。Spark 推荐使用 Vectors 类的工厂方法创建本地向量。工厂方法定义了一个用于创建对象的接口。

1. 稠密本地向量

下面给出创建稠密本地向量的实例:

```
>>> from pyspark.ml.linalg import Vectors      #导入 Vectors 类
>>> vector = Vectors.dense(1.0, 0.0, 3.0)      #创建一个稠密本地向量
>>> type(vector)                               #查看 vector 的数据类型
<class 'pyspark.ml.linalg.DenseVector'>
>>> print(vector)                              #输出 vector
[1.0,0.0,3.0]
>>> vector.size                                #获取向量的长度
3
```

也可以采用如下方式创建稠密本地向量:

```
>>> v = Vectors.dense([1.0, 2.0])
>>> u = Vectors.dense([3.0, 4.0])
#稠密本地向量之间可以进行加减乘除运算
>>> v + u
DenseVector([4.0, 6.0])
>>> v * u
DenseVector([3.0, 8.0])
>>> vector.toArray()                           #向量转成数组
array([1., 0., 3.])
```

2. 稀疏本地向量

下面创建一个稀疏本地向量。sparse()方法的第二个元素指定了非零元素的索引,第三个参数是该索引对应的非零元素。

```
>>> sparseVector1 = Vectors.sparse(3, [0, 2], [1.0, 3.0])
>>> type(sparseVector1)
<class 'pyspark.ml.linalg.SparseVector'>
```

下面给出另一种创建稀疏本地向量的方法。sparse()方法的第二个参数是一个列表,其中的每个元素都是由向量中非零元素索引及其对应的元素组成的二元组。

```
>>> sparseVector2 = Vectors.sparse(3, [(0, 1.0), (2, 3.0)])
>>> type(sparseVector2)
<class 'pyspark.ml.linalg.SparseVector'>
>>> print(sparseVector2)                       #输出 sparseVector2
(3,[0,2],[1.0,3.0])
```

还可以采用如下方式创建稀疏本地向量:

```
>>> sparseVector3 = Vectors.sparse(3, {0: 1, 2: 3})
>>> print(sparseVector3)
(3,[0,2],[1.0,3.0])
```

7.2.2　带标签的点

带标签的点是一种带有标签的本地向量。这种向量可以是稠密的,也可以是稀疏的。带标签的点被用于监督学习算法中。在带标签的点表示的本地向量中,标签的数据类型是双精度浮点型,故带标签的点可用于回归和分类算法中。例如,对于二分类问题,则标签的取值为 1 或 0;而对于多分类问题,则标签的取值为 0,1,2,…。

带标签的点的实现类是 pyspark.mllib.regression.LabeledPoint。下面给出创建带标签的点的示例:

```
>>> from pyspark.mllib.linalg import SparseVector      #导入 SparseVector 类
>>> from pyspark.mllib.regression import LabeledPoint  #导入 LabeledPoint 类
#创建一个标签为 1.0 的带标签的点,为稠密本地向量
>>> pos = LabeledPoint(1.0, [1.0, 0.0, 3.0])
>>> type(pos)
<class 'pyspark.mllib.regression.LabeledPoint'>
>>> print(pos)                                          #输出 pos
(1.0,[1.0,0.0,3.0])
#创建一个标签为 0.0 的带标签的点,为稀疏本地向量
>>> neg = LabeledPoint(0.0, SparseVector(3, [0, 2], [1.0, 3.0]))
>>> print(neg)                                          #输出 neg
(0.0,(3,[0,2],[1.0,3.0]))
```

在机器学习中,训练样本为稀疏向量是非常常见的。MLlib 提供了对 LIBSVM 格式的训练数据的支持,该格式被广泛用于 LIBSVM、LIBLINEAR 等机器学习库。LIBSVM 格式是一种文本格式,每一行为一个带标签的稀疏特征向量,具体形式如下:

```
label index1:value1 index2:value2 …
```

其中 label 是该样本点的标签值,一系列"index:value"对则代表了该样本特征向量中所有非零元素的索引和元素。这里需要特别注意的是,index 是从 1 开始并递增的。加载样本后,索引将转换为从 0 开始。

MLlib 的 pyspark.mllib.util.MLUtils 类提供了读取 LIBSVM 格式数据的 loadLibSVMFile()方法,具体示例如下:

```
from pyspark.mllib.util import MLUtils
>>> examples = MLUtils.loadLibSVMFile(sc, "file:///usr/local/spark/data/
mllib/sample_libsvm_data.txt")
#sc 是 PySpark 自动建立的 SparkContext 对象
```

```
#返回的是组织成 RDD 的一系列带标签的点
>>> type(examples)
<class 'pyspark.rdd.PipelinedRDD'>
#下面查看加载进来的第一个带标签的点
>>> examples.collect()[0]
LabeledPoint(0.0, (692, [127,128,129,130,131,154,155,156,157,158,159,181,182,
          183,184,185,186,187,188,189,207,208,209,210,211,212,213,214,
          215,216,217,235,236,237,238,239,240,241,242,243,244,245,262,
          263,264,265,266,267,268,269,270,271,272,273,289,290,291,292,
          293,294,295,296,297,300,301,302,316,317,318,319,320,321,328,
          329,330,343,344,345,346,347,348,349,356,357,358,371,372,373,
          374,384,385,386,399,400,401,412,413,414,426,427,428,429,440,
          441,442,454,455,456,457,466,467,468,469,470,482,483,484,493,
          494,495,496,497,510,511,512,520,521,522,523,538,539,540,547,
          548,549,550,566,567,568,569,570,571,572,573,574,575,576,577,
          578,594,595,596,597,598,599,600,601,602,603,604,622,623,624,
          625,626,627,628,629,630,651,652,653,654,655,656,657], [51.0,159.0,
          253.0,159.0,50.0,48.0,238.0,252.0,252.0,252.0,237.0,54.0,227.0,
          253.0,252.0,239.0,233.0,252.0,57.0,6.0,10.0,60.0,224.0,252.0,
          253.0,252.0,202.0,84.0,252.0,253.0,122.0,163.0,252.0,252.0,252.0,
          253.0,252.0,252.0,96.0,189.0,253.0,167.0,51.0,238.0,253.0,253.0,
          190.0,114.0,253.0,228.0,47.0,79.0,255.0,168.0,48.0,238.0,252.0,
          252.0,179.0,12.0,75.0,121.0,21.0,253.0,243.0,50.0,38.0,165.0,
          253.0,233.0,208.0,84.0,253.0,252.0,165.0,7.0,178.0,252.0,240.0,
          71.0,19.0,28.0,253.0,252.0,195.0,57.0,252.0,252.0,63.0,253.0,
          252.0,195.0,198.0,253.0,190.0,255.0,253.0,196.0,76.0,246.0,252.0,
          112.0,253.0,252.0,148.0,85.0,252.0,230.0,25.0,7.0,135.0,253.0,
          186.0,12.0,85.0,252.0,223.0,7.0,131.0,252.0,225.0,71.0,85.0,
          252.0,145.0,48.0,165.0,252.0,173.0,86.0,253.0,225.0,114.0,238.0,
          253.0,162.0,85.0,252.0,249.0,146.0,48.0,29.0,85.0,178.0,225.0,
          253.0,223.0,167.0,56.0,85.0,252.0,252.0,252.0,229.0,215.0,252.0,
          252.0,252.0,196.0,130.0,28.0,199.0,252.0,252.0,253.0,252.0,252.0,
          233.0,145.0,25.0,128.0,252.0,253.0,252.0,141.0,37.0]))
```

这里，examples.collect()[0]把 RDD 转换为列表，并取索引为 0 的元素。

7.2.3 本地矩阵

本地矩阵由整数型的行、列索引以及双精度浮点型的元素值组成，存储在单机上。MLlib 支持稠密矩阵（dense matrix）和稀疏矩阵（sparse matrix）两种本地矩阵。稠密矩阵将所有元素的值存储在一个列优先的双精度型数组中，而稀疏矩阵则将非零元素按列优先的次序以以 CSC（Compressed Sparse Column，压缩稀疏列）格式进行存储。例如，设有下面的矩阵：

$$\begin{pmatrix} 1.0 & 2.0 \\ 3.0 & 4.0 \\ 5.0 & 6.0 \end{pmatrix}$$

它将会被存储为一维数组$[1.0, 3.0, 5.0, 2.0, 4.0, 6.0]$，这个矩阵的矩阵大小是$(3, 2)$，即 3 行 2 列。

　　本地矩阵的基类是 pyspark.ml.linalg.Matrix，DenseMatrix 和 SparseMatrix 均是它的实现类。和本地向量类似，MLlib 也为本地矩阵提供了相应的工具类 Matrices，调用它的工厂方法即可创建本地矩阵。例如：

```
>>> from pyspark.ml.linalg import Matrices
#创建 3 行 2 列的稠密矩阵
>>> Matrix = Matrices.dense(3, 2, [1.0, 3.0, 5.0, 2.0, 4.0, 6.0])
>>> print(Matrix)
DenseMatrix([[1., 2.],
             [3., 4.],
             [5., 6.]])
```

这里可以看出列优先的排列方式，即按照列的方式从列表中提取元素。

```
#创建一个 4 行 3 列的稀疏矩阵
>>> sparseMatrix = Matrices.sparse(4, 3, [0, 2, 4, 6], [0, 1, 1, 2, 2, 3], [1, 2,
3, 4, 5, 6])
>>> print(sparseMatrix)
4 X 3 CSCMatrix
(0,0) 1.0
(1,0) 2.0
(1,1) 3.0
(2,1) 4.0
(2,2) 5.0
(3,2) 6.0
```

　　上面创建了一个 4 行 3 列的稀疏矩阵$[[1.0, 0.0, 0.0], [2.0, 3.0, 0.0], [0.0, 4.0, 5.0], [0.0, 0.0, 6.0]]$。Matrices.sparse()方法的第一个参数 4 表示要创建的矩阵的行数为 4；第二个参数 3 表示要创建的矩阵的列数为 3；第一个列表参数$[0, 2, 4, 6]$表示，在要创建的矩阵中，索引为 0 的列有 $2-0$ 个非零元素，索引为 1 的列有 $4-2$ 个非零元素，索引为 2 的列有 $6-4$ 个非零元素，6 表示矩阵的非零元素个数，第一个列表参数的长度等于列数加 1；第二个列表参数$[0, 1, 1, 2, 2, 3]$表示列优先排序的非 0 元素的行索引，其列表长度等于非零元素的个数；第三个列表参数$[1, 2, 3, 4, 5, 6]$是按列优先排序的所有非零元素。

7.3 机器学习流水线

一个典型的机器学习过程通常包含数据加载、数据预处理、特征提取、模型训练、模型评估、数据预测等步骤。

pyspark.ml 机器学习库有 3 个主要的抽象类：转换器、评估器和流水线。

7.3.1 转换器

转换器（transformer）是一种可以将一个 DataFrame 转换为另一个 DataFrame 的算法。它可以为一个不包含预测标签的作为测试数据集的 DataFrame 加上预测标签，转换为另一个包含预测标签的 DataFrame。转换器实现了 transform() 方法，该方法通过附加一个或多个列将一个 DataFrame 转换为另一个 DataFrame。转换器主要对应 feature 子模块，实现了算法训练前的一系列特征预处理工作。例如：

```
>>> from pyspark.ml.linalg import Vectors
>>> from pyspark.ml.feature import PCA
>>> data = [(Vectors.sparse(5, [(1, 2.0), (3, 4.0)]),),
            (Vectors.dense([2.0, 0.0, 4.0, 6.0, 7.0]),),
            (Vectors.dense([4.0, 0.0, 5.0, 6.0, 7.0]),)]
>>> df = spark.createDataFrame(data, ["features"])
>>> pca = PCA(k=3, inputCol="features", outputCol="pcaFeatures")
>>> model = pca.fit(df)                                   #训练模型
>>> result = model.transform(df).select("pcaFeatures")    #转换数据
>>> result.show(truncate=False)                           #查看数据
+---------------------------------------------------------+
|pcaFeatures                                              |
+---------------------------------------------------------+
|[-0.42573613396564325,0.2607104294741789,-0.007815802912680248]|
|[-9.127205618459051,1.3940368654272142,-0.007815802912681136] |
|[-10.294958452424574,-0.5128856077649964,-0.007815802912681136]|
+---------------------------------------------------------+
```

7.3.2 评估器

评估器（estimator）是学习算法在训练数据上的训练的概念抽象，可以通俗地理解为算法。评估器在流水线里通常用来操作 DataFrame 数据并生成一个转换器。从技术角度讲，评估器实现了 fit() 方法，它接收一个 DataFrame 并产生一个转换器。例如，一个主成分分析算法 PCA 就是一个评估器，它可以调用 fit() 方法，通过训练特征数据得到一个主成分分析转换器。

7.3.3　流水线

流水线(pipeline)将多个工作流阶段(转换器和评估器)连接在一起,形成机器学习的工作流,并获得结果输出。

要构建一个流水线,首先需要定义流水线中的各个流水线阶段(pipeline stage),包括转换器和评估器。有了这些处理特定问题的转换器和评估器,就可以按照具体的处理逻辑有序地组织流水线阶段并创建一个流水线:

```
>>> pipeline = Pipeline(stages=[stage1,stage2,stage3])
```

然后就可以把训练数据集作为输入参数,调用流水线实例的 fit()方法开始以流的方式处理源训练数据。这个调用会返回一个 PipelineModel 类实例,它是一个转换器,被用来预测测试数据的标签。

流水线的各个阶段按顺序运行,输入的 DataFrame 在通过每个阶段时被转换。

下面以逻辑回归为例,构建一个典型的机器学习过程,以具体展示流水线是如何应用的。

(1) 引入要包含的库并构建训练数据集。

```
>>> from pyspark.ml import Pipeline
>>> from pyspark.ml.classification import LogisticRegression
>>> from pyspark.ml.feature import HashingTF, Tokenizer
#创建由三元组列表(id, text, label)组成的训练文档。
>>> training = spark.createDataFrame([(0, "Robert DeNiro plays the most
unbelievably intelligent illiterate of all time. This movie is so wasteful of
talent, it is truly disgusting. The script is unbelievable. The dialog is
unbelievable. Jane Fonda's character is a caricature of herself, and not a
funny one. The movie moves at a snail's pace, is photographed in an ill-advised
manner, and is insufferably preachy. It also plugs in every cliche in the book.
Swoozie Kurtz is excellent in a supporting role, but so what? Equally annoying
is this new IMDB rule of requiring ten lines for every review. When a movie is
this worthless, it doesn't require ten lines of text to let other readers know
that it is a waste of time and tape. Avoid this movie.", 0.0),  (1, "I saw the
capsule comment said great acting. In my opinion, these are two great actors
giving horrible performances, and with zero chemistry with one another, for a
great director in his all-time worst effort. Robert De Niro has to be the most
ingenious and insightful illiterate of all time. Jane Fonda's performance
uncomfortably drifts all over the map as she clearly has no handle on this
character, mostly because the character is so poorly written. Molasses-like
would be too swift an adjective for this film's excruciating pacing. Although
the film's intent is to be an uplifting story of curing illiteracy, watching it
is a true bummer. I give it 1 out of 10, truly one of the worst 20 movies for its
budget level that I have ever seen.", 0.0),  (2, "If you like adult comedy
cartoons, like South Park, then this is nearly a similar format about the small
```

adventures of three teenage girls at Bromwell High. Keisha, Natella and Latrina have given exploding sweets and behaved like bitches, I think Keisha is a good leader. There are also small stories going on with the teachers of the school. There's the idiotic principal, Mr. Bip, the nervous Maths teacher and many others. The cast is also fantastic, Lenny Henry's Gina Yashere, EastEnders Chrissie Watts, Tracy-Ann Oberman, Smack The Pony's Doon Mackichan, Dead Ringers' Mark Perry and Blunder's Nina Conti. I didn't know this came from Canada, but it is very good. Very good!", 1.0),   (3, "Although I didn't like Stanley & Iris tremendously as a film, I did admire the acting. Jane Fonda and Robert De Niro are great in this movie. I haven't always been a fan of Fonda's work but here she is delicate and strong at the same time. De Niro has the ability to make every role he portrays into acting gold. He gives a great performance in this film and there is a great scene where he has to take his father to a home for elderly people because he can't care for him anymore that will break your heart. I wouldn't really recommend this film as a great cinematic entertainment, but I will say you won't see much bette acting anywhere.", 1.0)], ["id", "text", "label"])

(2) 定义 Pipeline 中的各个流水线阶段,包括转换器和评估器,具体地,包含 tokenizer、hashingTF 和 LR。

```
>>> tokenizer = Tokenizer(inputCol="text", outputCol="words")
                                                #输入列名和输出列名
#单词转化为特征向量
>>> hashingTF = HashingTF(inputCol=tokenizer.getOutputCol(), outputCol=
"features")
#创建模型,设置最大迭代次数和学习率
>>> LR = LogisticRegression(maxIter=10, regParam=0.001)
```

(3) 按照具体的处理逻辑有序地组织流水线阶段,并创建一个流水线。

```
>>> pipeline = Pipeline(stages=[tokenizer, hashingTF, LR])
```

(4) 现在构建的流水线本质上是一个评估器,在它调用 fit()方法运行之后,将产生一个 PipelineModel,它是一个转换器。

```
>>> model = pipeline.fit(training)
```

(5) 构建测试数据。

```
>>> test = spark.createDataFrame([(4, "An obvious vanity press for Julie in
her first movie with Blake. Let's see. Where do we begin. She is a traitor during
a world war; she redeems that by falling in love; her friends (who are
presumably patriots because they are German citizens) are expendable and must
```

die; and she winds up as a heroine. OK. The scenes with the drunken pilot and the
buffoons who work for French intelligence can't even be described, and we won't
even mention Rock's romantic scenes with a female. (By the way, when they visit
a museum, look at his gaze - I reran it on video and it's priceless). Is it a
farce or is it a romantic classic or is it a war movie? I don't know and you won't
either."), (5, "This is one of my three all - time favorite movies. My only
quibble is that the director, Peter Yates, had too many cuts showing the actors
individually instead of together as a scene, but the performances were so great
I forgive him. Albert Finney and Tom Courtenay are absolutely marvelous;
brilliant. The script is great, giving a very good picture of life in the
theatre during World War II (and, therefore, what it was like in the 30s as
well). Lots of great, subtle touches, lots of broad, overplayed strokes, all of
it perfectly done. Scene after scene just blows me away, and then there's the
heartbreaking climax.")], ["id", "text"])   #没有标签列

（6）调用前面训练好的 PipelineModel 的 transform()方法，让测试数据按顺序通过
拟合的流水线，生成预测结果。

```
>>> prediction = model.transform(test)
>>> selected = prediction.select("id", "probability", "prediction")
>>> for row in selected.collect():
...     rid, prob, prediction = row
...     print("%d --> prob=%s, prediction=%f" % (rid, str(prob), prediction))
...
4 --> prob=[0.2044020986901636,0.7955979013098364], prediction=1.000000
5 --> prob=[0.5339925451618571,0.4660074548381429], prediction=0.000000
```

7.4　基本统计

本节介绍汇总统计、相关分析、分层抽样、生成随机数和核密度估计。

7.4.1　汇总统计

给定一个数据集，数据分析人员一般会先观察一下数据集的整体情况，称为汇总统计
或者概要性统计。

汇总统计的基本统计量包括描述数据集中趋势的统计值（平均数、中位数和众数）、描
述数据离中趋势的统计量（极差、四分位数、平均差、方差、标准差和变异系数）和描述数据
分布状况的统计量（偏态系数）。有了这些基本统计量，数据分析人员就掌握了数据的基
本特征，进而基本确定了对数据做进一步分析的方向。

PySpark 用 Summarizer 类进行汇总统计，Summarizer 类位于 pyspark.ml.stat 包中，
主要用来对 DataFrame 进行统计，例如求最大值、最小值、方差、均值、非零值等。下面给
出 Summarizer 类的用法示例。

```
from pyspark.ml.stat import Summarizer
from pyspark.sql import Row
from pyspark.ml.linalg import Vectors
from pyspark import SparkConf,SparkContext
from pyspark.sql import SparkSession
spark = SparkSession.builder.getOrCreate()
#生成 DataFrame
#先用 parallelize()方法生成带权重的 RDD,再用 toDF()方法将其转为 DataFrame
df = spark.sparkContext.parallelize([Row(weight = 0.8, features = Vectors.
dense(1.0, 1.0, 1.0)),Row(weight=0.5, features=Vectors.dense(1.0, 2.0, 3.
0))]).toDF()
#创建 Summarizer 模型,有多个统计量时利用 Summarizer.metrics(统计量 1,(统计量 2,
…)
summarizer = Summarizer.metrics("mean", "count")
#计算统计值并展示(truncate=False 表示值全部显示,不进行缩略)
print("计算统计值并展示:")
df.select(summarizer.summary(df.features, df.weight)).show(truncate=False)
#不带权重的统计
print("不带权重的统计:")
df.select(summarizer.summary(df.features)).show(truncate=False)
#统计带权重的均值
print("统计带权重的均值:")
df.select(Summarizer.mean(df.features, df.weight)).show(truncate=False)
#统计不带权重的均值
print("统计不带权重的均值:")
df.select(Summarizer.mean(df.features)).show(truncate=False)
```

运行上述程序代码,得到的输出结果如下:

```
计算统计值并展示:
+--------------------------------------------------+
|aggregate_metrics(features, weight)               |
+--------------------------------------------------+
|{[1.0,1.3846153846153846,1.7692307692307692], 2}  |
+--------------------------------------------------+
不带权重的统计:
+------------------------------+
|aggregate_metrics(features, 1.0)  |
+------------------------------+
|{[1.0,1.5,2.0], 2}            |
+------------------------------+
统计带权重的均值:
```

```
+-------------------------------------------------+
|mean(features)
+-------------------------------------------------+
|[1.0,1.3846153846153846,1.76923076923307692]
+-------------------------------------------------+
```
统计不带权重的均值：
```
+---------------+
|mean(features) |
+---------------+
|[1.0,1.5,2.0]  |
+---------------+
```

7.4.2　相关分析

相关分析是研究两个或两个以上变量之间的相关关系(例如人的身高和体重之间的相关关系、空气中的相对湿度与降雨量之间的相关关系)的统计分析方法。在一个时期，商品房价格随经济发展水平的提高而上升，这说明两个指标之间是正相关关系；而在另一时期，随着经济发展水平的进一步提高，出现商品房价格下降的现象，两个指标之间就是负相关关系。

为了确定相关变量之间的关系，首先应该收集一些数据，这些数据应该是成对的，例如人的身高和体重。然后在直角坐标系上绘出这些点，这一组点集称为散点图。如果这些数据在直角坐标系中的点的分布集中在一条直线的周围，那么就说明变量之间存在线性相关关系。

相关系数是变量间关联程度的最基本测度之一。如果想知道两个变量之间的相关性，可以通过计算相关系数进行判定。相关系数 r 的取值为 $-1 \sim 1$。正相关时，r 值为 $0 \sim 1$，散点图是斜向上的，这时一个变量增大，另一个变量也增大；负相关时，r 值为 $-1 \sim 0$，散点图是斜向下的，此时一个变量增大，另一个变量减小。r 的绝对值越接近 1，两个变量的关联程度越强；r 的绝对值越接近 0，两个变量的关联程度越弱。

目前 Spark 支持两种相关系数：皮尔逊(Pearson)相关系数和斯皮尔曼(Spearman)相关系数。

1. 皮尔逊相关系数

皮尔逊相关系数表达的是两个变量的线性相关性，一般适用于正态分布。变量 X 与 Y 的皮尔逊相关系数 $r_{X,Y}$ 等于它们的协方差 $\mathrm{cov}(X,Y)$ 除以它们各自标准差的乘积 $\sigma_X \sigma_Y$，具体计算公式如下：

$$r_{X,Y} = \frac{\mathrm{cov}(X,Y)}{\sigma_X \sigma_Y} = \frac{\sum\limits_{i=1}^{n}(x_i - \bar{x})(y_i - \bar{y})}{\sqrt{\sum\limits_{i=1}^{n}(x_i - \bar{x})^2}\sqrt{\sum\limits_{i=1}^{n}(y_i - \bar{y})^2}}$$

其中，$\bar{x}$ 表示变量 X 的均值，x_i 表示变量 X 的某个具体取值；$\bar{y}$ 表示变量 Y 的均值，y_i 表示变量 Y 的某个具体取值。皮尔逊相关系数取值范围是 $[-1,1]$，取值为 0 时表示不相关，取值为 $[-1,0)$ 时表示负相关，取值为 $(0,1]$ 时表示正相关。

2. 斯皮尔曼相关系数

斯皮尔曼相关系数也用来表达两个变量的相关性，但是它没有皮尔逊相关系数对变量的分布要求那么严格，其计算公式如下：

$$r_{X,Y} = 1 - \frac{6\sum_{i=1}^{n}(x_i - y_i)^2}{n(n^2 - 1)}$$

下面给出皮尔逊相关系数和斯皮尔曼相关系数求解示例。

```
>>> from pyspark.ml.linalg import Vectors
>>> from pyspark.ml.stat import Correlation
>>> data = [(Vectors.sparse(4, [(0, 1.0), (3, -2.0)]),),
            (Vectors.dense([4.0, 5.0, 0.0, 3.0]),),
            (Vectors.dense([6.0, 7.0, 0.0, 8.0]),),
            (Vectors.sparse(4, [(0, 9.0), (3, 1.0)]),)]
#注意每个 Vector 是行而不是列
>>> df = spark.createDataFrame(data, ["features"])
>>> df.show()
+--------------------+
|            features|
+--------------------+
|(4,[0,3],[1.0,-2.0])|
|   [4.0,5.0,0.0,3.0]|
|   [6.0,7.0,0.0,8.0]|
| (4,[0,3],[9.0,1.0])|
+--------------------+
#每个元素表示左右两个 vector 列表中对应的两个 vector 的相关系数
>>> r1 = Correlation.corr(df, "features").head()          #默认求皮尔逊相关系数
>>> print("Pearson correlation matrix:\n" + str(r1[0]))
Pearson correlation matrix:
DenseMatrix([[1.        , 0.05564149,        nan, 0.40047142],
             [0.05564149, 1.        ,        nan, 0.91359586],
             [       nan,        nan, 1.        ,        nan],
             [0.40047142, 0.91359586,        nan, 1.        ]])
>>> r2 = Correlation.corr(df, "features", "spearman").head()
                                                          #求斯皮尔曼相关系数
>>> print("Spearman correlation matrix:\n" + str(r2[0]))
Spearman correlation matrix:
```

```
DenseMatrix([[1.          ,0.10540926,          nan,0.4        ],
             [0.10540926,1.          ,          nan,0.9486833 ],
             [        nan,        nan,1.          ,        nan],
             [0.4        , 0.9486833 ,          nan,1.          ]])
```

相关系数矩阵也称相关矩阵,是由原矩阵各列间的相关系数构成的。也就是说,相关矩阵第 i 行第 j 列的元素是原矩阵第 i 列和第 j 列的相关系数。

7.4.3　分层抽样

当总体由明显有差别的几部分组成时,常采用分层抽样,即将总体中的所有个体首先按某种特征分成若干互不重叠的部分,每一部分称为层,然后在各层中按层在总体中所占的比例进行简单随机抽样或系统抽样。

与其他统计函数不同的是,sampleByKey()和 sampleByKeyExact()这两个分层抽样方法可以在键值对类型的 RDD 上进行,这两种方法无须通过 spark.mllib 库支持,是键值对类型的 RDD 对象本身具有的方法。对于分层抽样,键可以看作标签(或类别),而值可以看作特定的属性。

1. sampleByKey()方法

sampleByKey()方法需要作用于一个键值对数组,其中键值对的键用于分类(分层)。sampleByKey()方法通过设置抽取函数 fractions 定义分类条件和抽取比例。

首先创建键值对类型的 RDD:

```
scala> val data = sc.parallelize(Seq(("female","WangLi"),("female","LiuTao"),
("female","LiQian"), ("female","TangLi"), ("female","FeiFei"), ("male",
"WangQiang"), ("male","WangChao"), ("male","LiHua"), ("male","GeLin"),
("male","LiJian")))
```

其次指定不同键的抽取比例

```
scala> val fractions = Map("female"->0.6,"male"->0.4)
```

这里设置抽取 60% 的 female 和 40% 的 male。因为数据中 female 和 male 各有 5 个样本,所以理想中的抽样结果应该是有 3 个 female 和 2 个 male。

最后用 sampleByKey()方法进行抽样:

```
scala > val approxSample = data. sampleByKey (withReplacement = false,
fractions = fractions)
scala> approxSample.collect().foreach (x=>println(x))  //输出抽样结果
(female,LiuTao)
(female,LiQian)
(male,WangQiang)
```

```
(male,WangChao)
(male,LiJian)
```

从上面的输出结果可以看到，本应该抽取 3 个 female 和 2 个 male，但实际上抽取了 2 个 female 和 3 个 male，结果并不符合预期。参数 withReplacement 用来设置每次抽样是否放回，true 表示抽样后放回，false 表示抽样后不放回。

2. sampleByKeyExact( )方法

sampleByKey( )方法和 sampleByKeyExact( )方法的区别在于：sampleByKey( )方法每次都通过给定的抽取比例率以一种类似于掷硬币的方式决定这个观察值是否被放入样本。而 sampleByKeyExtra( )方法会对全量数据做采样计算，对于每个类别，它都会产生 $f_k n_k$ 个样本，其中 f_k 是对键为 k 的样本进行抽样的比例，n_k 是键 k 拥有的键值对数目。

```
scala> val exactSample = data.sampleByKeyExact(withReplacement = false,
fractions = fractions)
scala> exactSample.collect().foreach (x=>println(x))    //输出抽样结果
(female,WangLi)
(female,LiuTao)
(female,FeiFei)
(male,WangQiang)
(male,WangChao)
```

7.4.4　生成随机数

RandomRDDs 工具集提供了生成双精度随机数 RDD 和向量 RDD 的工厂方法，可指定生成随机数的分布模式。下面的例子中生成一个双精度随机数 RDD，其元素值服从标准正态分布 N(0，1)，然后将其映射到 N(1，4)正态分布。

```
>>> from pyspark.mllib.random import RandomRDDs
#生成一个包含 10 000 个元素且元素值服从正态分配 N(0,1)的 RDD,分区的个数为 5
>>> NRDD = RandomRDDs.normalRDD(sc, 10000, 5)
#转化生成服从 N(1,4)正态分布的 RDD
>>> NRDD1 = NRDD.map(lambda x: 1.0 + 2.0 * x)
```

7.4.5　核密度估计

核密度估计不利用有关数据分布的先验知识，对数据分布不附加任何假定，是一种从数据样本本身出发研究数据分布特征的方法。核密度估计在概率论中用来估计未知的概率密度函数，采用平滑的峰值函数（核）拟合观察到的数据点，从而对真实的概率密度曲线进行模拟。

Spark 提供了工具类 KernelDensity 用于对样本数据集 RDD 进行核密度估计。下面给出其用法示例：

```
>>> from pyspark.mllib.stat import KernelDensity
>>> data = sc.parallelize([1.0, 1.0, 1.0, 2.0, 3.0, 4.0, 5.0, 5.0, 6.0, 7.0, 8.0,
9.0, 9.0])
#用样本数据和高斯核的标准差构建核密度估计器
>>> kd = KernelDensity()
>>> kd.setSample(data)
#setBandwidth()设置高斯核的宽度,可以视为高斯核的标准差
>>> kd.setBandwidth(3.0)
#用构造的核密度估计器 kd 对给定数据进行核密度估计
>>> densities = kd.estimate([-1.0, 2.0, 5.0])
>>> densities
array([0.04145944, 0.07902017, 0.0896292])
```

输出结果表示在−1.0、2.0、5.0 等样本点上估算的概率密度函数值分别是 0.04145944、0.07902017 和 0.0896292。

7.5　特征提取、转换和选择

7.5.1　特征提取

在很多领域,数据的总量和特征数都变得越来越大,例如基因工程、文本分类、客户关系管理等。文本特征提取就是对文本数据进行特征值化,是为了让计算机更好地理解文本数据。Spark MLlib 提供了 3 种文本特征提取方法,分别为 TF-IDF、Word2Vec 以及 CountVectorizer。

在自然语言处理领域,一个关键的问题是关键词(也称为特征)的提取,关键词提取的好坏将会直接影响算法的效果。常用的关键词提取方法有文档频率、互信息、词频-逆文件频率等。

词频-逆文件频率(Term Frequency-Inverse Document Frequency,TF-IDF)是一种用于信息检索与数据挖掘的常用加权技术。TF-IDF 是一种统计方法,用于评估一个词对于一个文件集(语料库)中的一份文件的重要程度。TF-IDF 的基本思想是:词的重要性与它在文件中出现的次数成正比,但同时与它在文件集(语料库)中出现的次数成反比。也就是说,一个词 t 在一个文件 d 中出现的次数越多,并且在其他文件中出现的次数越少,则词语 t 的区分能力越好,该词与文件 d 的相关程度就越高,越能够代表该文件,适合用来把文件 d 和其他文件区分开来。

定义 t 表示一个词,d 表示一个文件,D 表示语料库,词频 $TF(t,d)$ 表示词 t 出现在文件 d 中的次数(词的次数),而文件频率 $DF(t,D)$ 表示包含词 t 的文件个数。如果只使用词频 衡量词的重要性,则很容易过度强调在文件中经常出现而并没有包含太多与文件有关的信息的词(例如 a、the 以及 of)的重要性。如果一个词在整个语料库中出现得非常频繁,就意味着它并没有携带特定文件的某些特殊信息(换句话说,该词对整个文件的重

要性低),意味着它不能很好地对文件进行区分。

逆文件频率(IDF)用来衡量某一词语在文件集中的重要性。某一特定词语的 IDF 可以由文件集的文件总数除以包含该词的文件总数,再将得到的商取对数得到,具体计算公式如下:

$$IDF(t,D) = \log_2 \frac{|D|+1}{DF(t,D)+1}$$

其中,$|D|$ 是语料库中的文件总数。由于采用对数,如果一个词语出现在所有的文件中,其 IDF 值变为 0。为了防止分母为 0,分母需要加 1,同时分子也加 1。

利用文件内的较高的词频以及词在整个文件集中较低的文件频率,可以得到较高权重的 TF-IDF 词,这些词在该文件中具有较高的重要性。因此,通过 TF-IDF 方法可以过滤常见的词,得到重要的词。在语料库 D 中,词 t 对文件 d 的词频-逆文件频率 TFIDF (t,d,D) 定义为 TF 和 IDF 的乘积:

$$TFIDF(t,d,D) = TF(t,d) \times IDF(t,D)$$

TF-IDF 算法是建立在这样一个假设之上的:对区别文件最有价值的词应该是那些在文件中出现频率高,而在整个文件集的其他文件中出现频率低的词。另外,考虑到词区别不同类别文件的能力,TF-IDF 算法认为一个词出现的文件频率越低,它区别不同类别文件的能力就越大,因此引入了 IDF 的概念,以 TF 和 IDF 的乘积作为选取特征词的测度,并用它完成对权值 TF 的调整。调整权值的目的在于突出重要的词,抑制次要的词。在 MLlib 中,TF 和 IDF 是分离的。HashingTF 与 CountVectorizer 都可以用于生成词频 TF 向量。

HashingTF 是一个转换器,在文本处理中,它接收词的集合,然后把词的集合转换为固定长度的特征向量,这个算法在进行哈希运算的同时会统计各个词的词频。HashingTF 利用哈希函数将特征映射到一个索引值,然后统计这些索引值的频率,就可以知道对应的词的频率。这种方法避免了在大语料上使用映射的方式计算词频,但是会存在潜在的哈希冲突,也就是不同的词特征在进行哈希运算后被映射成相同的词。为了减少冲突的可能,可以增加目标特征维度,即哈希表的桶数。

CountVectorizer 将文本文件转换为关键词计数的向量。

IDF 是权重评估器,在一个数据集上应用它的 fit( )方法对数据集产生相应的 IDFModel(不同的词频对应不同的权重)。IDFModel 对特征向量集(一般由 HashingTF 或 CountVectorizer 产生)做取对数(log)处理。直观地看,特征词出现的文件越多,该词的权重越低。

在下面的代码段中,使用 Tokenizer 将一组句子中的每个句子分成单词。对每个句子,使用 HashingTF 将其转换成一个特征向量,然后使用 IDF 对特征向量进行缩放,最后将得到的特征向量传递给一个学习算法。

```
#导入 TF-IDF 所需的包
>>>from pyspark.ml.feature import HashingTF, IDF, Tokenizer
#构建语料库,具体包括文件 ID 和文件中的语句
>>> sentenceData = spark.createDataFrame([
```

```
    (0.0, "Hi I heard about Spark"),
    (0.0, "I wish Java could use case classes"),
    (1.0, "Logistic regression models are neat")
], ["label", "sentence"])
#使用 Tokenizer 构建分词器
>>> tokenizer = Tokenizer(inputCol="sentence", outputCol="words")
#通过分词器对句子进行分词
>>> wordsData = tokenizer.transform(sentenceData)
>>> wordsData.show()
+-----+------------------+--------------------+
|label|         sentence |              words |
+-----+------------------+--------------------+
| 0.0 |Hi I heard about ...|[hi, i, heard, ab... |
| 0.0 |I wish Java could...|[i, wish, java, c... |
| 1.0 |Logistic regressi...|[logistic, regres... |
+-----+------------------+--------------------+
```

从上面的输出结果可以看出,transform()方法把每个句子拆分成一个个单词,这些单词构成一个"词袋"(里面装了很多个单词)。

```
#使用 HashingTF 构建词频统计器,这里设置哈希表的桶数为 20
>>> hashingTF = HashingTF (inputCol =" words", outputCol =" rawFeatures",
numFeatures=20)
#通过词频统计器统计词频,把每个"词袋"转换成特征向量
>>> featurizedData = hashingTF.transform(wordsData)
>>> featurizedData.show()
+-----+----------------+----------------+----------------+
|label|       sentence |          words |     rawFeatures |
+-----+----------------+----------------+----------------+
| 0.0 |Hi I heard about ...|[hi, i, heard, ab... |(20,[6,8,13,16],[...|
| 0.0 |I wish Java could...|[i, wish, java, c... |(20,[0,2,7,13,15,...|
| 1.0 |Logistic regressi...|[logistic, regres... |(20,[3,4,6,11,19]...|
+-----+----------------+----------------+----------------+
```

可以看出,"词袋"中的每一个单词被转换成一个不同的索引值。

```
#使用 IDF 构建评估器
>>> idf = IDF(inputCol="rawFeatures", outputCol="features")
#在 featurizedData 上应用 fit()方法训练 idf,得到一个 IDF 模型 idfModel
>>> idfModel = idf.fit(featurizedData)
#调用 idfModel 的 transform()方法,得到每一个单词对应的 TF IDF 值
>>> rescaledData = idfModel.transform(featurizedData)
#查看 TF IDF 值
```

```
>>> rescaledData.select("label", "features").show()
+-----+-------------------+
|label |       features    |
+-----+-------------------+
| 0.0 |(20,[6,8,13,16],[...    |
| 0.0 |(20,[0,2,7,13,15,...   |
| 1.0 |(20,[3,4,6,11,19]...   |
+-----+-------------------+
>>> rescaledData.show()
+-----+----------------+----------------+----------------+----------------+
|label |       sentence|          words |   rawFeatures |       features |
+-----+----------------+----------------+----------------+----------------+
| 0.0 |Hi I heard about ... |[hi, i, heard, ab... |(20,[6,8,13,16],[...|(20,[6,8,13,16],[...|
| 0.0 |I wish Java could... |[i, wish, java, c... |(20,[0,2,7,13,15,...|(20,[0,2,7,13,15,...|
| 1.0 |Logistic regressi. |[logistic, regres.. |(20,[3,4,6,11,19]...|(20,[3,4,6,11,19]...|
+-----+----------------+----------------+----------------+----------------+
```

7.5.2 特征转换

特征转换是将特征从一种表示形式转换为另一种表示形式。在机器学习中经常需要对特征进行转换的原因是：数据类型不适合要用到的机器学习算法，通过转换得到新特征后，可以消除原特征之间的相关性或减小冗余度。在 pyspark.ml 模块中有很多用于特征转换的类，下面介绍几个常用的类。

1. Binarizer

Binarizer(二值化)可以根据给定的阈值，将数值型特征转换为只取 0、1 两个值的二元特征，大于阈值的特征值被二元化为 1.0，小于或等于阈值的特征值被二元化为 0.0。下面给出二值化的示例：

```python
from pyspark.ml.feature import Binarizer
from pyspark.sql import SparkSession
spark = SparkSession.builder.getOrCreate()
continuousDataFrame = spark.createDataFrame([
    (0, 0.1),
    (1, 0.8),
    (2, 0.2)
], ["id", "feature"])
binarizer = Binarizer(threshold = 0.5, inputCol = "feature", outputCol = "binarized_feature")
binarizedDataFrame = binarizer.transform(continuousDataFrame)    #二值化
print("Binarizer output with Threshold = %f" % binarizer.getThreshold())
binarizedDataFrame.show()
```

运行上述程序代码得到的二值化输出结果如下：

```
Binarizer output with Threshold = 0.500000
+---+-------+-----------------+
| id |feature |binarized_feature  |
+---+-------+-----------------+
| 0 |   0.1 |            0.0   |
| 1 |   0.8 |            1.0   |
| 2 |   0.2 |            0.0   |
+---+-------+-----------------+
```

2. PCA

PCA(主成分分析)是一种使用极为广泛的数据降维算法。PCA 可以找出特征中最主要的特征,把原来的 n 个特征用 $k(k<n)$ 个特征代替。PCA 的工作就是从原始的空间中按顺序找出一组相互正交的坐标轴,选择的第一个坐标轴与原始数据中方差最大的方向一致,方差越大说明特征越重要;选取的第二个坐标轴是与第一个坐标轴正交的平面中方差最大的;第三个坐标轴是与前两个坐标轴正交的平面中方差最大的。依此类推,可以得到 n 个这样的坐标轴。实际上,大部分方差都包含在前面 k 个坐标轴中,后面的 $n-k$ 个坐标轴包含的方差几乎为 0,于是,可以只保留前面 k 个包含绝大部分方差的坐标轴,而忽略余下的坐标轴。这相当于只保留包含绝大部分方差的特征,而忽略包含方差几乎为 0 的特征,实现对数据特征的降维处理。

3. StringIndexer 和 IndexToString

StringIndexer 用于将字符串类型的标签列编码为索引类型的标签列,索引的范围从 0 开始,到标签列中标签种类的个数减 1 结束。标签列中标签出现得越频繁,编码后的索引越小,因此最频繁出现的标签的索引为 0。

与 StringIndexer 相对应,IndexToString 的作用是把已经索引化的列标签重新映射回原有的字符串形式。

下面给出 StringIndexer 和 IndexToString 的使用举例。

```python
from pyspark.ml.feature import StringIndexer, IndexToString
from pyspark.sql import SparkSession
spark = SparkSession.builder.getOrCreate()
df = spark.createDataFrame(
    [(0, "a"), (1, "b"), (2, "c"), (3, "a"), (4, "a"), (5, "c")],["id", "category"])
indexer = StringIndexer(inputCol="category", outputCol="categoryIndex")
model = indexer.fit(df)                                          #训练模型
indexed = model.transform(df)                                    #转换数据
print("Transformed string column '%s' to indexed column '%s'"
    % (indexer.getInputCol(), indexer.getOutputCol()))
```

```
indexed.show()                                                    #查看数据
converter = IndexToString(inputCol="categoryIndex", outputCol=
"originalCategory")
converted = converter.transform(indexed)
print("Transformed indexed column '%s' back to original string column '%s'
using "
    "labels in metadata" % (converter.getInputCol(), converter.getOutputCol()))
converted.select("id", "categoryIndex", "originalCategory").show() #查看数据
```

运行上述程序代码，得到的输出结果如下：

```
Transformed string column 'category' to indexed column 'categoryIndex'
+---+--------+-------------+
| id |category |categoryIndex  |
+---+--------+-------------+
| 0 |    a   |     0.0     |
| 1 |    b   |     2.0     |
| 2 |    c   |     1.0     |
| 3 |    a   |     0.0     |
| 4 |    a   |     0.0     |
| 5 |    c   |     1.0     |
+---+--------+-------------+
Transformed indexed column 'categoryIndex' back to original string column '
originalCategory' using labels in metadata
+---+-------------+----------------+
| id |categoryIndex  |originalCategory  |
+---+-------------+----------------+
| 0 |     0.0     |       a        |
| 1 |     2.0     |       b        |
| 2 |     1.0     |       c        |
| 3 |     0.0     |       a        |
| 4 |     0.0     |       a        |
| 5 |     1.0     |       c        |
+---+-------------+----------------+
```

4. Normalizer

Normalizer 是一个转换器，它可以将一组特征向量规范化，参数 p 指定规范化中使用的范数（norm），默认值为 2。规范化可以消除输入数据的量纲影响。

实现 2 范数规范化的示例代码如下：

```
from pyspark.ml.feature import Normalizer
from pyspark.ml.linalg import Vectors
```

```
from pyspark.sql import SparkSession
spark = SparkSession.builder.getOrCreate()
dataFrame = spark.createDataFrame([
    (0, Vectors.dense([1.0, 0.5, -1.0]),),
    (1, Vectors.dense([2.0, 1.0, 1.0]),),
    (2, Vectors.dense([4.0, 10.0, 2.0]),)], ["id", "features"])
#2 范数规范化
normalizer = Normalizer(inputCol="features", outputCol="normFeatures")
l2NormData = normalizer.transform(dataFrame)
print("Normalized using 2 norm")
l2NormData.show()
```

运行上述程序代码,得到的输出结果如下:

```
Normalized using 2 norm
+---+--------------+--------------------+
| id|    features  |    normFeatures    |
+---+--------------+--------------------+
|  0|[1.0,0.5,-1.0]|[0.66666666666666...|
|  1| [2.0,1.0,1.0]|[0.81649658092772...|
|  2|[4.0,10.0,2.0]|[0.36514837167011...|
+---+--------------+--------------------+
```

5. 数值型数据特征转换的 3 种方法

1) StandardScaler

StandardScaler(标准差规范化)处理的数据类型是数值型数据,将每一个维度的特征标准化为具有单位标准差/零均值。StandardScaler 有两个参数比较重要:一个是 setWithMean 参数,用来设置每一列的每一个元素是否需要减去当前列的平均值,默认是 False;另一个是 setWithStd 参数,用来设置每一列中的每一个数据是否需要除以当前列的样本标准差,注意是样本标准差而不是标准差,主要是分母除以 $n-1$,默认是 True。

2) MinMaxScaler

MinMaxScaler(最小-最大规范化)是对原始数据进行的线性变换,假定 $\min_A$,$\max_A$ 分别为属性 A 的最小值和最大值。最小-最大规范化的计算公式如下:

$$v_i' = \frac{v_i - \min_A}{\max_A - \min_A}(\text{new\_max}_A - \text{new\_min}_A) + \text{new\_min}_A$$

将 A 的值 $v_i x$ 转换到区间[new_min_A, new_max_A]中的 v_i'。这种方法的缺陷是:当有新的数据加入时,如果该数据落在 A 的原数据值域[$\min_A$, $\max_A$]之外,就需要重新定义 $\min_A$ 和 $\max_A$ 的值。另外,如果要做 0-1 规范化,上述式子简化为

$$v_i' = \frac{v_i - \min_A}{\max_A - \min_A}$$

pyspark.ml.feature 的 MinMaxScaler 根据给定的最小值和最大值，将数据集中的每个特征缩放到该最小值和最大值确定的范围之内，如果没有指定最小值和最大值，默认缩放到[0,1]区间。

下面给出 MinMaxScaler 的使用示例：

```
>>> from pyspark.ml.feature import MinMaxScaler
>>> from pyspark.ml.linalg import Vectors
>>> dataFrame = spark.createDataFrame([
    (0, Vectors.dense([1.0, 0.1, -1.0]),),
    (1, Vectors.dense([2.0, 1.1, 1.0]),),
    (2, Vectors.dense([3.0, 10.1, 3.0]),)
], ["id", "features"])
>>> dataFrame.show()
+---+--------------+
| id|      features|
+---+--------------+
|  0|[1.0,0.1,-1.0]|
|  1| [2.0,1.1,1.0]|
|  2|[3.0,10.1,3.0]|
+---+--------------+
#设置 MinMaxScaler 的输入列和输出列的名称
>>> scaler = MinMaxScaler(inputCol="features", outputCol="scaledFeatures")
#调用 fit()方法训练 MinMaxScaler 模型
>>> scalerModel = scaler.fit(dataFrame)
#将每个特征缩放到[min, max]区间
>>> scaledData = scalerModel.transform(dataFrame)
>>> print("Features scaled to range: [%f, %f]" % (scaler.getMin(), scaler.
getMax()))
Features scaled to range: [0.000000, 1.000000]
>>> scaledData.select("features", "scaledFeatures").show()
+--------------+--------------+
|      features|scaledFeatures|
+--------------+--------------+
|[1.0,0.1,-1.0]|    (3,[],[])|
| [2.0,1.1,1.0]|[0.5,0.1,0.5]|
|[3.0,10.1,3.0]|[1.0,1.0,1.0]|
+--------------+--------------+
```

3）MaxAbsScaler

MaxAbsScaler（绝对值规范化）用每一维特征的最大绝对值对给定的数据集进行缩放，将每一维的特征都缩放到[-1,1]区间。

```
>>> from pyspark.ml.feature import MaxAbsScaler
>>> from pyspark.ml.linalg import Vectors
```

```
>>> dataFrame = spark.createDataFrame([
    (0, Vectors.dense([1.0, 0.1, -8.0]),),
    (1, Vectors.dense([2.0, 1.0, -4.0]),),
    (2, Vectors.dense([4.0, 10.0, 8.0]),)
], ["id", "features"])
>>> scaler = MaxAbsScaler(inputCol="features", outputCol="scaledFeatures")
>>> scalerModel = scaler.fit(dataFrame)
>>> scaledData1 = scalerModel.transform(dataFrame)
>>> scaledData1.show()
+---+--------------+--------------------+
| id|      features|      scaledFeatures|
+---+--------------+--------------------+
|  0|[1.0,0.1,-8.0]|[0.25,0.010000000...|
|  1|[2.0,1.0,-4.0]|      [0.5,0.1,-0.5]|
|  2|[4.0,10.0,8.0]|       [1.0,1.0,1.0]|
+---+--------------+--------------------+
>>> scaledData1.select("features", "scaledFeatures").show()
+--------------+--------------------+
|      features|      scaledFeatures|
+--------------+--------------------+
|[1.0,0.1,-8.0]|[0.25,0.010000000...|
|[2.0,1.0,-4.0]|      [0.5,0.1,-0.5]|
|[4.0,10.0,8.0]|       [1.0,1.0,1.0]|
+--------------+--------------------+
```

7.5.3　特征选择

特征选择指的是从特征向量中选择出好的特征。特征选择能够提升机器学习模型的性能。特征选择的主要功能是：减少特征向量的特征数量,使模型泛化能力更强,减少过拟合。

下面介绍 pyspark.ml 模块的两种特征选择方法。

1. VectorSlicer

VectorSlicer 是一种转换器,它获取一个特征向量并输出一个由原始特征的子集组成新的特征向量。它对从列向量中提取特征非常有用。VectorSlicer 接收带有指定索引的向量列,然后对这些索引进行筛选,得到一个新的向量列。有两种类型的索引：整数索引和字符串索引。选择特征时有以下几个规则：①去掉取值变化小的特征；②单变量特征选择,对每一个特征进行测试,衡量该特征和响应变量之间的关系,根据得分丢弃不好的特征,对于回归和分类问题可以采用卡方检验等方式对特征进行测试；③用相关系数法选取相关性大的特征。例如：

```
from pyspark.ml.feature import VectorSlicer
from pyspark.ml.linalg import Vectors
from pyspark.sql.types import Row
from pyspark.sql import SparkSession
spark = SparkSession.builder.getOrCreate()
df = spark.createDataFrame([
Row(userFeatures=Vectors.sparse(5, {0: -2.0, 1: 2.3, 2: 3.3})),
    Row(userFeatures=Vectors.dense([-2.0, 2.3, 0.0, 5.3, 0.7]))])
#indices=[1,3]表示对向量列选择索引为 1 和 3 的特征
slicer = VectorSlicer(inputCol=" userFeatures ", outputCol=" features ",
indices=[1,3])
output = slicer.transform(df)                    #转换数据
output.select("userFeatures", "features").show(truncate=False)
```

运行上述程序代码,得到的输出结果如下:

```
+------------------------------+--------------+
|userFeatures                  |features      |
+------------------------------+--------------+
|(5,[0,1,2],[-2.0,2.3,3.3])    |(2,[0],[2.3]) |
|[-2.0,2.3,0.0,5.3,0.7]        |[2.3,5.3]     |
+------------------------------+--------------+
```

2. ChiSqSelector

ChiSqSelector(卡方检验)主要用于分类变量之间的独立性检验,换言之,就是检验两个变量之间有没有关系。其基本思想是:根据样本数据推断总体分布与期望分布是否有显著性差异,或者推断两个分类变量是相关还是相互独立,将相关程度大的特征留下。

对于离散数据,属性 A 和属性 B 之间的相关度可以通过卡方检验评测。假设 A 有 m 个不同的值 $a_1, a_2, \cdots, a_m$,B 有 n 个不同的值 $b_1, b_2, \cdots, b_n$。用 A 和 B 的数据构成一个二维表,其中 A 的 m 个值构成列,B 的 n 个值构成行。令 (A_i, B_j) 表示属性 A 取值 a_i、属性 B 取值 b_j 的联合事件,即 $(A = a_i, B = b_j)$。每个可能的 (A_i, B_j) 联合事件都在表中有自己的单元。χ^2 值可以用下式计算:

$$\chi^2 = \sum_{i=1}^{m} \sum_{j=1}^{n} \frac{(o_{ij} - e_{ij})^2}{e_{ij}}$$

其中,o_{ij} 是联合事件 (A_i, B_j) 的观测频度(即实际计数),e_{ij} 是 (A_i, B_j) 的期望频度,e_{ij} 可以用下式计算:

$$e_{ij} = \frac{\text{count}(A = a_i) \times \text{count}(B = b_j)}{k}$$

其中,k 是数据元组的个数,$\text{count}(A = a_i)$ 是 A 上具有值 a_i 的元组个数,而 $\text{count}(B = b_j)$ 是 B 上具有值 b_j 的元组个数。χ^2 计算式中的求和在所有 $m \times n$ 个单元上进行。

　　ChiSqSelector 算法使用卡方检验独立性决定选择哪个特征。以下代码构建一个包含 id、features、clicked 的 DataFrame，其中 features 是特征向量列，clicked 是预测列，现在要从 features 特征向量中找出对预测最有效的特征。

```python
from pyspark.ml.feature import ChiSqSelector
from pyspark.ml.linalg import Vectors
from pyspark.sql import SparkSession
spark = SparkSession.builder.getOrCreate()
df = spark.createDataFrame([
    (7, Vectors.dense([0.0, 0.0, 18.0, 1.0]), 1.0,),
    (8, Vectors.dense([0.0, 1.0, 12.0, 0.0]), 0.0,),
    (9, Vectors.dense([1.0, 0.0, 15.0, 0.1]), 0.0,)], ["id", "features",
"clicked"])
#参数 numTopFeatures 表示选择多少个最具预测能力的特征
#参数 labelCol 表示预测的列
selector = ChiSqSelector(numTopFeatures=1, featuresCol="features",
    outputCol="selectedFeatures", labelCol="clicked")        #构建卡方选择器

result = selector.fit(df).transform(df)
print( "ChiSqSelector output with top % d features selected" % selector.
getNumTopFeatures())
result.show()
```

运行上述程序代码，得到的输出结果如下：

```
+---+------------------+-------+----------------+
|id |     features     |clicked|selectedFeatures|
+---+------------------+-------+----------------+
| 7 |[0.0,0.0,18.0,1.0]|  1.0  |     [18.0]     |
| 8 |[0.0,1.0,12.0,0.0]|  0.0  |     [12.0]     |
| 9 |[1.0,0.0,15.0,0.1]|  0.0  |     [15.0]     |
+---+------------------+-------+----------------+
```

从输出结果可以看出，最具预测能力的特征是第 3 个特征。

7.6　分类算法

　　从对与错、好与坏的简单分类，到复杂的生物学中的界门纲目科属种，人类对客观世界的认识离不开分类，将有共性的事物归到一类，可以区别不同的事物，使得大量的繁杂事物变得条理化和系统化。

　　分类指的是通过事物特征的定量分析，形成能够进行分类预测的分类模型（分类函数、分类器），利用该模型能够预测一个具体的事物所属的类别。注意，分类的类别取值必须是离散的。分类模型作出的分类预测不是归纳出的新类，而是预先定义好的目标类，因

此分类也称为有监督学习。与之相对应的是无监督学习,例如聚类。分类与聚类的最大区别在于,分类数据中的一部分数据的类别是已知的,而聚类数据中所有数据的类别(簇)都是未知的。

现实商业活动中的许多问题都能抽象成分类问题。在当前的市场营销行为中很重要的一个特点是强调目标客户细分,例如银行贷款员需要分析贷款申请者的数据,搞清楚哪些贷款申请者是"安全的",哪些贷款申请者是"不安全的"。其他场景,如推荐系统、垃圾邮件过滤、信用卡分级等,都能转化为分类问题。

分类任务的输入数据是记录的集合。记录也称为样本、样例、实例、对象、数据点,用元组 (x,y) 表示。其中,x 是对象特征属性的集合;而 y 是一个特殊的属性,称为类别属性、分类属性或目标属性,指出样本的类别是什么。表 7-1 列出了一个动物样本数据集,用来将动物分为两类:爬行类和鸟类。属性集指明动物的性质,如翅膀数量、脚的只数、是否产蛋、是否有毛等。尽管表 7-1 中的属性主要是离散的,但是属性集也可以包含连续特征。而类别属性必须是离散属性,这是区别分类与回归的关键特征。回归是一种预测模型,其目标属性 y 是连续的。

表 7-1　一个动物样本数据集

动　　物	翅膀数量	脚的只数	是否产蛋	是否有毛	动物类别
狗	0	4	否	是	爬行类
猪	0	4	否	是	爬行类
牛	0	4	否	是	爬行类
麻雀	2	2	是	是	鸟类
鸽子	2	2	是	是	鸟类
天鹅	2	2	是	是	鸟类

分类的形式化定义是:分类是通过学习样本数据集得到一个目标函数 f,把每个特征属性集 x 映射到一个预先定义的类标号 y。目标函数也称为分类模型。

常用的分类方法主要有二分类回归分析、决策树分类、贝叶斯分类、人工神经网络分类、k-近邻分类、支持向量机分类和基于关联规则的分类等。

7.6.1　逻辑二分类回归分析

逻辑斯谛回归(Logistic Regression)分析是用于处理因变量为分类变量的回归分析。逻辑斯谛回归分析根据因变量取值类别不同,又可以分为二分类回归分析和多分类回归分析。在二分类回归模型中,因变量 Y 只有"是、否"两个取值,记为 1 和 0;而在多分类回归模型中,因变量可以取多个值。这里只讨论二分类回归分析。

考虑二分类问题,其输出标记 $y \in \{0,1\}$,而线性回归模型产生的预测值 $z = w^{\mathrm{T}}x + b$ 是连续的实数值,于是,需要将实数值 z 转换为 0 或 1,即需要选择一个函数将 z 映射到 0 或 1,这样的函数常选用 Sigmoid 函数,其函数表达式为

$$y = \text{Sigmoid}(z) = \frac{1}{1 + e^{-z}}$$

Sigmoid 函数图形如图 7-1 所示。

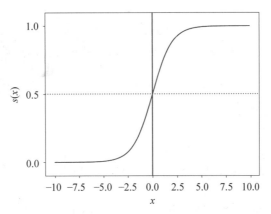

图 7-1　Sigmoid 函数图形

Sigmoid 函数的定义域为全体实数。当 x 趋近于负无穷时，y 趋近于 0；当 x 趋近于正无穷时，y 趋近于 1；当 $x = 0$ 时，$y=0.5$。

将 $z = \boldsymbol{w}^{\mathrm{T}}\boldsymbol{x} + b$ 带入 $\text{Sigmoid}(z) = 1/(1 + e^{-z})$，可得 $\text{Sigmoid}(\boldsymbol{w}^{\mathrm{T}}\boldsymbol{x} + b) = 1/(1 + e^{-\boldsymbol{w}^{\mathrm{T}}\boldsymbol{x} - b})$

Sigmoid 函数的函数值是一个 0～1 的数，这样就将线性回归的输出值映射为 0～1 的值。

之所以使用 Sigmoid 函数，是因为以下 3 个原因：

（1）可以将 $\boldsymbol{w}^{\mathrm{T}}\boldsymbol{x} + b \in (-\infty, +\infty)$ 映射到 $(0,1)$ 区间，作为概率。

（2）$\boldsymbol{w}^{\mathrm{T}}\boldsymbol{x} + b < 0$，$\text{Sigmoid}(\boldsymbol{w}^{\mathrm{T}}\boldsymbol{x} + b) < 1/2$，可以认为是 0 类问题；$\boldsymbol{w}^{\mathrm{T}}\boldsymbol{x} + b > 0$，$\text{Sigmoid}(\boldsymbol{w}^{\mathrm{T}}\boldsymbol{x} + b) > 1/2$，可以认为是 1 类问题；$\boldsymbol{w}^{\mathrm{T}}\boldsymbol{x} + b = 0$，$\text{Sigmoid}(\boldsymbol{w}^{\mathrm{T}}\boldsymbol{x} + b) = 1/2$，则可以将问题划分至 0 类或 1 类。通过 Sigmoid 函数可以将 1/2 作为决策边界，将线性回归的问题转化为二分类问题。

（3）数学特性好，求导容易。即

$$\text{Sigmoid}'(z) = \text{Sigmoid}(z)(1 - \text{Sigmoid}(z))$$

称上述将输入变量 $\boldsymbol{x}$ 的线性回归值进行 Sigmoid 映射作为最终的预测输出值的算法为逻辑斯谛回归算法，即逻辑斯谛回归采用 Sigmoid 函数作为预测函数，将逻辑斯谛回归预测函数记为 $h_\theta(\boldsymbol{x})$，

$$h_\theta(\boldsymbol{x}) = \text{Sigmoid}(\boldsymbol{w}^{\mathrm{T}}\boldsymbol{x} + b) = \frac{1}{1 + e^{-\boldsymbol{w}^{\mathrm{T}}\boldsymbol{x} - b}}$$

其中，$h_\theta(\boldsymbol{x})$ 表示在输入值为 $\boldsymbol{x}$、参数为 θ 的条件下 $y=1$ 的概率，用概率公式可以写成 $h_\theta(\boldsymbol{x}) = P(y=1 | \boldsymbol{x}, \theta)$，设 $P(y=1 | \boldsymbol{x}, \theta)$ 的值为 p，则 y 取 0 的条件概率 $P(y=0 | \boldsymbol{x}, \theta) = 1 - p$。

对 $P(y=1 | \boldsymbol{x}, \theta)$ 进行线性模型分析，将其表示成如下所示的线性表达式：

$$P(y=1 \mid x,\theta) = \beta_0 + \beta_1 x_1 + \beta_2 x_2 + \cdots + \beta_m x_m$$

而在实际应用中，概率 p 与自变量往往是非线性的。为了解决该类问题，引入 logit 变换，也称对数单位变换，其变换形式如下：

$$\mathrm{logit}(p) = \ln \frac{p}{1-p}$$

使得 $\mathrm{logit}(p)$ 与自变量之间存在线性相关的关系。逻辑斯谛回归模型定义如下：

$$\mathrm{logit}(p) = \ln \frac{p}{1-p} = \beta_0 + \beta_1 x_1 + \beta_2 x_2 + \cdots + \beta_m x_m$$

通过推导，上面的公式可变换为下面所示的公式：

$$p = \frac{1}{1 + \mathrm{e}^{-(\beta_0 + \beta_1 x_1 + \beta_2 x_2 + \cdots + \beta_m x_m)}}$$

这与通过 Sigmoid 函数对线性回归输出值进行映射进而转化为二分类相符，同时也体现了概率 p 与自变量之间的非线性关系。以 0.5 为界限，预测 p 大于 0.5 时，判断类别为 1；否则类别为 0。得到所需的包含 $\beta_0 + \beta_1 x_1 + \beta_2 x_2 + \cdots + \beta_m x_m$ 的 Sigmoid 函数后，接下来只需要拟合出该式中 $m+1$ 个参数 $\beta_0, \beta_1, \cdots, \beta_m$ 即可。

下面给出利用 LogisticRegression 实现二分类回归分析的示例。

sample_libsvm_data.txt 是安装包提供的示例数据集，文件中的数据格式如下：

```
[label] [index1]:[value1] [index2]:[value2] …
```

各项的含义如下：

类别值第一维特征编号：第一维特征值第二维特征编号：第二维特征值…

各字段说明如下：

- label：类别值，即样本的类别，通常是一些整数。
- index1,index2,…：样本的特征编号，必须按照升序排列。
- value1,value2,…：样本的特征值。

下面利用 sample_libsvm_data.txt 数据集来演示 LogisticRegression 实现二分类回归分析的方法。

```
>>> from pyspark.ml.classification import LogisticRegression
#加载数据集
>>> training = spark.read.format("libsvm").load("file:///usr/local/spark/
data/mllib/sample_libsvm_data.txt")
#把样本数据划分为训练样本和测试样本,60%为训练样本,40%为测试样本
>>> splits = training.randomSplit([0.6, 0.4], seed = 11)
>>> training = splits[0]
>>> training.show(5)
+-----+--------------------+
|label|            features|
+-----+--------------------+
|  0.0 |(692,[95,96,97,12...|
```

```
|  0.0  |(692,[98,99,100,1...      |
|  0.0  |(692,[100,101,102...      |
|  0.0  |(692,[121,122,123...      |
|  0.0  |(692,[122,123,124...      |
+-----+------------------+
>>> test = splits[1]                                    #获取测试数据集
>>> test.show(5)
+-----+------------------+
|label |          features |
+-----+------------------+
|  0.0  |(692,[122,123,148...      |
|  0.0  |(692,[123,124,125...      |
|  0.0  |(692,[124,125,126...      |
|  0.0  |(692,[124,125,126...      |
|  0.0  |(692,[124,125,126...      |
+-----+------------------+
```

#创建逻辑斯谛回归模型
```
>>> lr = LogisticRegression(maxIter=10, regParam=0.3, elasticNetParam=0.8)
```
#拟合模型
```
>>> lrModel = lr.fit(training)
>>> print("Coefficients: " + str(lrModel.coefficients))          #系数矩阵
Coefficients: (692,[235,244,262,263,272,273,300,301,323,328,329,350,351,357,
372,378,379,385,386,405,406,407,413,428,433,434,435,441,455,456,461,462,469,
483,484,489,490,496,511,512,517,539,540,568],[-0.00029221448030930525,
-3.70618068459763e-06,-5.635310870241574e-06,-5.555072485776555e-05,
-1.651492179975895e-05,-1.6728232968328446e-05,-9.465471939234033e-05,
-1.505441333446133e-05,6.264311494157406e-05,-2.1048215299503885e-05,
-9.574818356026863e-06,0.0004343526041901804,0.0002991016147899665,
-2.0488570486273087e-05,-1.818157116842093e-05,0.0005295226038814639,
0.0004790397569573207,-7.406964057508874e-05,-2.466651577775795e-05,
0.00014170434088884768,0.0005646978129253936,0.0006093064849434367,
-3.629856444437374e-05,-1.6121294001612525e-05,0.000500517105470427,
0.0007912686899574742,0.0001322745352348645,-8.533379475823756e-06,
-3.762488788692486e-05,-1.7991893106942325e-05,0.0004580688492419047,
0.0005630109728684779,-7.881279684925677e-06,-0.00010276953291477225,
-9.757732831530874e-06,0.00043575231491352226,0.0002958479892732266,
-2.2245844104705514e-05,-0.00035324832796876225,-7.912506134572934e-05,
0.0004769852496504103,-0.0003811031355741476,-0.0002735709968719797,
-6.444693738905173e-05])
>>> print("Intercept: " + str(lrModel.intercept))       #截距
Intercept: -0.28597023547395595
>>> lrModel.transform(test).show(5)                      #使用测试数据集进行预测
```

label	features	rawPrediction	probability	prediction
0.0	(692,[122,123,148...	[0.51102527694368...	[0.62504679254558...	0.0
0.0	(692,[123,124,125...	[0.80982964571120...	[0.69207320164749...	0.0
0.0	(692,[124,125,126...	[0.73323404928211...	[0.67551456083693...	0.0
0.0	(692,[124,125,126...	[0.80160296941382...	[0.69031726736866...	0.0
0.0	(692,[124,125,126...	[0.59458085585048...	[0.64441551508736...	0.0

7.6.2 决策树分类

1. 决策树概念

决策树简单来说就是带有判决规则的一种树,可以依据树中的判决规则预测未知样本的类别和值。决策树通过树结构表示各种可能的决策路径以及每个路径的结果。一棵决策树一般包含一个根节点、若干内部节点和若干叶子节点。规定如下:

(1) 叶子节点对应决策结果。

(2) 每个内部节点对应一个属性测试,每个内部节点包含的样本集合根据属性测试的结果被划分到它的子节点中。

(3) 根节点包含全部训练样本。

(4) 从根节点到每个叶子节点的路径对应一条决策规则。

预测顾客是否会购买计算机的决策树如图 7-2 所示,其中,内部节点用矩形表示,叶

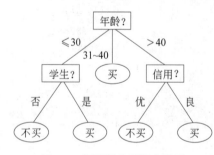

图 7-2 预测顾客是否会购买
计算机的决策树

子节点用椭圆表示,分支表示属性测试的结果。为了针对未知的顾客判断其是否会购买计算机,将顾客的属性值放在决策树上进行判断,选取相应的分支,直到到达叶子节点,从而得到顾客所属的类别。在决策树中,从根节点到叶子节点的一条路径就对应一条合取规则,对应着一条分类规则,对应着样本的一个分类。

在预测顾客是否会购买计算机的决策树中包含 3 种节点:根节点,它没有入边,有 3 条出边;内部节点(非叶子节点),有一条入边和两条或多条出边;叶子节点,只有一条入边,但没有出边。在这个例子中,用来进行类别决策的属性为"年龄""学生"和"信用"。

在沿着决策树从上到下的遍历过程中,在每个内部节点都有一个测试,不同的测试结果引出不同的分支,最后会到达一个叶子节点,这一过程就是利用决策树进行分类的过程。

决策树分类方法实际上是通过对训练样本的学习建立分类规则,再依据分类规则实

现对新样本的分类。决策树分类方法属于有指导(监督)的分类方法。训练样本有两类属性:划分属性和类别属性。一旦构造了决策树,对新样本进行分类就相当容易。从树的根节点开始,将测试条件用于新样本,根据测试结果选择适当的分支,沿着该分支到达另一个内部节点,使用新的测试条件继续上述过程,直到到达一个叶子节点,也就得到了新样本所属的类别。

2. 决策树构建

决策树算法作为一种分类算法,目标就是将具有 m 维特征的 n 个样本分到 c 个类别中。相当于做一个映射 $C = f(n)$,对样本经过一种变换赋予一种类别标签。决策树为了达到这一目的,将分类的过程表示成一棵树,每次通过选择一个特征进行分支。不同的决策树算法采用不同的特征选择方案进行分支,例如,ID3 决策树以信息增益最大作为选择划分特征的标准,C4.5 以信息增益率最大作为选择划分特征的标准,CART 以基尼指数最小作为选择划分特征的标准。

构建决策树的过程,就是通过学习样本数据集获得分类知识的过程,也就是得到一种逼近离散值的目标函数的过程。决策树学习本质上是从训练数据集中归纳出一组分类规则,学习到的一组分类规则被表示为一棵决策树。决策树学习是以样本为基础的归纳学习,它采用自顶向下递归的方式使决策树生长,随着树的生长,完成对训练样本集的不断细分,样本最终都被细分到每个叶子节点上。决策树是一种树状结构,其中每个内部节点表示一个属性上的测试,每个分支代表一个测试输出,每个叶节点代表一种类别。构建决策树的具体步骤如下:

(1) 选择最好的属性作为测试属性并创建树的根节点。开始时,所有的训练样本都在根节点。

(2) 为测试属性每个可能的取值产生一个分支。

(3) 根据属性的每个可能值将训练样本划分到相应的分支,形成子节点。

(4) 对每个子节点重复上面的过程,直到所有分支末端的节点都是叶子节点。

下面利用 sample_libsvm_data.txt 数据集演示 DecisionTreeClassifier 实现决策树分类的方法。

```python
from pyspark.sql import SparkSession
from pyspark.ml import Pipeline
from pyspark.ml.classification import DecisionTreeClassifier
from pyspark.ml.evaluation import MulticlassClassificationEvaluator
from pyspark.ml.feature import StringIndexer, VectorIndexer
spark = SparkSession.builder.getOrCreate()
#决策树分类器
def decisionTreeClassifier(data):
    #加载 LIBSVM 格式的数据集
    data = spark.read.format("libsvm").load(data)
    #将字符串标签(不是则先转为字符串)编码为整数索引(频率从高到低的标签依次转为 0,
1,2,…)
```

```
    #逆操作:IndexToString
    labelIndexer = StringIndexer(inputCol="label", outputCol=
"indexedLabel").fit(data)
    #根据 maxCategories 自动识别分类特征
    #如果某个特征不重复的值小于或等于 maxCategories,则该特征转为分类特征
    featureIndexer=VectorIndexer(inputCol="features", outputCol=
"indexedFeatures", maxCategories=4).fit(data)
    #将数据集划分为训练集和测试集,测试集占 30%
    (trainingData, testData) = data.randomSplit([0.7, 0.3])
    #创建决策树模型
    dt = DecisionTreeClassifier(labelCol="indexedLabel", featuresCol=
"indexedFeatures")
    pipeline = Pipeline(stages=[labelIndexer, featureIndexer, dt])
    model = pipeline.fit(trainingData)               #训练模型
    predictions = model.transform(testData)          #进行预测
    print("展示预测结果的前 5 行数据:")
    predictions.select("prediction", "indexedLabel", "features").show(5)
    #选择预测标签、真实标签,计算测试误差
    evaluator = MulticlassClassificationEvaluator(
        labelCol="indexedLabel", predictionCol="prediction", metricName=
"accuracy")
    accuracy = evaluator.evaluate(predictions)
    print("测试误差 = %g " % (1.0 - accuracy))
    treeModel = model.stages[2]
    print('treeModel 摘要: ',treeModel)              #模型摘要
if __name__=='__main__':
    decisionTreeClassifier(data="file:///usr/local/spark/data/mllib/sample
_libsvm_data.txt")
```

运行上述程序代码,得到的输出结果如下:

```
展示预测结果的前 5 行数据:
+----------+------------+--------------------+
|prediction |indexedLabel |        features     |
+----------+------------+--------------------+
|    1.0   |     1.0    |(692,[121,122,123...|
|    1.0   |     1.0    |(692,[122,123,148...|
|    1.0   |     1.0    |(692,[123,124,125...|
|    1.0   |     1.0    |(692,[124,125,126...|
|    1.0   |     1.0    |(692,[124,125,126...|
+----------+------------+--------------------+
only showing top 5 rows
测试误差 = 0
```

```
treeModel 摘要： DecisionTreeClassificationModel: uid=DecisionTreeClassifier_
9a6d919dbd76, depth=2, numNodes=5, numClasses=2, numFeatures=692
```

7.7　回归算法

7.7.1　循环发电场数据的多元线性回归分析

一元线性回归(linear regression)分析只研究一个自变量与一个因变量之间的线性关系。一元线性回归模型可表示为 $y=f(x;w,b)=wx+b$，其图形为一条直线。用数据寻找一条直线的过程也叫做拟合一条直线。为了选择在某种方式下最好的 w 和 b 的值，需要定义最好的模型是什么。所谓最好的模型是由 w 和 b 的一些值组成的，这些值可以产生一条能尽可能与所有数据点接近的直线。衡量一个特定的线性模型 $y=wx+b$ 与数据点接近程度的普遍方法是真实值与模型预测值之间差值的平方：

$$(y_1-(wx_1+b))^2$$

这个数值越小，模型在 x_1 处越接近 y_1。这个表达式称为平方损失函数，因为它描述了使用 $f(x_1;w,b)$ 模拟 y_1 损失的精度，在本节中，用 $L_n()$ 表示损失函数，在这种情况下：

$$L_n(y_n,f(x_n;w,b))=(y_n-f(x_n;w,b))^2$$

这是第 n 个点处的损失。损失总是正的，并且损失越小，模型描述这个数据就越好。对于所有 n 个样本示例，想要有一个低的损失，可考虑在整个样本示例集上的平均损失（均方误差），即

$$L=\frac{1}{n}\sum_{i=1}^{n}L_i(y_i,f(x_i;w,b))$$

这是 n 个样本示例的平均损失值，它越小越好。因此，可通过调整 w 和 b 的值产生一个模型，此模型得到的平均损失值最小。寻找 w 和 b 的最好值，用数学表达式可以表示为

$$(w^*,b^*)=\arg\min_{(w,b)}\frac{1}{n}\sum_{i=1}^{n}L_i(y_i,f(x_i;w,b))$$

arg min 是数学上"找到最小化参数"的缩写，w^*、b^* 表示 w 和 b 的解。

将均方误差作为模型质量评估的损失函数有着非常好的几何意义，它对应了常用的欧几里得距离，简称欧氏距离。基于均方误差最小化进行模型参数求解的方法称为最小二乘法。在线性回归分析中，最小二乘法就是试图找到一条直线 $y=wx+b$，使所有样本到直线的欧氏距离之和最小。

求解 w 和 b 使 $E(w,b)=\sum_{i=1}^{n}(y_i-(wx_i+b))^2$ 最小化的过程称为线性回归模型的最小二乘参数估计。为此，分别求 $E(w,b)$ 对 w 和 b 的偏导并令它们等于 0，再求这两个方程，就可以得出符合要求的待估参数 w 和 b：

$$w=\frac{n\sum_{i=1}^{n}x_iy_i-\sum_{i=1}^{n}x_i\sum_{i=1}^{n}y_i}{n\sum_{i=1}^{n}x_i^2-\left(\sum_{i=1}^{n}x_i\right)^2},\quad b=\frac{1}{n}\left(\sum_{i=1}^{n}y_i-w\sum_{i=1}^{n}x_i\right)$$

其中, n 为样本的数量, y_i 为样本的真实值。

在一元线性回归分析中,将一个属性的样本集扩展到 d 个属性的样本集,即一个样本由 d 个属性描述,对 d 个属性的样本集进行线性回归分析,拟合样本集,得到一个模型:

$$f(\boldsymbol{x}_i) = \boldsymbol{w}^{\mathrm{T}}\boldsymbol{x}_i + b$$

使得模型在 $\boldsymbol{x}_i$ 处的函数值 $f(\boldsymbol{x}_i)$ 接近 y_i,其中 $\boldsymbol{x}_i = [x_{i1}, x_{i2}, \cdots, x_{id}]^{\mathrm{T}}$ 为样本 d 个属性的列向量, $\boldsymbol{w} = [w_1, w_2, \cdots, w_d]^{\mathrm{T}}$ 为属性权重,这种多个属性的线性回归分析称为多元线性回归分析。

类似地,可利用最小二乘法对 w 和 b 进行估计求值。为便于下面的讨论,将 b 合并到 $\boldsymbol{w}$ 中,即 $\boldsymbol{w} = [w_1, w_2, \cdots, w_d, b]^{\mathrm{T}}$,每个样本 $\boldsymbol{x}_i$ 也相应地增加一维,变为 $\boldsymbol{x}_i = [x_{i1}, x_{i2}, \cdots, x_{id}, 1]^{\mathrm{T}}$。

于是,用于求解多元线性回归参数的 $E(\boldsymbol{w}, b) = \sum_{i=1}^{n} (y_i - (\boldsymbol{w}\boldsymbol{x}_i + b))^2$ 可以写成以下形式:

$$E(\boldsymbol{w}) = (\boldsymbol{y} - \boldsymbol{X}\boldsymbol{w})^{\mathrm{T}}(\boldsymbol{y} - \boldsymbol{X}\boldsymbol{w})$$

其中, $\boldsymbol{y}$ 是样本的标记向量, $\boldsymbol{y} = [y_1, y_2, \cdots, y_n]^{\mathrm{T}}$; $\boldsymbol{X}$ 为样本矩阵,其形式如下:

$$\boldsymbol{X} = \begin{bmatrix} x_{11} & x_{12} & \cdots & x_{1d} & 1 \\ x_{21} & x_{22} & \cdots & x_{2d} & 1 \\ \vdots & \vdots & \ddots & \vdots & \vdots \\ x_{n1} & x_{n2} & \cdots & x_{nd} & 1 \end{bmatrix} = \begin{bmatrix} \boldsymbol{x}_1^{\mathrm{T}} & 1 \\ \boldsymbol{x}_2^{\mathrm{T}} & 1 \\ \vdots & \vdots \\ \boldsymbol{x}_n^{\mathrm{T}} & 1 \end{bmatrix}$$

$E(\boldsymbol{w}) = (\boldsymbol{y} - \boldsymbol{X}\boldsymbol{w})^{\mathrm{T}}(\boldsymbol{y} - \boldsymbol{X}\boldsymbol{w})$ 对参数 w 进行求导,求得的结果如下:

$$\frac{\partial E(\boldsymbol{w})}{\partial \boldsymbol{w}} = 2\boldsymbol{X}^{\mathrm{T}}(X\boldsymbol{w} - \boldsymbol{y})$$

令 $2\boldsymbol{X}^{\mathrm{T}}(X\boldsymbol{w} - \boldsymbol{y})$ 为 0,可求得 w^* 的值:

$$\boldsymbol{w}^* = (\boldsymbol{X}^{\mathrm{T}}\boldsymbol{X})^{-1}\boldsymbol{X}^{\mathrm{T}}\boldsymbol{y}$$

从 $\boldsymbol{w}^* = (\boldsymbol{X}^{\mathrm{T}}\boldsymbol{X})^{-1}\boldsymbol{X}^{\mathrm{T}}\boldsymbol{y}$ 可以发现 w^* 的计算涉及矩阵的求逆,只有在 $\boldsymbol{X}^{\mathrm{T}}\boldsymbol{X}$ 为满秩矩阵或者正定矩阵时,才可以使用以上公式计算。但在现实任务中, $\boldsymbol{X}^{\mathrm{T}}\boldsymbol{X}$ 往往不是满秩矩阵,这样就会导致有多个解,并且这些解都能使均方误差最小化,但并不是所有的解都适用于预测,因为某些解可能会产生过拟合的问题。

求出 w^* 后,线性回归模型的表达式为

$$f(\boldsymbol{x}_i) = \boldsymbol{x}_i^{\mathrm{T}}(\boldsymbol{X}^{\mathrm{T}}\boldsymbol{X})^{-1}\boldsymbol{X}^{\mathrm{T}}\boldsymbol{y}$$

选择合适的自变量是正确进行多元回归预测的前提之一。多元回归模型自变量的选择可以利用变量之间的相关矩阵解决。

多元线性回归模型可表示为

$$y = \beta_0 + \beta_1 x_1 + \beta_2 x_2 + \cdots + \beta_m x_m$$

多元线性回归模型中的回归参数(也称回归系数) $\beta_0, \beta_1, \beta_2, \cdots, \beta_m$ 利用样本数据进行估计,用得到的相应估计值 $b_0, b_1, b_2, \cdots, b_m$ 代替多元线性回归模型中的未知参数 $\beta_0, \beta_1, \beta_2, \cdots, \beta_m$,即得到估计的回归方程:

$$\hat{y} = b_0 + b_1 x_1 + b_2 x_2 + \cdots + b_m x_m$$

下面对 UCI 大学公开的循环发电场的数据进行多元线性回归分析。

数据下载地址为 http://archive. ics. uci. edu/ml/machine-learning-databases/ 00294/。下载后得到的是一个压缩文件,解压后可以看到里面有一个 xlsx 文件,先用 Excel 把它打开,将其另存为 csv 格式,将文件命名为 ccpp.csv,后面就用这个 csv 格式的 数据求解线性回归模型的参数。

(1) 读取数据,创建 DataFrame。

```
>>> df = spark.read.csv("file:///home/hadoop/ccpp.csv", header=True,
inferSchema=True)
```

(2) 数据探索性分析,检测数据质量和相关的特征。

```
>>> print((df.count(),len(df.columns)) )          #查看数据的行数和列数
(9568, 5)
>>> df.printSchema()                              #查看df包含的列名及相应的数据类型
root
 |-- AT: double (nullable = true)
 |-- V: double (nullable = true)
 |-- AP: double (nullable = true)
 |-- RH: double (nullable = true)
 |-- PE: double (nullable = true)
>>> df.describe().show()          #summary列为各项的统计名称,包括平均值、标准差等
+-------+-------------+-------------+-------------+-------------+-------------+
|summary|           AT|            V|           AP|           RH|           PE|
+-------+-------------+-------------+-------------+-------------+-------------+
|  count|         9568|         9568|         9568|         9568|         9568|
|   mean|19.651231187291|54.305803720736|1013.2590781483| 73.3089778428|454.365009406|
| stddev| 7.452473229611|12.707892998326| 5.938783705811|14.600268756728|17.06699499980|
|    min|         1.81|        25.36|       992.89|        25.56|       420.26|
|    max|        37.11|        81.56|       1033.3|       100.16|       495.76|
+-------+-------------+-------------+-------------+-------------+-------------+

>>> from pyspark.sql.functions import corr
#计算各自变量与因变量的相关性
>>> df.select(corr('AT','PE'),corr('V','PE'),corr('AP','PE'),corr('AT','RH')).
show()
+----------------+----------------+----------------+----------------+
|     corr(AT, PE)|     corr(V, PE)|    corr(AP, PE)|    corr(AT, RH)|
+----------------+----------------+----------------+----------------+
|-0.9481284704167616|-0.8697803096577884|0.51842902736157 14|-0.5425346521044613|
+----------------+----------------+----------------+----------------+
```

(3) 进行特征转换,以适应模型算法。

```
VectorAssembler(inputCols=None, outputCol=None, handleInvalid='error')
```

VectorAssembler 是特征转换器，将多个列合并为一个向量列。

VectorAssembler 接受以下输入列类型：所有数值类型、布尔类型和向量类型。在每一行中，输入列的值将按照指定的顺序连接到一个向量中。

```
>>> from pyspark.ml.linalg import Vectors
>>> from pyspark.ml.feature import VectorAssembler
#构建 VectorAssembler 转换器,将数据中的 4 个自变量转换成一个特征向量
>>> vec_assembler = VectorAssembler(inputCols=['AT','V','AP','RH'],
outputCol='features')
#转换数据后,在返回的 DataFrame 中添加了 features 列
>>> features_df = vec_assembler.transform(df)
>>> features_df.show(5, truncate=False)        #显示前 5 条数据
+-----+-----+-------+-----+------+----------------------------+
|AT   |V    |AP     |RH   |PE    |features                    |
+-----+-----+-------+-----+------+----------------------------+
|8.34 |40.77|1010.84|90.01|480.48|[8.34,40.77,1010.84,90.01]  |
|23.64|58.49|1011.4 |74.2 |445.75|[23.64,58.49,1011.4,74.2]   |
|29.74|56.9 |1007.15|41.91|438.76|[29.74,56.9,1007.15,41.91]  |
|19.07|49.69|1007.22|76.79|453.09|[19.07,49.69,1007.22,76.79] |
|11.8 |40.66|1017.13|97.2 |464.43|[11.8,40.66,1017.13,97.2]   |
+-----+-----+-------+-----+------+----------------------------+
```

再将转换后的数据划分为训练数据集和测试数据集：

```
>>> model_df = features_df.select('features','PE')       #选择需要的特征向量
>>> train_df, test_df = model_df.randomSplit([0.7,0.3])  #划分比例为 7:3
```

（4）使用 pyspark.ml.regression 模块构建线性回归模型：

```
>>> from pyspark.ml.regression import LinearRegression
#创建 LinearRegression 模型,设置 features(特征)列和 PE(预测)列
>>> lin_reg=LinearRegression(featuresCol='features',labelCol='PE')
>>> lr_model=lin_reg.fit(train_df)              #用 train_df 数据集训练模型,实际上
                                               #得到一个转换器
>>> print('{}{}'.format('回归方程截距:',lr_model.intercept))
回归方程截距:456.26143439017346
>>> print('{}{}'.format('回归方程 4 个自变量的系数:',lr_model.coefficients))
回归方程 4 个自变量的系数:[-1.9861308019650088,-0.22887733431972945,
0.060121592959815506, -0.1550900444516988]
```

（5）对训练后的模型进行模型评估：

```
>>> training_predictions = lr_model.evaluate(train_df)      #进行评估
#通过均方误差评估准确性,其值越小越好
```

```
>>> print('{}{}'.format('均方误差:',training_predictions.meanSquaredError))
均方误差:20.638330068206372
```

（6）使用训练的回归模型进行预测：

```
>>> lr_model.transform(test_df).show(5)
                                    #调用 transform()预测,得到一个 DataFrame
+--------------------+------+------------------+
|            features |  PE  |      prediction   |
+--------------------+------+------------------+
|[3.0,39.64,1011.0...| 485.2 | 489.5843587718587 |
|[3.21,38.44,1016....|491.35 | 488.8350832274921 |
|[3.4,39.64,1011.1...|459.86 | 488.2856723641226 |
|[3.6,35.19,1018.7...|488.98 |486.93541709917764 |
|[3.68,39.64,1011....|490.02 | 487.6460254465339 |
+--------------------+------+------------------+
```

7.7.2　回归决策树

回归决策树是用于回归的决策树模型,回归决策树主要指 CART,其全称为 Classification and Regression Tree,即分类与回归树,CART 既可以用于分类也可以用于回归。CART 算法使用基尼系数（Gini coefficient）代替信息增益率。基尼系数代表了样本数据集的不纯度,基尼系数越小,不纯度越低,特征越好,这和信息增益（率）相反。回归决策树算法,使用的是平方误差最小准则。回归决策树的应用示例如下：

```
>>> from pyspark.ml.regression import DecisionTreeRegressor
#创建 DecisionTreeRegressor 模型,设置 features(特征)列和 PE(预测)列
>>> dt = DecisionTreeRegressor(featuresCol ='features', labelCol = 'PE')
>>> dt_model = dt.fit(train_df)            #用 train_df 训练模型,实际上得到一个转
                                           #换器
#调用 transform()预测,得到一个 DataFrame
>>> dt_predictions = dt_model.transform(test_df)
>>> dt_predictions.show(5)
+--------------------+------+------------------+
|            features |  PE  |      prediction   |
+--------------------+------+------------------+
|[1.81,39.42,1026....|490.55 |486.7955675675676 |
|[2.8,39.64,1011.0...|482.66 |486.7955675675676 |
|[3.21,38.44,1016....|491.35 |486.7955675675676 |
|[3.91,35.47,1016....|488.67 |486.7955675675676 |
|[3.95,35.47,1017....|488.64 |486.7955675675676 |
+--------------------+------+------------------+
#模型评估
```

```
>>> from pyspark.ml.evaluation import RegressionEvaluator
>>> dt_evaluator = RegressionEvaluator(labelCol='PE', predictionCol=
"prediction", metricName="rmse")
>>> rmse = dt_evaluator.evaluate(dt_predictions)
>>> print("Root Mean Squared Error (RMSE) on test data = %g" % rmse)
Root Mean Squared Error (RMSE) on test data = 4.38643
#各特征重要程度
>>> dt_model.featureImportances
SparseVector(4, {0: 0.9562, 1: 0.04, 2: 0.0017, 3: 0.0021})
```

7.7.3 梯度提升回归树

梯度提升回归树通过合并多个决策树构建一个更为强大的模型。虽然名字中含有"回归",但是这个模型既可以用于回归也可以用于分类。梯度提升采用连续的方式构造树,每棵树都试图纠正前一棵树的错误。默认情况下,梯度提升回归树中没有随机化,而是用到了强预剪枝。梯度提升回归树通常使用深度很小(1~5)的树,这样模型占用的内存更少,预测速度也更快。梯度提升回归树的应用示例如下:

```
>>> from pyspark.ml.regression import GBTRegressor
>>> gbt = GBTRegressor(featuresCol = 'features', labelCol = 'PE', maxIter=
10)
>>> gbt_model = gbt.fit(train_df)
>>> gbt_predictions = gbt_model.transform(test_df)
>>> gbt_predictions.show(5)
+--------------------+------+------------------+
|            features |  PE  |       prediction |
+--------------------+------+------------------+
|[1.81,39.42,1026....|490.55| 487.3701844619034|
|[2.8,39.64,1011.0...|482.66| 487.0942853144706|
|[3.21,38.44,1016....|491.35| 487.4672850494599|
|[3.91,35.47,1016....|488.67| 487.4672850494599|
|[3.95,35.47,1017....|488.64|487.43755824526625|
+--------------------+------+------------------+
#模型评估
>>> from pyspark.ml.evaluation import RegressionEvaluator
>>> gbt_evaluator = RegressionEvaluator(labelCol= 'PE', predictionCol=
"prediction", metricName="rmse")
>>> rmse = gbt_evaluator.evaluate(gbt_predictions)
>>> print("Root Mean Squared Error (RMSE) on test data = %g" % rmse)
Root Mean Squared Error (RMSE) on test data = 4.08228
```

7.8　聚类算法

7.8.1　聚类概述

聚类是将对象集合中的对象分到不同的簇的过程,使得同一个簇中的对象有很大的相似性,而不同簇间的对象有很大的相异性。簇内的相似性越大,簇间的差别越大,聚类结果就越好。

虽然聚类也起到了分类的作用,但和大多数分类是有差别的。大多数分类都是人们事先已确定某种事物分类的准则或各类别的标准,分类的过程就是比较分类的要素与各类别的标准,然后将各数据对象划归各类别;而聚类是归纳的,不需要事先确定分类的准则,不考虑已知的类别标记。

聚类结果的好坏取决于聚类方法采用的相似性评估方法的好坏及该方法的具体实现方式是否可行,聚类方法的好坏还取决于该方法能否发现所有的隐含模式。数据挖掘对聚类算法的典型要求如下:

(1) 可伸缩性。算法不论对于小数据集还是对于大数据集都应是有效的。

(2) 处理不同字段类型的能力。算法不仅要能处理数值型数据,还要有处理其他类型数据的能力,包括标称类型、序数类型、二元类型或者这些数据类型的混合。

(3) 能发现任意形状的簇。有些簇具有规则的形状,如矩形和球形,但是,更一般的情况是簇可以具有任意形状。

(4) 用于决定输入参数的领域知识最小化。许多聚类算法要求用户输入一定的参数,如希望得到的簇的数目。聚类结果对于输入参数很敏感,通常参数较难确定,尤其是对于含有高维对象的数据集更是如此。

(5) 能够处理噪声数据。现实世界中的数据集常常包含孤立点、缺失值、未知数据或有错误的数据。一些聚类算法对于这样的数据敏感,可能导致低质量的聚类结果。所以,人们希望算法可以在聚类过程中检测代表噪声的离群点,并且删除它们或者消除它们的负面影响。

(6) 对输入数据对象的顺序不敏感。一些聚类算分对于输入数据的顺序是敏感的。对于同一个数据集,以不同的顺序提交给同一个算法,可能产生差别很大的聚类结果,这是人们不希望的。

(7) 能处理高维数据。

(8) 能产生一个满足用户指定约束的好的聚类结果。

(9) 可解释性和可用性。聚类的结果最终都是要面向用户的,用户期望聚类得到的结果信息是可理解和可应用的。

聚类典型的应用如下:

(1) 市场销售。帮助市场人员发现客户中的不同群体,然后用这些知识开展目标明确的市场计划。

(2) 保险。对购买了汽车保险的客户,标识哪些客户有较高的平均赔偿成本。

（3）城市规划。根据类型、价格、地理位置等划分不同类型的住宅。

（4）对搜索引擎返回的结果进行聚类,使用户迅速定位到其需要的信息。

（5）对用户感兴趣的文档(如用户浏览过的网页)进行聚类,从而发现用户的兴趣模式并用于信息过滤和信息主动推荐等服务。

7.8.2 k 均值聚类算法

1. k 均值聚类算法原理

k 均值(k-means)聚类算法也被称为 k 平均聚类算法,是一种广泛使用的聚类算法。k 均值聚类算法用质心表示一个簇,质心就是一组数据对象点的平均值。k 均值聚类算法以 k 为输入参数,将 n 个数据对象划分为 k 个簇,使得簇内数据对象具有较高的相似度。

k 均值聚类算法的思想是:从包含 n 个数据对象的数据集中随机选择 k 个对象,每个对象代表一个簇的平均值(质心),其中 k 是用户指定的参数,即用户期望的划分成的簇的个数;对剩余的每个数据对象点根据其与各个簇质心的距离,将它指派到最近的簇;然后,根据指派到簇的数据对象点更新每个簇的质心;重复上面的指派和更新步骤,直到簇不发生变化,或直到质心不发生变化,或度量聚类质量的目标函数收敛。

k 均值算法的目标函数 E 定义为

$$E = \sum_{i=1}^{k} \sum_{x \in C_i} [d(x, \bar{x}_i)]^2$$

其中,x 是空间中的点,表示给定的数据对象;$\bar{x}_i$ 是簇 C_i 的数据对象的平均值;$d(x, \bar{x}_i)$ 表示 x 与 $\bar{x}_i$ 之间的距离。例如,3 个二维点(1,3)、(2,1)和(6,2)的质心是((1+2+6)/3,(3+1+2)/3)=(3,2)。k 均值聚类算法的目标就是最小化目标函数 E,这个目标函数可以保证生成的簇尽可能紧凑。

算法 7.1 k 均值聚类算法

输入:期望的簇的个数 k,包含 n 个对象的数据集 D。

输出:k 个簇的集合。

1. 从 D 中任意选择 k 个对象作为初始簇质心。

2. repeat

3. 　将每个点指派到最近的簇质心,形成 k 个簇。

4. 　重新计算每个簇的质心。

5. 　计算目标函数 E。

6. until 目标函数 E 不再发生变化或质心不再发生变化。

算法分析:k 均值聚类算法的步骤 3 和 4 试图直接最小化目标函数 E。步骤 3 通过将每个点指派到最近的质心形成簇,最小化关于给定中心的目标函数 E;而步骤 4 重新计算每个簇的质心,进一步最小化 E。

下面给出一个例子。假设要进行聚类的数据集为{2, 4, 10, 12, 3, 20, 30, 11, 25},要求的簇的个数为 $k=2$。

应用 k 均值聚类算法进行聚类的步骤如下。

第 1 步,初始时用前两个数值作为簇的质心,将这两个簇的质心记为 $m_1=2,m_2=4$。

第 2 步,对剩余的每个对象,根据其与各个簇质心的距离,将它指派给最近的簇,可得 $C_1=\{2,3\},C_2=\{4,10,12,20,30,11,25\}$。

第 3 步,计算簇的新质心:$m_1=(2+3)/2=2.5,m_2=(4+10+12+20+30+11+25)/7=16$。

重新对簇中的成员进行分配,可得 $C_1=\{2,3,4\}$ 和 $C_2=\{10,12,20,30,11,25\}$。

第 4 步,不断重复第 2 步和第 3 步,当均值不再变化时最终可得到两个簇:$C_1=\{2,3,4,10,11,12\}$ 和 $C_2=\{20,30,25\}$。

k 均值聚类算法有以下优点:算法快速、简单;当处理大数据集时,算法有较高的效率并且是可伸缩的,算法的时间复杂度是 $O(nkt)$,其中 n 是数据集中对象的数目,t 是算法迭代的次数,k 是簇的个数;当簇是密集的、球状的或团状的,且簇与簇之间区别明显时,算法的聚类效果更好。

k 均值聚类算法有以下缺点:k 是事先给定的,k 值的选定是非常难以估计的,很多时候,事先并不知道给定的数据集应该分成多少个簇才最合适;在 k 均值聚类算法中,首先需要选择 k 个数据作为初始聚类中心以确定一个初始划分,然后对初始划分进行优化,这个初始聚类中心的选择对聚类结果有较大的影响,对于不同的初始值,可能会导致不同的聚类结果;该算法仅适合对数值型数据聚类,只有当簇均值有定义的情况下才能使用(如果有非数值型数据,需另外处理);该算法不适合发现非凸状的簇,因为算法使用的是欧氏距离,适合发现凸状的簇;该算法对噪声数据和孤立点数据敏感,少量的该类数据就会对中心产生较大的影响。

2. k 均值聚类算法实现

Spark 实现 k 均值聚类算法的模型 KMeans 位于 pyspark.ml.clustering 模块下。KMeans 模型的语法格式如下:

```
KMeans (self, featuresCol = " features ", predictionCol = " prediction ", k = 2,
maxIter=20, seed=None)
```

KMeans 模型中各参数的含义如下:
- k:表示期望的簇的个数。
- maxIter:模型训练时的最大迭代次数。
- predictionCol:字符串类型,预测结果的列名。
- seed:初始化过程中产生随机数的种子。

通常应用时,先调用 KMeans 模型的 fit()方法对数据集进行聚类训练,该方法会返回 KMeansModel 类的实例,然后就可以使用 KMeansModel 的 transform()方法对新的数据点进行预测。

下面通过一个实例演示 KMeans 模型的用法,使用的鸢尾花数据集存放在 iris.csv 文档中(在/home/hadoop 目录下)。鸢尾花数据集包含 150 个数据,分为 3 类,分别是

setosa（山鸢尾）、versicolor（变色鸢尾）和 virginica（维吉尼亚鸢尾）。每类 50 个数据，每个数据包含 4 个划分属性和 1 个类别属性。4 个划分属性分别是 Sep_len、Sep_wid、Pet_len 和 Pet_wid，分别表示花萼长度、花萼宽度、花瓣长度和花瓣宽度；类别属性是 Iris_type，表示鸢尾花的类别。iris.csv 文档中的部分数据如下所示：

```
ID,Sep_len,Sep_wid,Pet_len,Pet_wid,Iris_type
1,5.1,3.5,1.4,0.2,Iris-setosa
2,4.9,3,1.4,0.2,Iris-setosa
3,4.7,3.2,1.3,0.2,Iris-setosa
4,4.6,3.1,1.5,0.2,Iris-setosa
5,5,3.6,1.4,0.2,Iris-setosa
```

下面给出 KMeans 模型的 k 均值聚类算法实现代码：

```python
from pyspark.sql import SparkSession
from pyspark.ml.feature import VectorAssembler
from pyspark.ml.clustering import KMeans
spark = SparkSession.builder.getOrCreate()
df = spark.read.csv("file:///home/hadoop/iris.csv", header=True,
inferSchema=True)
vec_assembler = VectorAssembler(inputCols=['Sep_len', 'Sep_wid', 'Pet_len',
'Pet_wid'], outputCol='features')
#转换数据后，在返回的 DataFrame 中添加了 features 列
features_df = vec_assembler.transform(df).select('Iris_type', 'features')
#创建模型，也可表示成 kmeans = KMeans(k=3, seed=1, predictionCol="prediction"
# kmeans = KMeans().setK(3).setSeed(1).setPredictionCol('prediction')
model = kmeans.fit(features_df)
#进行预测，生成带有预测簇标签的数据集
predictions = model.transform(features_df)
predictions.show(55)
```

运行上述程序代码，得到的部分输出结果如下：

```
+---------------+------------------+----------+
|      Iris_type|          features |prediction|
+---------------+------------------+----------+
|    Iris-setosa|[5.1,3.5,1.4,0.2] |        1 |
|    Iris-setosa|[4.9,3.0,1.4,0.2] |        1 |
...
|    Iris-setosa|[5.3,3.7,1.5,0.2] |        1 |
|    Iris-setosa|[5.0,3.3,1.4,0.2] |        1 |
|Iris-versicolor|[7.0,3.2,4.7,1.4] |        0 |
|Iris-versicolor|[6.4,3.2,4.5,1.5] |        0 |
```

```
|Iris-versicolor    |[6.9,3.1,4.9,1.5]   |      0   |
|Iris-versicolor    |[5.5,2.3,4.0,1.3]   |      0   |
|Iris-versicolor    |[6.5,2.8,4.6,1.5]   |      0   |
+---------------+------------------+----------+
```

7.9　协同过滤推荐算法

7.9.1　协同过滤推荐的原理

协同过滤推荐指的是根据某兴趣相投、拥有共同经验的群体的喜好推荐用户感兴趣的信息。协同过滤推荐主要分为基于用户的协同过滤推荐和基于物品的协同过滤推荐。

1. 基于用户的协同过滤推荐

基于用户的协同过滤推荐通过不同用户对物品的相似评分发现在某一方面相似的用户组,然后根据用户组的喜好产生向目标用户推荐的内容。其基本原理就是利用用户访问行为的相似性使同一用户组的用户互相推荐可能感兴趣的内容。

图 7-3 给出了基于用户的协同过滤推荐的基本原理:假设用户 A 喜欢物品 A 和物品 C,用户 B 喜欢物品 B,用户 C 喜欢物品 A、物品 C 和物品 D。从这些用户的历史喜好信息中可以发现,用户 A 和用户 C 的偏好是比较类似的,同时用户 C 还喜欢物品 D,那么可以推断用户 A 可能也喜欢物品 D,因此可以将物品 D 推荐给用户 A。

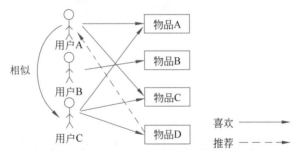

图 7-3　基于用户的协同过滤推荐的基本原理

2. 基于物品的协同过滤推荐

基于物品的协同过滤推荐根据用户对物品的评分对物品之间的相似性进行评测,然后根据物品的相似性向目标用户推荐其可能感兴趣的物品。

图 7-4 给出了基于物品的协同过滤推荐的基本原理:假设用户 A、用户 B 和用户 C 都喜欢物品 A,用户 A 和用户 B 都喜欢物品 C,物品 B 只有用户 B 喜欢。由此得出物品 A 与物品 C 比较类似,喜欢物品 A 的用户可能都喜欢物品 C。基于这个结论判断用户 C 可能也喜欢物品 C,所以将物品 C 推荐给用户 C。

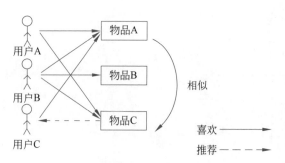

图 7-4　基于物品的协同过滤推荐的基本原理

7.9.2　交替最小二乘协同过滤推荐算法

ALS 是 Alternating Least Squares 的缩写,意为交替最小二乘法,该方法常用于基于矩阵分解的推荐系统中。例如,将用户对电影的评分矩阵分解为两个矩阵:一个是用户特征矩阵 U,另一个是电影特征矩阵 V,如图 7-5 所示。

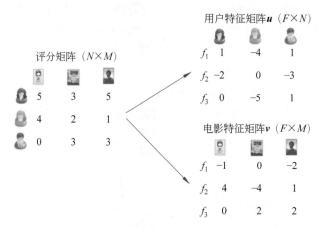

图 7-5　评分矩阵分解为用户特征矩阵 U 与电影特征矩阵 V

在 MLlib 的 ALS 算法中,首先随机生成矩阵 U 或者 V,然后固定一个矩阵,求另一个未随机化的矩阵。在本例中,先固定 U,求 V;再固定 V,求 U。一直这样交替地迭代计算下去,直到误差符合一定的阈值条件或者达到迭代次数的上限。

下面给出 ALS 算法的用法举例。首先加载 Spark 自带的评分数据文件 sample_movielens_ratings.txt(位于/usr/local/spark/data/mllib/als 目录下),其中每行数据由 userID (用户 ID)、movieID(电影 ID)和 rating(评分)组成。该文件中的部分数据如下所示:

```
0::2::3::1424380312
0::3::1::1424380312
0::5::2::1424380312
0::9::4::1424380312
0::11::1::1424380312
```

具体实现代码如下：

```
from pyspark.sql import SparkSession
from pyspark.ml.evaluation import RegressionEvaluator
from pyspark.ml.recommendation import ALS
from pyspark.sql import Row
spark = SparkSession.builder.getOrCreate()
lines = spark. read. text ( " file:///usr/local/spark/data/mllib/als/sample_
movielens_ratings.txt").rdd
parts = lines.map(lambda row: row.value.split("::"))
ratingsRDD = parts.map(lambda p: Row(userId=int(p[0]), movieId=int(p[1]),
                                 rating=float(p[2]), timestamp=int(p[3])))
ratings = spark.createDataFrame(ratingsRDD)              #创建 DataFrame 对象
(training, test) = ratings.randomSplit([0.8, 0.2])       #划分为训练集和测试集
#创建 ALS 推荐模型
als = ALS(maxIter=5, regParam=0.01, userCol="userId", itemCol="movieId",
ratingCol="rating",coldStartStrategy="drop")
model = als.fit(training)                                 #训练模型
predictions = model.transform(test)                       #预测
#计算模型在 test 数据集上的均方根误差 RMSE 来评估模型
evaluator = RegressionEvaluator (metricName =" rmse", labelCol =" rating",
predictionCol="prediction")
rmse = evaluator.evaluate(predictions)
print("Root-mean-square error = " + str(rmse))
print('为每个用户推荐 10 部电影:')
userRecs = model.recommendForAllUsers(10)
userRecs.show()
print('为每部电影推荐 10 个用户:')
movieRecs = model.recommendForAllItems(10)
movieRecs.show()
print('为具体用户推荐 10 部电影:')
users = ratings.select(als.getUserCol()).distinct().limit(3)
userSubsetRecs = model.recommendForUserSubset(users, 10)
userSubsetRecs.show()
print('为电影集推荐 10 个用户:')
movies = ratings.select(als.getItemCol()).distinct().limit(3)
movieSubSetRecs = model.recommendForItemSubset(movies, 10)
movieSubSetRecs.show()
```

运行上述程序代码,得到的输出结果如下：

```
Root-mean-square error = 1.6396037611735048
为每个用户推荐 10 部电影:
+------+--------------------+
|userId |   recommendations    |
```

```
+------+--------------------+
|  20  |[{22, 4.833584}, ...    |
|  10  |[{32, 4.6034536},...    |
|   0  |[{7, 3.8780231}, ...    |
|   1  |[{77, 3.0136864},...    |
|  21  |[{29, 4.8924026},...    |
|  11  |[{32, 5.1652923},...    |
|  12  |[{90, 5.230095}, ...    |
|  22  |[{75, 5.175703}, ...    |
|   2  |[{32, 7.2392945},...    |
|  13  |[{59, 3.2091405},...    |
|   3  |[{28, 5.739439}, ...    |
|  23  |[{49, 5.451744}, ...    |
|   4  |[{25, 4.6969185},...    |
|  24  |[{38, 5.2253976},...    |
|  14  |[{52, 5.1325855},...    |
|   5  |[{55, 4.4614534},...    |
|  15  |[{46, 4.900137}, ...    |
|  25  |[{54, 4.245921}, ...    |
|  26  |[{46, 6.3205347},...    |
|   6  |[{25, 4.8086104},...    |
+------+--------------------+
only showing top 20 rows
```

为每部电影推荐 10 个用户：

```
+-------+--------------------+
|movieId |   recommendations  |
+-------+--------------------+
|  20  |[{17, 5.1040287},...    |
|  40  |[{2, 4.171686}, {...    |
|  10  |[{28, 4.147254}, ...    |
|  50  |[{23, 3.9119487},...    |
|  80  |[{18, 3.1569068},...    |
|  70  |[{4, 3.893762}, {...    |
|  60  |[{22, 3.0384626},...    |
|  90  |[{12, 5.230095}, ...    |
|  30  |[{22, 4.939719}, ...    |
|   0  |[{10, 3.064592}, ...    |
|  31  |[{8, 3.2562108}, ...    |
|  81  |[{11, 3.9605334},...    |
|  91  |[{23, 3.7380662},...    |
|   1  |[{22, 1.2694104},...    |
|  41  |[{4, 3.978233}, {...    |
|  61  |[{6, 2.930437}, {...    |
```

```
|   51   |[{22, 5.1362495},...   |
|   21   |[{22, 3.2852948},...   |
|   11   |[{18, 4.068434}, ...   |
|   71   |[{2, 3.0284677}, ...   |
+-------+--------------------+
only showing top 20 rows
```

为具体用户推荐 10 部电影：

```
+-------+--------------------+
|userId |   recommendations  |
+-------+--------------------+
|   26  |[{46, 6.3205347},...  |
|   19  |[{32, 3.7610884},...  |
|   29  |[{46, 4.8409686},...  |
+-------+--------------------+
```

为电影集推荐 10 个用户：

```
+-------+--------------------+
|movieId|   recommendations  |
+-------+--------------------+
|   65  |[{9, 5.972017}, {...  |
|   26  |[{14, 2.9372506},...  |
|   29  |[{14, 5.099761}, ...  |
+-------+--------------------+
```

7.10　实验 3：Spark 机器学习实验

一、实验目的

1. 通过实验掌握 Spark 机器学习库 MLlib 的基本编程方法。
2. 通过自学掌握朴素贝叶斯分类方法。

二、实验平台

操作系统：Ubuntu-20.04。
JDK 版本：1.8 或以上版本。
Spark 版本：3.2.0。
Python 版本：3.7。

三、实验任务

1. 创建本地向量、带标签的点和本地矩阵。
2. 汇总统计。
3. 相关分析。

4. 分层抽样。

5. 朴素贝叶斯分类。

四、实验结果

列出代码及实验结果(截图形式)。

五、总结

总结本次实验的经验教训、遇到的问题及解决方法以及待解决的问题等。

六、实验报告

Spark 大数据分析技术(Python 版)实验报告

学号		姓名		专业班级	
课程	Spark 大数据分析技术	实验日期		实验时间	
实验情况					
实验 3:Spark 机器学习实验					
一、实验目的 二、实验平台 三、实验任务 四、实验结果 五、总结					
实验报告成绩			指导老师		

7.11 拓展阅读——工匠精神

2020 年 11 月 24 日,在全国劳动模范和先进工作者表彰大会上的重要讲话中,习近平总书记精辟地阐释了工匠精神的科学内涵——执着专注、精益求精、一丝不苟、追求卓越。执着专注,是工匠的本分;精益求精,是工匠的追求;一丝不苟,是工匠的作风;追求卓越,是工匠的使命。

工匠精神是中华民族严谨认真、坚韧不拔、追求卓越的民族气质的体现。工匠以工艺专长造物,在专业的不断精进与突破中展现"能人所不能"的精湛技艺,凭借的是精益求精的追求。一把焊枪,能在眼镜架上"引线绣花",能在紫铜锅炉里"修补缝纫",也能给大型装备"把脉问诊"⋯⋯在"七一勋章"获得者、湖南华菱湘潭钢铁有限公司焊接顾问艾爱国的眼里,不管什么材质的焊接件,多么复杂的工艺,基本没有拿不下的活儿。航天特种熔融焊接工高凤林被称为"金手天焊"。火箭发动机大喷管焊缝长近 900m,管壁比一张纸还薄,焊枪多停留 0.1s 就有可能把大喷管烧穿或焊漏,导致上百万元的损失。为练就过硬本领,高凤林吃饭时用筷子练习送焊丝,端着盛满水的缸子练手的稳定性,休息时就举着铁块练耐力,还冒着高温观察铁水流动规律。高凤林经过艰苦的努力,最终成功完成了任务。艾爱国和高凤林集中体现了中国工人阶级的工匠精神。

7.12　习题

1. 与 MapReduce 框架相比,为何 Spark 更适合进行机器学习?
2. 简述特征提取、转换和选择的必要性。
3. 简述分类与回归的区别。
4. 简述 k 均值聚类算法的原理。
5. 简述协同过滤推荐的原理。

第 8 章

数据可视化

通过对数据集进行可视化,不仅能让数据更加生动、形象,也便于用户发现数据中隐含的规律与知识,有助于帮助用户理解大数据技术的价值。本章主要介绍绘制词云图的 WordCloud 以及 PyeCharts 和 Plotly 两个数据可视化库。

8.1　WordCloud

WordCloud

词云图又叫文字云,是对文本数据中出现频率较高的关键词予以视觉上的突出,形成"关键词的渲染效果",使人一眼就可以领略文本数据表达的主要意思。从技术上看,词云是一种数据可视化方法,互联网上有很多的现成的工具:

（1）Tagxedo 可以在线制作个性化词云。

（2）Tagul 是一个 Web 服务,同样可以创建华丽的词云。

（3）Tagcrowd 还可以输入 Web 的 URL,直接生成某个网页的词云。

（4）WordCloud 是 Python 的一个第三方模块,使用 WordCloud 下的 WordCloud 函数生成词云。

打开一个终端,输入如下命令安装 WordCloud:

```
$ pip install wordcloud
```

WordCloud 函数的语法格式如下:

```
WordCloud(font_path=None, width=400, height=200, margin=2, ranks_
    only=None, prefer_horizontal=0.9, mask=None, scale=1, color_
    func=None, max_words=200, min_font_size=4, stopwords=None,
    random_state=None, background_color='black', max_font_size=
    None, font_step=1, mode='RGB', relative_scaling=0.5, regexp=
    None, collocations=True, colormap=None)
```

各参数的含义如下:

- font_path:字符串,为字体路径。需要展现什么字体,就给出该字体文件的路径,如 font_path = "/home/hadoop/jupyternotebook/simhei.ttf"。

- width：整型，输出的画布宽度，默认值为 400 像素。
- height：整型，输出的画布高度，默认值为 200 像素。
- margin：设置边距。
- ranks_only：设置是否只排名，默认值为 None。
- prefer_horizontal：词语横向出现的频率，默认值为 0.9。
- mask：设置背景图片。
- scale：浮点型，默认值为 1，放大画布的比例。例如，设置为 1.5，则长和宽都是原来的 1.5 倍。
- color_func：默认为 None，获取颜色函数。用户可以实现从图像中获取颜色。该参数为 None 时使用内部默认颜色，即使用 self.color_func。
- max_words：默认值为 200，设置显示单词或者汉字的最大个数。
- min_font_size：整型，默认值为 4，设置最小的字体大小。
- stopwords：字符串集或者 None，设置需要屏蔽的词。如果为空，则使用内置的词集 STOPWORDS。
- random_state：设置随机状态，默认值为 None。
- background_color：设置画布背景颜色，默认值为黑色("black")。
- max_font_size：整型或 None，设置最大的字体大小，默认值为 None。
- font_step：整型，默认值为 1，字体步长。如果步长大于 1，会加快运算，但是可能导致结果出现较大的误差。
- mode：色彩模式，默认值为 RGB。当参数值为 RGBA 并且 background_color 不为空时，将生成透明背景。
- relative_scaling：浮点型，文字出现的频率与字体大小的关系。设置为 1 时，词语出现的频率越高，其字体越大，默认值为 0.5。
- regexp：字符串或 None，使用正则表达式分隔输入的文本。
- collocations：布尔型，默认值为 True，设置是否包括两个词的搭配。
- colormap：字符串或 Matplotlib 色图。默认为 viridis，给每个单词随机分配颜色。若指定 color_func，则忽略该参数。

WordCloud 模型提供了以下方法：

- fit_words(frequencies)：根据词频生成词云。
- generate(text)：根据文本生成词云。
- generate_from_frequencies(frequencies[, …])：根据词频生成词云。
- generate_from_text(text)：根据文本生成词云。
- recolor([random_state, color_func, colormap])：对现有输出重新着色。重新着色会比重新生成整个词云快很多。
- to_array()：转化为 NumPy 数组。
- to_file(filename)：输出到文件。

下面给出词云图的代码实现示例：

下面绘制简单的词云图。在 Jupyter Notebook 的 Python 编程界面中输入如下代码：

```
from wordcloud import WordCloud
import matplotlib.pyplot as plt
f = open('shijing.txt', 'r').read()
wordcloud = WordCloud(background_color="white", width=1000, height=860,
margin=2).generate(f)
plt.imshow(wordcloud)
plt.axis("off")
plt.show()
wordcloud.to_file('shijing.png')
```

运行上述程序代码绘制的词云图如图 8-1 所示。

图 8-1　简单的词云图

下面绘制以图片为背景的词云图。在 Jupyter Notebook 的 Python 编程界面中输入如下代码：

```
from os import path
from PIL import Image
import numpy as np
import matplotlib.pyplot as plt
from wordcloud import WordCloud, STOPWORDS, ImageColorGenerator
#读取需要词云的文本
text = open('/home/hadoop/jupyternotebook/China.txt').read()
#自定义词云背景图片
s_coloring = np.array(Image.open("/home/hadoop/jupyternotebook/s.jpg"))
stopwords = set(STOPWORDS)
#构建词云模型
wc= WordCloud(background_color="white", mask=s_coloring, stopwords=
stopwords, max_font_size=200)
#根据文本生成词云
```

```
wc.generate(text)
#从背景图片生成词云图中文字的颜色
image_colors = ImageColorGenerator(s_coloring)
plt.figure()                                    #创建一个画布
plt.axis("off")                                 #关闭图像坐标系
#对词云图进行热图绘制
plt.imshow(wc, interpolation="bilinear")
wc.to_file('s_colored1.png') #保存绘制好的词云图,比程序直接显示的图片更清晰
plt.figure()
plt.imshow(wc.recolor(color_func=image_colors), interpolation="bilinear")
wc.to_file('s_colored2.png')
plt.axis("off")
plt.show()                                      #显示绘制的图像
```

运行上述程序代码生成的 s_colored1.png 和 s_colored2.png 图片分别如图 8-2 和图 8-3 所示。

图 8-2　s_colored1.png　　　　　　　图 8-3　s_colored2.png

下面绘制以图片为背景的中文词云图。

要想让 WordCloud 支持中文,需要下载中文字体。这里下载的是 simhei.ttf,将其放在/home/hadoop/jupyternotebook 目录下。中文词云需要使用中文分词库 jieba 进行预处理。使用如下命令安装 jieba:

```
$ pip install jieba
```

下面绘制《为人民服务》中的一段话的词云图,这段话的内容如下:

"我们都是来自五湖四海,为了一个共同的革命目标,走到一起来了。我们还要和全

国大多数人民走这一条路。我们今天已经领导着有九千一百万人口的根据地，但是还不够，还要更大些，才能取得全民族的解放。我们的同志在困难的时候，要看到成绩，要看到光明，要提高我们的勇气。中国人民正在受难，我们有责任解救他们，我们要努力奋斗。要奋斗就会有牺牲，死人的事是经常发生的。但是我们想到人民的利益，想到大多数人民的痛苦，我们为人民而死，就是死得其所。"

将上面一段话保存在 service.txt 文件中，下面给出绘制其词云图的代码。

```python
from wordcloud import WordCloud
from scipy.misc import imread
import matplotlib.pyplot as plt
import jieba
def deal_text():
    with open('/home/hadoop/jupyternotebook/service.txt',"r") as f:
        text = f.read()
    re_move=["，","。"]
    #去除无效数据
    for i in re_move:
        text = text.replace(i," ")
    words = jieba.lcut(text)                        #对文本进行分词
    with open("words_save.txt",'w') as file:
        for i in words:
            file.write(str(i)+' ')
def grearte_WordCloud():
    mask=imread("/home/hadoop/jupyternotebook/yang.jpg")
    with open("words_save.txt","r") as file:
        txt = file.read()
    word=WordCloud(background_color="white",width=800,height=800,
                    font_path='/home/hadoop/jupyternotebook/simhei.ttf',
                    mask=mask,
                    ).generate(txt)
    word.to_file('yang.png')
    plt.imshow(word)                                #使用 plt 库显示图片
    plt.axis("off")
    plt.show()
if __name__ == '__main__':
    deal_text()
    grearte_WordCloud()
```

运行上述代码生成的词云图如图 8-4 所示。

图 8-4 《为人民服务》中的一段话的词云图

8.2 PyeCharts

PyeCharts 是一个用于生成图表的 Python 扩展库。PyeCharts 支持的绘图种类如表 8-1 所示。

表 8-1 PyeCharts 支持的绘图种类

绘图种类	说 明	绘图种类	说 明
Bar	柱状图	Liquid	水球图
Bar3D	3D 柱状图	Map	地图
Boxplot	箱形图	Parallel	平行坐标系
EffectScatter	带有涟漪特效动画的散点图	Pie	饼图
Funnel	漏斗图	Polar	极坐标系
Gauge	仪表盘	Radar	雷达图
Geo	地理坐标系	Sankey	桑基图
Graph	关系图	Scatter	散点图
HeatMap	热力图	Scatter3D	3D 散点图
Kline	K 线图	ThemeRiver	主题河流图
Line	折线图	WordCloud	词云图
Line3D	3D 折线图		

使用 PyeCharts 之前，先通过 pip install pyecharts＝＝0.1.9.4 命令进行库的安装。如果用 pip install pyecharts 命令安装 PyeCharts 时，默认会安装最新版本的 PyeCharts。

8.2.1 绘制柱状图

柱状图，又称条形图，是一种以长方形的长度为变量的统计图表。柱状图使用垂直或水平的长方形显示类别之间的数值比较，用于描述分类数据，并统计每一个分类中的数量。柱状图一般用来比较两个或两个以上的值在不同时间或者不同条件下的大小，只有一个变量，通常用于较小的数据集分析。

使用 PyeCharts 绘制柱状图的示例代码如下：

```
from pyecharts import Bar
phoneName = ["荣耀 8X","iPhone XR","iPhone8 Plus","iPhone8","荣耀 10","Redmi
Note7","vivo Z3"]
phoneReviews = [203, 195, 195, 147, 104, 100, 63]
bar = Bar(title="评论数前十的手机", subtitle="这是一个子标题") #柱状图类实例化
#为柱状图添加数据或者配置信息,"评论手机的评论条数"为添加的图例名称
bar.add("评论手机的评论条数", phoneName, phoneReviews)
#bar.render()默认在程序文件所在的目录下生成一个名为 render.html 的绘图文件
#可通过 bar.render("bar.html")指定生成名为 bar.html 的绘图文件
bar.render()
```

运行上述程序代码，会在程序文件所在的目录下生成一个名为 render.html 的绘图文件。双击 render.html 文件，将其打开后，得到绘制的柱状图，如图 8-5 所示。

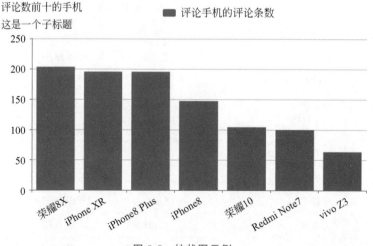

图 8-5　柱状图示例

说明：

（1）add()方法用于添加图表的数据和设置各种配置项。数据一般为两个列表（长度一致）。如果数据是字典或者是带元组的字典，可利用 cast()方法转换为列表。

（2）可通过 bar.print_echarts_options（）打印输出图表的所有配置项，方便调试时使用。

使用 PyeCharts 绘制堆叠柱状图的代码如下：

```
from pyecharts import Bar
phoneName = ["荣耀 8X", "iPhone XR", "iPhone8 Plus", "iPhone8", "荣耀 10",
"Redmi Note7", "vivo Z3"]
phoneReviews1 = [203, 195, 195, 147, 104, 100, 63]
phoneReviews2 = [153, 135, 130, 117, 100, 90, 53]
bar = Bar(title="评论数前十的手机", subtitle="这是一个子标题") #柱状图类实例化
#为柱状图添加数据
bar.add("网站 A 的评论条数", phoneName, phoneReviews1, is_stack=True)
bar.add("网站 B 的评论条数", phoneName, phoneReviews2, is_stack=True)
bar.render()
```

运行上述程序代码绘制的堆叠柱状图如图 8-6 所示。

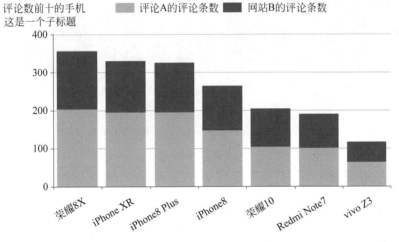

图 8-6 堆叠柱状图示例

通过单击图 8-6 上部的"网站 A 的评论条数"或"网站 B 的评论条数"选项可使该类数据在图堆叠柱状中显示或不显示。

使用 PyeCharts 绘制显示标记线和标记点的柱状图，代码如下：

```
from pyecharts import Bar
phoneName = ["荣耀 8X","iPhone XR","iPhone8 Plus","iPhone8","荣耀 10","Redmi
Note7","vivo Z3"]
phoneReviews1 = [203, 195, 195, 147, 104, 100, 63]
phoneReviews2 = [153, 135, 130, 117, 100, 90, 53]
bar = Bar("显示标记线和标记点")                    #柱状图类实例化
#mark_line 用来设置标记线,mark_point 用来设置标记点
```

```
#is_label_show用来设置上方数据是否显示
bar.add('网站 A 的评论条数', phoneName, phoneReviews1, mark_line=['average'],
mark_point=['min', 'max'], is_label_show=True)
bar.add('网站 B 的评论条数', phoneName, phoneReviews2, mark_line=['average'],
mark_point=['min', 'max'], is_label_show=True)
#path用来设置保存文件的路径
bar.render(path='D:\mypython\标记线和标记点柱状图.html')
```

运行上述程序代码绘制的显示标记线和标记点柱状图如图 8-7 所示。

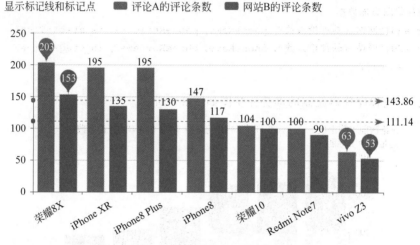

图 8-7 显示标记线和标记点的柱状图示例

8.2.2 绘制折线图

使用 PyeCharts 绘制折线图的代码如下：

```
from pyecharts import Line
months = ["Jan", "Feb", "Mar", "Apr", "May", "Jun", "Jul", "Aug", "Sep", "Oct",
"Nov", "Dec"]
rainfall = [2.0, 4.9, 7.0, 23.2, 25.6, 76.7, 135.6, 162.2, 32.6, 20.0, 6.4, 3.3]
evaporation = [2.6, 5.9, 9.0, 26.4, 28.7, 70.7, 175.6, 182.2, 48.7, 18.8, 6.0, 2.3]
line = Line(title="折线图",subtitle="一年的降水量与蒸发量")
                                                                #折线图类实例化
#line_type用来设置线的类型,有'solid'、'dashed'、'dotted'3 个选项
line.add("降水量", months, rainfall, line_type='dashed',is_label_show=True)
line.add("蒸发量", months, evaporation, is_label_show=True)
line.render()
```

运行上述程序代码绘制的折线图如图 8-8 所示。

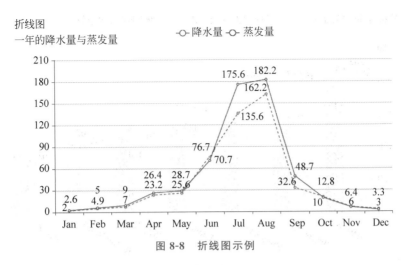

图 8-8　折线图示例

使用 PyeCharts 绘制柱状图和折线图合并的图的代码如下：

```
from pyecharts import Bar,Line
from pyecharts import Overlap
overlap = Overlap()
phoneName = ["荣耀 8X","iPhone XR","iPhone8 Plus","iPhone8","荣耀 10","Redmi
Note7","vivo Z3"]
phoneReviews1 = [203, 195, 195, 147, 104, 100, 63]
phoneReviews2 = [153, 135, 130, 117, 100, 90, 53]
bar = Bar(title="柱状图-折线图合并")            #柱状图类实例化
bar.add('网站 A 的评论条数', phoneName, phoneReviews1, mark_point=['min',
'max'], is_label_show=True)
bar.add('网站 B 的评论条数', phoneName, phoneReviews2, mark_point=['min',
'max'], is_label_show=True)
line = Line()                               #折线图类实例化
#line_type 用来设置线的类型,有'solid'、'dashed'、'dotted'3 个选项
line.add("网站 A 的评论条数", phoneName, phoneReviews1, line_type='dashed',is_
label_show=True)
line.add("网站 B 的评论条数", phoneName, phoneReviews2, is_label_show=True)
overlap.add(bar)
overlap.add(line)
overlap.render("柱状图-折线图合并.html")
```

运行上述程序代码绘制的柱状图-折线图合并的图如图 8-9 所示。注意，需要安装
PyeCharts 0.5.5 版本，否则会报错："mportError：cannot import name 'Overlap'"。

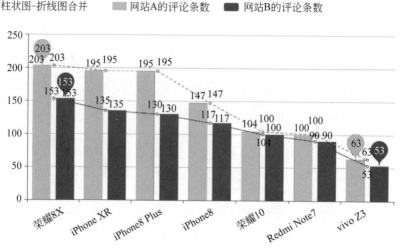

图 8-9　柱状图-折线图合并的图示例

8.2.3　绘制饼图

使用 PyeCharts 绘制饼图的代码如下：

```
from pyecharts import Pie
phoneName = ["荣耀 8X","iPhone XR","iPhone8","荣耀 10","Redmi Note7","vivo Z3"]
phoneReviews = [203, 195, 147, 104, 100, 63]
pie = Pie('评论条数饼图')                                      #饼图类实例化
pie.add('', phoneName, phoneReviews,is_label_show=True)       #为饼图添加数据
pie.render(path='D:\mypython\饼图.html')
```

运行上述程序代码绘制的饼图如图 8-10 所示。

图 8-10　饼图示例

8.2.4　绘制雷达图

雷达图（radar chart）又称蜘蛛网图，适用于显示 3 个或更多维度的变量。通常，雷达

图的每个变量都有一个从中心向外发射的轴线,相邻轴之间的夹角相等,同时所有轴有相同的刻度,将相邻轴的刻度用线连接起来作为辅助网格,连接相邻变量在轴上的数据点形成一条多边形。

使用 PyeCharts 绘制幼儿园预算与开销雷达图的代码如下:

```
from pyecharts import Radar
radar = Radar("雷达图", "幼儿园的预算与开销")
#由于雷达图传入的数据为多维数据,所以这里需要进行处理
budget = [[430, 400, 490, 300, 500, 350]]
expenditure = [[300, 260, 410, 300, 160, 430]]
#设置column的最大值。为了使雷达图更为直观,这里的 6 个最大值有所不同
schema = [ ("食品", 450), ("门票", 450), ("医疗", 500), ("绘本", 400), ("服饰",
500), ("玩具", 500) ]
#传入坐标
radar.config(schema)
radar.add("预算",budget)
#两组数据默认为同一种颜色。这里为了便于区分,需要设置开销数据的颜色
radar.add("开销",expenditure,item_color="#1C86EE")
radar.render()
```

运行上述程序代码绘制的幼儿园预算与开销雷达图如图 8-11 所示。

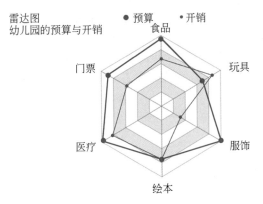

图 8-11 雷达图示例

从图 8-11 可以看出,在参与比较的 6 方面中,只有玩具一项的开销超出了预算,而服饰开销远低于预算。使用雷达图,相关情况一目了然。

8.2.5 绘制漏斗图

漏斗图又称倒三角图。漏斗图将数据呈现为几个阶段,每个阶段的数据都是整体的一部分,各阶段数据自上而下逐渐减小,所有阶段的占比总计 100%。与饼图一样,漏斗图呈现的也不是具体的数据,而是该数据相对于整体的占比。漏斗图不需要使用任何数据轴。

使用 PyeCharts 绘制郑州市 2019 年各月 PM2.5 指数漏斗图的代码如下:

```
from pyecharts import Funnel, Page
def create_charts():
    page = Page()
    attr = ["1月","2月","3月","4月","5月","6月","7月","8月","9月","10月",
"11月"]
    value = [163, 158, 92, 93, 104, 118, 114, 91, 102, 80,109]
    chart = Funnel("郑州市 2019 年各月 PM2.5 指数情况")
    chart.add("PM2.5指数", attr, value, is_label_show=True, label_pos="inside",
is_legend_show=False, label_text_color="#fff")
    page.add(chart)
    return page
create_charts().render(path='E:\echarts\漏斗图.html')
```

运行上述程序代码绘制的漏斗图如图 8-12 所示。

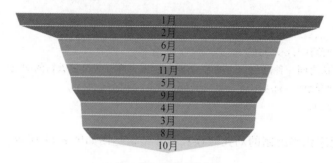

图 8-12　漏斗图示例

在图 8-12 的右侧单击 (数据视图)图标，可打开漏斗图对应的数据视图，如图 8-13 所示。更新里面的数据，然后单击"刷新"按钮，可得到新的漏斗图。

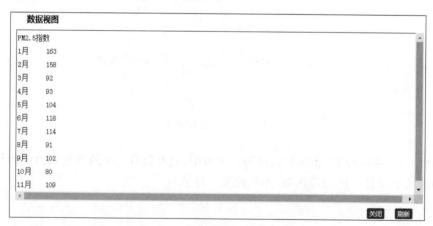

图 8-13　漏斗图对应的数据视图

8.2.6　绘制 3D 柱状图

使用 PyeCharts 绘制 3 个城市在某年 1—3 月的某一商品销售的 3D 柱状图的代码如下：

```
from pyecharts import Bar3D
bar3d = Bar3D("3D 柱状图示例", width=1200, height=600)
x_name=['上海', '北京', '广州']
y_name=['1 月', '2 月', '3 月']
#将 x_name、y_name 数据转换成数值数据,便于在 x、y、z 轴绘制图形
data_xyz=[[0, 0, 420], [0, 1, 460],[0, 2, 550],
          [1, 0, 400], [1, 1, 430],[1, 2, 450],
          [2, 0, 400], [2, 1, 450],[2, 2, 500]]
#初始化图形
bar3d=Bar3D("1—3 月各城市销量","单位:万件",title_pos="center",width=1000,
height=800)
#添加数据,并配置图形参数
bar3d.add('',x_name,y_name,data_xyz,is_label_show=True,is_visualmap=True,
          visual_range=[0, 500],grid3d_width=100, grid3d_depth=100)
bar3d.render("sales.html")                     #保存图形
```

运行上述程序代码绘制的 3D 柱状图如图 8-14 所示。

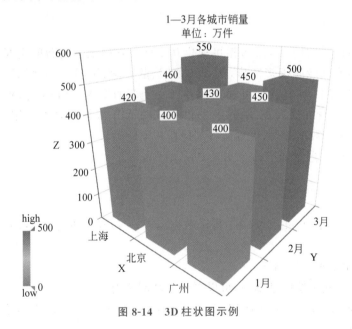

图 8-14　3D 柱状图示例

8.2.7　绘制词云图

使用 PyeCharts 绘制词云图的代码如下:

```
from pyecharts import WordCloud
name = ['国泰民安', '繁荣昌盛', '欢声雷动', '繁荣富强', '国运昌隆', '举国同庆', '歌
舞升平', '太平盛世', '火树银花', '张灯结彩', '欢庆']
```

```
value = [19,16,6,17,16,22,8,15,3,4,25]
wordcloud = WordCloud(width=1300, height=620)
wordcloud.add("", name, value, word_size_range=[20, 100])
wordcloud.render("wordcloud.html")
```

运行上述程序代码绘制的词云图如图 8-15 所示。

图 8-15　词云图示例

8.3　Plotly

Plotly 是新一代的 Python 数据可视化开发库。它提供了完善的交互能力和灵活的绘制选项,可以在线绘制很多图形,例如柱状图、散点图、饼图、直方图等。与 Matplotlib 和 Seaborn 相比,Plotly 将数据可视化提升到一个新的层次。Plotly 内置完整的交互能力及编辑工具,支持在线和离线模式,提供稳定的 API 以便与现有应用集成,既可以在 Web 浏览器中展示数据图表,也可以将其保存在本地。

打开一个终端,通过如下命令安装 Plotly:

```
$ pip install plotly
```

由于 Plotly 可在 Web 浏览器中展示数据图表,所以这里推荐使用 Jupyter Notebook 作为开发工具。

Plotly 的主要子模块如下:

(1) plotly。它是绘图基础库,可以深度定制调整绘图。

(2) plotly_express。它是对 Plotly 的高级封装,它对 Plotly 的常用绘图函数进行了封装,更便于使用。

(3) dash。用于创建交互式图形的绘图工具,可以方便地用它探索数据。其绘图功能基于 Plotly。使用 dash 需要注册并购买套餐,也就是常说的在线模式。

8.3.1　绘制折线图

使用 Plotly 绘制折线图的示例代码如下:

```
import plotly.graph_objects as go
```

```
import numpy as np                                    #用于生成随机数据
N = 100
random_x = np.linspace(0, 1, N)
random_y0 = np.random.randn(N) + 5
random_y1 = np.random.randn(N)
random_y2 = np.random.randn(N) - 5
fig = go.Figure()                                     #创建一个画布
#在画布中调用 add_trace()方法逐个添加绘图对象
#mode 用来设置轨迹的样式
#markers 就是纯散点,markers+lines 是散点加上线段,lines 是线段
fig.add_trace(go.Scatter(x=random_x, y=random_y1, mode='lines+markers',
name='lines+markers'))
fig.add_trace(go.Scatter(x=random_x, y=random_y2, mode='lines', name='lines'))
fig.show()                                            #显示绘制的折线图表
```

运行上述程序代码绘制的折线图如图 8-16 所示。

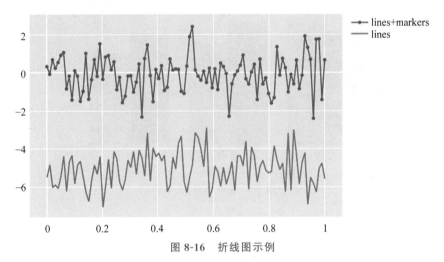

图 8-16　折线图示例

通过单击图 8-16 右上角的 lines＋markers 或 lines 选项可使该类数据在图中显示或不显示。将鼠标的指针放在图 8-16 中的数据点上,就会显示该点对应的数据。

8.3.2　绘制柱状图

绘制簇状柱状图的示例代码如下:

```
import plotly.graph_objects as go
#设置 layout,指定图表标题和 x 轴、y 轴名称
fig = go.Figure(layout={"title": "成绩可视化",
                        "xaxis_title": "学生姓名",
                        "yaxis_title": "科目成绩",
                        "template": "plotly_white"})
```

```
fig.add_trace(go.Bar(
    name='Python',
    x=['张华', '李明', '刘涛'], y=[85, 92, 83],
))
fig.add_trace(go.Bar(
    name='Spark',
    x=['张华', '李明', '刘涛'], y=[95, 77, 69],
))
#barmode 设置为 group,则为簇状柱状图
#可选项为 stack(叠加)、group(并列) overlay(覆盖)、relative(相对)
fig.update_layout(barmode='group')
fig.show()                                   #显示绘制的柱状图
```

运行上述程序代码绘制的柱状图如图 8-17 所示。

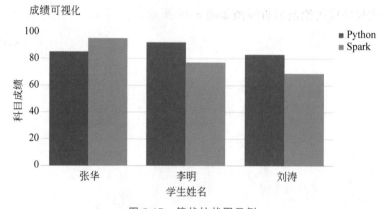

图 8-17　簇状柱状图示例

绘制水平柱状图的示例代码如下：

```
import plotly.graph_objects as go
trace0 = go.Bar(
    #方向变了,所以 x 轴和 y 轴的数据也要调换位置
    y=["Hadoop", "Spark", "Python", "Scala"],
    x=[66, 90, 96, 87],
    name="期中",
    marker={
        "color": "pink",
    },
    #指定为水平方向即可
    orientation="h"
)
```

```
trace1 = go.Bar(
    y=["Hadoop", "Spark", "Python", "Scala"],
    x=[86, 90, 76, 87],
    name="期末",
    marker={
        "color": "gold"
    },
    orientation="h"
)
fig = go.Figure(data=[trace0, trace1], layout={"template": "plotly_white"})
fig.show()                                    #显示绘制的水平柱状图
```

运行上述程序代码绘制的水平柱状图如图 8-18 所示。

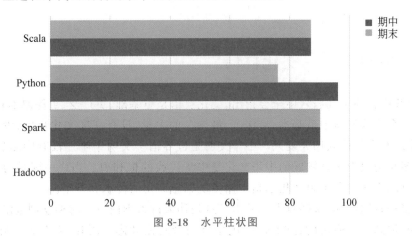

图 8-18　水平柱状图

8.3.3　绘制饼图

利用 plotly.express 自带的数据集绘制饼图的示例代码如下：

```
import plotly.express as px
#筛选 2007 年欧洲数据
df = px.data.gapminder().query("year == 2007").query("continent == 'Europe'")
#将人口小于 300 万人的国家标记为 Other countries
df.loc[df['pop'] < 3.e6, 'country'] = 'Other countries'
#绘制饼图
fig = px.pie(df, values = 'pop', names = 'country', title = 'Population of
European continent')
fig.show()                                    #显示绘制的饼图
```

运行上述程序代码绘制的饼图如图 8-19 所示。

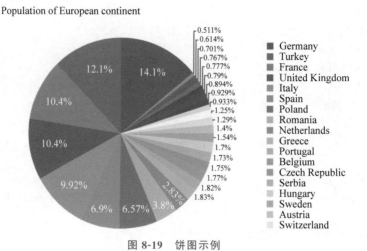

图 8-19 饼图示例

8.4 拓展阅读——文化自信

中国共产党的十九届六中全会指出，文化自信是更基础、更广泛、更深厚的自信，是一个国家、一个民族发展中最基本、最深沉、最持久的力量，没有高度文化自信、没有文化繁荣兴盛就没有中华民族伟大复兴。中华文明是世界诸多文明中唯一没有中断过的文明。在 5000 多年历史中孕育发展的中华文化是中华民族的根和魂。当代中国是历史中国的延续和发展，当代中国思想文化也是中国传统思想文化的传承和升华。

"大鹏一日同风起，扶摇直上九万里。"这是伟大诗人李白青年时期仗剑远游时写下的诗句，那时他感受着盛唐的蓬勃气象，胸中鼓荡着凌云壮志。现在，有些人一味"以洋为尊""以洋为美""唯洋是从"，到最后只能跟在别人后面亦步亦趋、东施效颦。须知："求木之长者，必固其根本；欲流之远者，必浚其泉源。"意思是：想要树木生长，一定要稳固它的根基；想要河水流得长远，一定要疏通它的源头。优秀传统文化是一个国家、一个民族传承和发展的根本，如果丢掉了，就割断了精神命脉。"万物有所生，而独知守其根。"中华文明延绵至今，正是因为有这种根的意识，文化中蕴藏着"从哪里来，向何处去"的发展密码。

8.5 习题

1. 列举几个数据可视化的常用工具。
2. 简述雷达图的特点。
3. 简述 PyeCharts 支持的绘图种类。

参 考 文 献

［1］ 林子雨. 大数据技术原理与应用：概念、存储、处理、分析与应用［M］. 2 版. 北京：人民邮电出版社，2017.

［2］ 薛志东. 大数据技术基础［M］. 北京：人民邮电出版社，2018.

［3］ 林子雨. 大数据基础编程、实验和案例教程［M］. 北京：清华大学出版社，2017.

［4］ 黄宜华，苗凯翔. 深入理解大数据：大数据处理与编程实践［M］. 北京：机械工业出版社，2014.

［5］ 陆嘉恒. Hadoop 实战［M］. 2 版. 北京：机械工业出版社，2012.

［6］ 肖芳，张良均. Spark 大数据技术与应用［M］. 北京：人民邮电出版社，2018.

［7］ 曹洁，孙玉胜. 大数据技术［M］. 北京：清华大学出版社，2020.

［8］ 曹洁. Spark 大数据分析技术［M］. 北京：北京航空航天大学出版社，2021.

［9］ 曹洁，邓璐娟. Python 数据挖掘技术及应用［M］. 北京：清华大学出版社，2021.